技工院校实训基地人才培养一体化模块教材

机械加工基础

人力资源和社会保障部教材办公室组织编写

中国劳动社会保障出版社

简　介

本书主要内容有：职业道德和法律法规，安全文明生产、环境保护和质量管理，极限与配合，机械制图与识图，工程材料及金属热处理，机械传动、液压传动与气压传动，机电控制，常用机械加工设备，金属切削与刀具，量具与夹具基础，钳加工及典型零件加工工艺等。

图书在版编目(CIP)数据

机械加工基础/李志江主编. —北京：中国劳动社会保障出版社，2016
技工院校实训基地人才培养一体化模块教材
ISBN 978－7－5167－2584－9

Ⅰ.①机…　Ⅱ.①李…　Ⅲ.①金属切削－技工学校－教材　Ⅳ.①TG506

中国版本图书馆 CIP 数据核字(2016)第 143969 号

中国劳动社会保障出版社出版发行
(北京市惠新东街 1 号　邮政编码:100029)
*
北京鑫海金澳胶印有限公司印刷装订　新华书店经销
787 毫米×1092 毫米　16 开本　13.75 印张　307 千字
2016 年 6 月第 1 版　　2025 年 3 月第 5 次印刷
定价: 26.00 元

营销中心电话: 400－606－6496
出版社网址: http://www.class.com.cn
http://jg.class.com.cn

技工院校实训基地人才培养一体化模块教材编委会

编审委员会（以姓氏笔画排序）

王国海　冯跃虹　吕成鹰　刘海光　孙大俊
冷耀明　张　林　胡恒庆　龚　安

编审人员

本书主编：李志江
本书参编：陈　青　程　良　刘　阳　陈　琛　杨　明
本书主审：李　蓉

前言

Preface

为了进一步发挥技工院校在技能人才培养方面的作用，切实满足企业对技能型人才的需求，人力资源和社会保障部教材办公室组织有关学校的骨干教师和行业、企业专家，在充分调研技工院校实训基地人才培养和培训模式以及企业技能人才需求的基础上，吸收和借鉴当前较为成熟的人才培养理念，编写了技工院校实训基地人才培养一体化模块教材。

使用说明

本套教材分为基础模块和专业核心模块（见下图）。其中专业核心模块教材根据国家职业技能鉴定标准中的初级、中级和高级要求设计有相对应的初级模块教材、中级模块教材和高级模块教材。实训基地可根据需要按照“基础模块 + 专业核心模块”组合模式选择相应的教材。

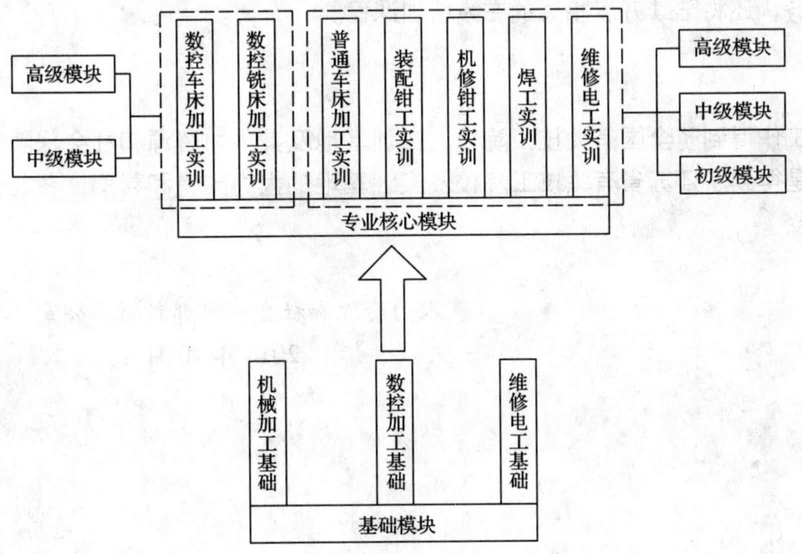

编写特色

◆与职业技能鉴定接轨

教材的编写以车工、数控车工、数控铣工、装配钳工、机修钳工、焊工、维修电工等国家职业技能标准为依据，涵盖国家职业技能标准（初、中、高级）的知识和技能要求，内容具有权威性。为了帮助学员熟悉职业技能鉴定考核形式及考题类型，每种专业核心模块教材均附有 3 ~ 5 套职业技能鉴定模拟试卷（包含理论知识试卷和技能操作试卷），并配有相应的参考答案。

◆与企业需求接轨

教材在编写中充分考虑企业的培训和用人需求，尽量选取企业真实的、有代表性的操作案例，整合相应的知识和技能，构建一体化教学模块，实现理论与操作技能的统一，既符合职业教育和职业培训的基本规律，又有利于培养学员分析问题和解决问题的综合职业能力。

◆保证先进性和规范性

教材根据相关专业领域的最新发展，编入了新知识、新技术、新设备、新材料等方面的内容，保证教材的先进性。同时采用最新的国家技术标准，使教材更加科学和规范。

读者对象

本套教材既可作为技工院校实训基地技能人才培养和培训用书，还可作为企业、社会培训机构的技能培训用书以及职业技术院校师生的专业用书。

后续拓展

作为补充，我们将陆续开发各专业高新技术应用方面的拓展模块教材，通过职业教育教学资源和数字学习中心网站（http://zyjy.class.com.cn/）提供在线论坛等网上交流以及相关教学资源下载服务，还将陆续开发相关的在线培训课程。

致谢

本套教材的开发工作得到了全国有关技工院校、实训基地及其人力资源和社会保障主管部门的支持，尤其是得到了江苏省有关技工院校及实训基地的大力支持和帮助，在此我们表示诚挚的谢意。

人力资源和社会保障部教材办公室

2014年10月

目 录
CONTENTS

第一章 职业道德和法律法规

道德与法律是社会规范最主要的两种存在形式，这两个范畴既有区别又有联系。它们都属于上层建筑，都是为一定的经济基础服务的。它们是两种重要的社会调控手段，两者相辅相成、相互促进、相互推动。

人类社会自社会分工和劳动分工以来，职业活动就是人类社会生活的一个重要内容。在职业活动中，人们要协调职业内部和外部的各种人际关系，要遵循与职业活动相关的道德要求，于是就产生了职业道德。

第一节 职业道德基本知识

学习目标

1. 了解职业的概念及职业的基本特征。

2. 理解职业道德的含义和作用，并通过学习职业道德的养成方法，达到提升自身职业道德修养的目的。

随着现代社会分工的发展和专业化程度的提升，市场竞争日趋激烈，整个社会对从业人员职业观念、职业态度、职业技能、职业纪律和职业作风的要求越来越高。要想成为一个合格的社会主义的建设者和接班人必须具备以爱岗敬业、诚实守信、办事公道、服务群众、奉献社会为主要内容的职业道德。

一、职业和职业道德

1. 职业概述

职业是指个人按照社会分工所从事的相对稳定、合法、有报酬的工作。教师、会计、医生、厨师、驾驶员、数控车工等，都是职业的名称，这些职业都有各自的“应做之事”。职业是社会生产活动发生分工的结果。随着社会分工的日益细化，职业的种类也越来越多。

2. 职业的基本特征

职业有着丰富的内涵，有以下几个基本特征。

(1) 社会性

任何一种职业都不能独立存在，它只是整个社会体系中的一个环节。从事某个职业的人，都从事着与其他社会成员相互关联、相互服务的社会活动。

(2) 经济性

人们只要从事职业活动就能得到一定的现金或实物回报，这种回报能维持个人的基本生存，同时激励人们为社会提供更多更优的职业劳动以获得更多的经济回报。

(3) 技术性

每种职业都有一定的技术含量和技术规范，包括必要的知识和技能。

(4) 稳定性

一般情况下，职业都有较长的生命周期，从而吸引相当数量的人长期从事这项工作。

(5) 规范性

职业活动必须合乎法律规定，否则就不属于职业的范畴，比如，“传销员”就不是职业。职业活动还必须遵守相应的职业规则，否则就会损害职业的社会功能。

(6) 时代性

职业的产生和演变与时代的发展紧密相关，尤其是当代科学技术和社会文明的突飞猛进，更使得职业的这种演变呈加速之势。主要表现在新的职业不断产生，而一些传统职业要么被淘汰，要么被赋予新的内涵。

3. 职业道德概述

职业道德是指从事一定职业的人，在职业活动的整个过程中必须遵循的符合职业特点要求的行为准则、思想情操与道德品质。它既是对从业人员在职业活动中行为的要求，同时又是职业对社会所负的道德责任与道德义务。

二、职业道德的作用

1. 利益调节作用

利益调节是职业道德最重要的作用。在社会生活中，各种利益关系大多通过职业关系体现出来，而且经常会发生冲突。这时，如果从业人员为了自身的生存和发展而选择有利于自我的职业行为，那么职业之间就会产生利益冲突，而这种冲突的结果必定导致各方利益共同受损。在这种情况下，职业道德就是让大家共同选择必要的节制和牺牲，从而保证职业体系的良好运行和发展。

2. 培养职业信誉

一个企业的信誉，也就是它的形象和信用，是指企业及其产品与服务在社会公众中被信任的程度。提高企业的信誉主要靠其所提供的产品和服务的质量，而这种质量又与企业员工的职业道德水平高低密切相关。若企业员工的职业道德水平不高，就很难生产出优质的产品，很难提供优质的服务。

3. 提高社会道德水平

职业道德是整个社会道德体系的主要内容。一方面，职业道德涉及每个从业者如何对待职业，如何对待工作，具有较强的稳定性和连续性；另一方面，职业道德决定着一个职业集体，甚至一个行业全体人员的行为表现。如果每个行业，每个职业集体都具备优良的职业道德行为，那么整个社会的道德水平就会随之提高。

4. 践行社会主义核心价值观

职业道德既是对从业人员在职业活动中行为的要求，同时又是社会主流价值观在职业活动中的具体体现。

三、职业道德养成

养成良好的职业道德行为，就是要把职业原则和规范落实到职业活动中去，做到言行一致、知行统一，进而形成高尚的职业道德品质，达到崇高的职业道德境界。

1. 保持良知

良知是人们具有的最基本的道德素质，包括敬畏感、羞耻心和感恩心。敬畏是对道德规范的高度认同，羞耻是抵御不良行为的底线，感恩则是践行道德规范的动力。

2. 见贤思齐

“见贤思齐”就是向品德高尚的人学习、看齐。每个人都有自己尊崇的职业道德榜样，每个行业和企业也都有自己树立的道德楷模。榜样的作用除了示范、引导外，还具有巨大的人格感召力，对人的心灵有着潜移默化的净化功能。因此，结合自己的专业和未来的职业领域，确定一个职业道德楷模作为自己的偶像，可以让自己时时刻刻有一面精神明镜，有一个行为向导，可以大大缩短良好职业行为养成的时间，避免走弯路。

3. 内省与克己

内省就是依据职业道德规范，自己进行反省和检讨；克己就是按照职业道德规范约束自己的行为，克服不足之处。

内省实际上是一种自我观察、自我评价的过程，而道德规范则是自我观察的参照和自我评价的尺度；克己实际上是一个自我纠正的行为过程，是内省结果在行为上的表现。

善于内省者明，善于克己者强。一个人如果在职业活动中能长期内省克己，就能形成坚韧顽强的道德意志，在遭遇道德障碍时就能恪守原则，其良好的职业道德行为也就更容易形成习惯，更容易将职业道德规范转化为自己的信念。

4. 慎独

慎独就是指在没人看见、无人监督的情形下，不仅不放松自己，反而更加警觉，坚持自己的道德信念。

慎独是一种无时、无处不在的道德自觉和自由，是一种较高层次上的道德修养。一个人如果能长久地坚持慎独的修养方法，即可达到理想的道德境界。

随着社会经济的发展，分工越来越细，专业化程度越来越高，许多行业、企业和部门职业活动的相对独立性也就随之增强，有些职业活动和工作任务甚至完全需要个人独立操作。在这种情况下，慎独就显得非常重要。

四、职业适应与发展

伴随着社会的发展，人类生活的领域在深度和广度上也越来越拓展，社会分工越来越细，现代职业呈现出了专业化、智能化、复合型和创新型的发展趋势。职业分工越来越细，越来越专，从业人员需具备的岗位综合能力、专业技术水平要求越来越高，专业技能要求呈现“一专多能”的趋势。

一个现代从业人员，没有经过正规的职业培训，没有掌握一定的职业技能，是很难胜任现代职业的。职业技能是从业人员完成岗位任务所需要的实际工作能力，是就业的必要条件。职业培训就是以培养学员的职业技能、增强岗位适应性为目标的教育类别。

五、职业守则

1. 遵守法律、法规和有关规定。
2. 爱岗敬业，具有高度的责任心。
3. 严格执行工作程序、工作规范、工艺文件和安装操作规程。
4. 学习新知识、新技能，勇于开拓和创新。
5. 爱护设备及工具、夹具、刀具、量具。
6. 着装整洁，符合规定；保持工作环境清洁有序，文明生产。

课后练习

1. 每种职业都需要从业者具有一定的知识、技能和经验，这是职业的（　　）特征。

A. 社会性　　B. 技术性　　C. 稳定性　　D. 规范性

2. 职业道德既是对从业人员在（　　）中行为的要求，同时又是职业对社会所负的道德责任与道德义务。

A. 日常生活　　B. 职业活动　　C. 社会活动　　D. 企业生产

3. 职业道德规定人们在工作中应该做什么，不应该做什么，更重要的是倡导人们考虑如何将工作做到（　　）。

A. 合格　　B. 规范　　C. 标准　　D. 最好

4. 职业道德给人们的职业活动划定一条不能突破的（　　），如果突破了，就是不道德，就是缺德。

A. 框架　　B. 期限　　C. 底线　　D. 观念

5. 为了赚取更多的利润，一个餐馆老板让厨师用“地沟油”做菜。对此，我们的评价是（　　）。

A. 眼不见为净　　B. 为降低成本，可以理解

C. 卫生意识差　　D. 不道德，缺德

6. 职场上有这样一句话：有德有才是正品，有德无才是次品，无德无才是废品，无德有才是危险品。这句话中强调的核心内涵是（　　）。

A. 德才并重　　B. 才干第一　　C. 道德第一　　D. 德辅才高

7. “三人行，必有我师焉。择其善者而从之，其不善者而改之。”这句话说明（　　）。

A. 人要有见贤思齐的意识　　B. 人要常常内省

C. 人要勤于思考　　D. 人要善于慧眼识珠

8. 职业道德修养中，（　　）除了具有示范、引导的作用外，还具有巨大的人格感召力，对人的心灵有着潜移默化的净化功能。

A. 宣传　　B. 文学　　C. 劳模　　D. 学校

9. 下列含有“内省”思想的古代名句是（　　）。

A. 己所不欲，勿施于人　　　　B. 生于忧患，死于安乐

C. 言而不信，何以为言　　　　D. 仰不愧天，俯不愧人，内不愧心

10. 王进喜提出了慎独的工作标准，即“黑夜和白天干工作一个样，坏天气和好天气干工作一个样，领导在场和不在场干工作一个样，没有人检查和有人检查干工作一个样”。其中最难做到的是（　　）。

A. 黑夜和白天干工作一个样　　　　B. 坏天气和好天气干工作一个样

C. 领导在场和不在场干工作一个样　　　　D. 没有人检查和有人检查干工作一个样

11. 老师在黑板上画了一幅画：一个圆圈的中间站着一个学生。接着，老师在圆圈的里面加上了一座房子、一所学校，学生的父母、老师和一些同学。然后，老师说：“这是你的过去和现在。这个圆圈里面的东西对你至关重要，包括你的家庭、老师，还有同学。在这个圆圈里面，你衣食无忧、快乐学习、远离社会和竞争。”

接着，老师画了一个箭头。以圆圈当中的学生为起点，指向圈外。他继续说道：“当你离开这个圆圈时，你就把自己抛到了一个充满压力、挑战和希望的世界里。结果你学到了你以前不知道的东西，体验到了你以前体验不到的生活内涵。”说着，老师在原来的圈子之外画了一个更大的圆圈，还加上了一些新的东西，包括工厂、商场、港口、机场、正在工作的职员等。

在这个故事中，老师用两个圆圈想说明什么？

12. 一个学生在一家酒店实习，主管要求刷盘子时要刷六遍。一开始他还能按照要求去做，刷着刷着，发现少刷一遍也挺干净，于是就只刷五遍；后来，他发现再少刷一遍还是挺干净，于是又减少了一遍，并暗中留意旁边一个工位的员工，发现他还是老老实实地刷六遍，速度自然要比自己慢许多，便出于“好心”，悄悄告诉那个员工可以少刷一遍，看不出来的。谁知那个员工一听，惊讶地说：“规定要刷六遍，就该刷六遍，怎么能少刷一遍呢？”

你是怎样看待这个学生和员工的职业行为的？

第二节　相关法律、法规知识

学习目标

1. 熟悉劳动者和用人单位的权利和义务。
2. 熟悉社会保险和劳动争议处理制度。
3. 熟悉劳动合同的种类，签订、解除和终止方法。
4. 熟悉劳动争议与维权。
5. 了解知识产权的特征和类别。

人不是孤立的，任何一个人都是社会中的人。社会生活离不开法律，无规矩不成方圆，

正是有了法律规范，且所有的人都自觉遵守，社会才得以安定，经济才得以发展，人民才得以生活。本节主要介绍劳动合同法和知识产权法，这两种法律与人们的工作息息相关。

一、劳动法

劳动法是指调整劳动关系以及与劳动关系密切相连的其他社会关系的法律规范的总称。劳动法是一系列劳动法律规范的总称。劳动法的调整对象是劳动关系以及与劳动关系有密切联系的其他社会关系。其中，劳动关系是劳动法的主要调整对象。

《中华人民共和国劳动法》（以下简称《劳动法》）是1994年7月5日全国人大常委会通过，于1995年1月1日起开始施行的。其立法的宗旨是保护劳动者的合法权益，调整劳动关系，建立和维护适应社会主义市场经济的劳动制度，促进经济发展和社会进步。

1．劳动者和用人单位的权利和义务

（1）劳动者的权利和义务

《劳动法》第三条规定：劳动者享有平等就业和选择职业的权利、取得劳动报酬的权利、休息休假的权利、获得劳动安全卫生保护的权利、接受职业技能培训的权利、享受社会保险和福利的权利、提请劳动争议处理的权利以及法律规定的其他劳动权利。

劳动者的劳动义务主要包括提供劳动的义务、忠实义务和派生义务。

（2）用人单位的权利和义务

用人单位的权利一般包括录用职工的权利、劳动组织的权利、劳动报酬分配的权利和决定劳动关系存续的权利等。

在劳动关系中，用人单位的义务主要体现在保障所使用的劳动力在劳动过程中所享权利的实现，并为其履行劳动义务提供条件。用人单位的劳动义务主要包括付酬义务、保护义务、培训义务、使用义务和帮助义务等内容。

2．社会保险和劳动争议处理制度

（1）社会保险

社会保险是指国家通过立法强制征集专门资金，用于保障劳动者在丧失劳动能力或劳动机会时基本生活需要的一种物质帮助制度。

社会保险是社会保障体系中最重要的项目，是社会保障的核心。社会保险具有强制性、保障性、福利性和互济性的特征。

我国现阶段具有的五大险种主要有：

1）养老保险。养老保险是指劳动者在因年老或病残而丧失劳动能力的情况下，从国家定期得到必要生活费用的一种社会保险制度。它是国家强制执行的一项法律制度，以法律为条件，而不依劳动者是否愿意为条件，一般是单位在发放工资时有权代扣。

2）医疗保险。医疗保险是指劳动者及其亲属非因工病伤而从国家和社会获得医疗帮助的社会保险制度。

我国基本医疗保险的制度模式是社会统筹和个人账户相结合。这种模式使两者优势互补、相得益彰，既可以发挥基本医疗保险基金的均衡负担、分散风险、互助共济作用，又可以发挥个人医疗账户的积累作用，增加个人节约医疗费用的意识和自我保障的能力。

3）失业保险。失业保险又称为待业保险，是指劳动者在失业期间，由国家和社会给予一定物质帮助，以保障其基本生活并促进其再就业的一种保险制度。我国现行的失业保险法律文件是1999年1月22日施行的《失业保险条例》。

4）工伤保险。工伤保险是指职工因工而致伤、病、残、死亡，依法获得经济赔偿和物质帮助的社会保障制度。用人单位应当参加工伤保险，为本单位全部职工缴纳工伤保险费。此项费用由用人单位按时缴纳，而不是由职工个人承担。2004年1月1日开始生效的《工伤保险条例》对享受工伤保险的条件和工伤待遇有明确的规定。

5）生育保险。生育保险是指女职工因生育而从国家和社会获得医疗、休息等方面物质帮助的社会保险制度。

（2）劳动争议处理制度

劳动争议处理制度是通过国家立法，将劳动争议处理原则、机构、人员和程序作为制度确定下来，成为劳动法制的组成部分。

用人单位与劳动者发生劳动争议，当事人可以依法申请调解、仲裁、诉讼，也可以协商解决。

1）调解。劳动争议发生后，争议双方主体协商失败的情况下，当事人可以向本单位劳动争议调解委员会申请调解。

2）仲裁。调解不成的，当事人一方可以向劳动争议仲裁委员会申请仲裁。提出仲裁的一方应当自劳动仲裁争议发生之日起60日内向劳动争议仲裁委员会提出书面申请。仲裁裁决一般应在收到仲裁申请60日内做出。对仲裁裁决无异议的，当事人必须履行。对仲裁裁决不服的，在法定期限内可以向人民法院提起诉讼。

3）诉讼。劳动争议当事人对仲裁裁决不服的，可以自收到仲裁裁决书之日起15日内向人民法院提起诉讼。

人民法院审理劳动争议案件时，当事人有权申请回避，进行辩论、收集、提供证据，请求调解，提起强制执行。

二、劳动合同法

《中华人民共和国劳动合同法》（以下简称《劳动合同法》）自2008年1月1日起首次施行，并于2012年进行了修改，自2013年7月1日起施行，共有八章九十八条。包括总则、劳动合同的订立、劳动合同的履行和变更、劳动合同的解除和终止、特别规定、监督检查、法律责任和附则。本法的制定是为了完善劳动合同制度，明确劳动合同双方当事人的权利和义务，保护劳动者的合法权益，构建和发展和谐稳定的劳动关系。国家机关、企事业单位、社会团体、个体经济组织、民办非企业单位等用人单位都应该依照本法与劳动者建立劳动关系，订立、履行、变更、解除或者终止劳动合同。订立劳动合同，应该遵循合法、公平、平等自愿、协商一致、诚实信用的原则，依法订立的劳动合同具有约束力，用人单位与劳动者应当履行劳动合同约定的义务。

1. 劳动合同的概念和种类

劳动合同是指劳动者与用人单位为确立劳动关系，明确双方责任、权利、义务而签订的协议。劳动合同由用人单位与劳动者协商一致，并经用人单位与劳动者在劳动合同文本上签字或者盖章才生效，劳动合同文本由用人单位和劳动者各执一份。

劳动合同是维护劳动者和用人单位双方合法权益的依据，对于保护劳动者的权益尤为重要。应聘者一旦被用人单位录用，首先就要与用人单位签订劳动合同。没有劳动合同，劳动者的合法权益就无法得到保障。

劳动合同按照有效期限不同，可分为固定期限劳动合同、无固定期限劳动合同、以完成一定工作任务为期限的劳动合同和集体合同四种。

（1）有固定期限的劳动合同是指劳动合同双方明确约定合同有效的起始日期和终止日期的劳动合同。期限届满，合同即告终止。一般来讲，劳动合同的期限可以分为一年、二年、三年、五年等，具体期限由双方当事人协商确定。

（2）无固定期限劳动合同是指劳动合同双方只约定合同的起始日期，不约定合同终止日期的劳动合同。对于这种劳动合同，只要不出现法律规定或双方约定的事由，双方当事人就不得随意变更、终止和解除劳动关系。

（3）以完成一定工作任务为期限的劳动合同是指用人单位与劳动者约定以某项工作的完成为合同期限的劳动合同。这种合同不明确约定合同的起止日期，而是以某项工作或工作完工之日为合同终止之时。它一般适用于建筑业，临时性、季节性的工作或由于其工作性质可以采取此种合同期限的工作岗位。

（4）集体合同是《劳动合同法》的一项特别规定。企业职工一方与用人单位通过平等协商，可以就劳动报酬、工作时间、休息休假、劳动安全卫生、保险福利等事项订立集体合同。集体合同由工会代表企业职工一方与用人单位订立；尚未建立工会的用人单位，由上级工会指导劳动者推举的代表与用人单位订立。集体合同订立后，应当报送劳动行政部门，劳动行政部门自收到集体合同文本之日起十五日内未提出异议的，集体合同即行生效。

由于集体合同的签订需要工会或者职工代表的参与，所以劳动者可以获得更大的话语权，同时集体合同需要劳动行政部门的保护，劳动者获得的实际权利也往往会大于政府规定的最低标准，这就是签订集体合同的优势。但是如果用人单位违反了集体合同，只能由工会与用人单位协商，协商不成再申请仲裁、提起诉讼，劳动者个人不能单独协商或申请仲裁、提起诉讼。

2. 劳动合同的签订

《劳动合同法》第十七条规定了劳动合同的内容，分为必备条款和约定条款两部分。对于必备条款，合同必须写明；对于约定条款，双方可以根据需要约定。

劳动合同的必备条款包括：

（1）用人单位的名称、住所和法定代表人或者主要负责人

（2）劳动者的姓名、住址和居民身份证或者其他有效身份证件号码

（3）劳动合同期限

如果是签订固定期限劳动合同，双方应约定合同起、止日期。

（4）工作内容和工作地点

工作内容包括劳动者在劳动合同的有效期限内从事劳动的工种、岗位和应当完成的工作任务等。工作地点是指劳动者工作的具体地理位置。

（5）工作时间和休息休假

劳动合同须在国家法律规定的标准下，对劳动者的工作时间、休息时间和休假期做出约定。规定工作时间和休息休假为劳动合同的必备条款，是为了依法保障劳动者的工作权和休息权。

（6）劳动报酬

即在劳动者提供了正常劳动的情况下，用人单位应当支付的工资以及工资的支付方式等。

（7）社会保险

社会保险包括养老保险、失业保险、医疗保险、工伤保险、生育保险。将社会保险作为劳动合同的必备条款，目的在于进一步明确双方的权利义务。

（8）劳动保护、劳动条件和职业危害防护

即为保护劳动者在生产劳动过程中的安全与健康所必需的劳动防护措施、劳动环境和条件、职业危害预防和卫生保护等。

（9）法律、法规规定应当纳入劳动合同的其他事项

除必备条款外，用人单位与劳动者可以在劳动合同中约定试用期、培训、保密、补充保险和福利待遇等其他事项。

用人单位招用求职者时往往需要一段时间的观察才能确定其是否称职，同时员工也需要一段时间才能全面了解用人单位的情况以便决定是否对该单位做出最后的选择。正是基于这样的考虑，法律规定了试用期。《劳动合同法》规定，试用期是劳动合同的一部分，用人单位不得与劳动者单独签订试用合同。

《劳动合同法》规定：“劳动合同期限三个月以上不满一年的，试用期不得超过一个月；劳动合同期限一年以上不满三年的，试用期不得超过两个月；三年以上固定期限和无固定期限的劳动合同，试用期不得超过六个月。”而以完成一定工作任务为期限的劳动合同或者劳动合同期限不满三个月的，不得约定试用期。

《劳动合同法》规定，订立劳动合同应当采用书面形式。书面劳动合同最大的优势在于严肃慎重、准确可靠，一旦发生争议，便于查清事实、分清是非。而口头合同则随意性大，容易发生纠纷，且难以举证，不利于劳动者合法权益的保护。为此，《劳动合同法》作了约束性的规定：用人单位自用工之日起超过一个月不满一年未与劳动者订立书面劳动合同的，应当向劳动者每月支付两倍的工资；用人单位自用工之日起满一年不与劳动者订立书面劳动合同的，视为与劳动者订立无固定期限劳动合同。

还应注意的是，《劳动合同法》明确规定，禁止用人单位要求劳动者提供担保、扣押劳动者证件或以其他名义向劳动者收取财物。

3. 劳动合同的解除和终止

（1）劳动合同的解除

劳动合同的解除是指劳动合同订立后尚未全部履行，由于某种原因劳动合同一方或双方当事人使劳动合同效力提前停止的法律行为。

解除劳动合同最常用的方法是双方协商一致同意解除合同。协商解除不需要双方的事先约定或法律规定，只要双方愿意即可。

劳动者在协商解除劳动合同时应当注意：解除劳动合同如果是自己首先提出的，则用人单位可以不用支付补偿金；而如果是用人单位首先提出的，则用人单位需要支付补偿金。对于协商解除劳动合同的权利和责任，要以书面形式确定下来，以免解除劳动合同后产生纠纷。

具备法律规定的条件时，劳动者可以单方解除劳动合同。

一是在试用期内，劳动者提前三日通知用人单位，无须用人单位同意即可解除劳动合同。之所以规定提前三日通知，是为了避免企业因劳动者当天通知而措手不及，从而在一定程度上保证了企业生产经营的连续性。

二是在非试用期内，劳动者需提前三十日以书面形式通知用人单位。这是劳动法赋予劳动者自主选择职业的权利，是劳动者的一项基本权利，通常称之为“辞职权”。

在合同期内，如果用人单位违反了相关法律规定，比如未按照劳动合同约定提供劳动保护或者劳动条件、未依法为劳动者缴纳社会保险费等，劳动者可以随时通知用人单位解除劳动合同。

如果用人单位侵犯了劳动者的合法权益，导致劳动者随时单方解除劳动合同，则要支付补偿金。

用人单位也可以单方面解除劳动合同。用人单位解除劳动合同，必须符合法律规定的情况。

一是由于劳动者方面的原因，如在试用期间被证明不符合录用条件的；严重违反用人单位规章制度的；严重失职，营私舞弊，给用人单位造成重大损失的；同时与其他用人单位建立劳动关系，对完成本单位工作任务造成严重影响的；等等。

如果劳动者没有过失，而出现下列情况，用人单位也可以解除劳动合同。这些情况包括：劳动者患病或者非因工负伤，在规定的医疗期满后不能从事原工作，也不能从事由用人单位另行安排的工作的；劳动者不能胜任工作，经过培训或调整工作岗位仍不能胜任工作的；劳动合同订立时所依据的客观情况发生重大变化，经用人单位与劳动者协商，未能就变更劳动合同的内容达成协议的。在这些情况下用人单位解除劳动合同，应当提前三十日以书面形式通知劳动者本人，或者额外向劳动者支付一个月工资。

二是由于用人单位方面的原因，如依照企业破产法规定进行重组或生产经营发生严重困难等，企业可依法进行裁员的。

如果劳动者没有过失而用人单位单方面解除劳动合同，或用人单位基于自身情况变化单方解除劳动合同，用人单位应当向劳动者支付补偿金。

用人单位违法解除劳动合同，须承担相应的法律责任。

（2）劳动合同的终止

劳动合同终止是指劳动合同期满，或者双方约定的劳动合同不再履行的条件出现，劳动合同法律效力终结的情况。《劳动合同法》规定的劳动合同终止的具体情况包括：

一是劳动合同期限届满。这主要是针对有固定期限的劳动合同和以完成一定工作任务为期限的劳动合同而言的。二是劳动者开始依法享受基本养老保险待遇。三是劳动者死亡，这意味着劳动者从劳动合同主体上消失。四是用人单位被依法宣告破产，被吊销营业执照，责令关闭、撤销，或者用人单位决定提前解散的。五是法律、法规规定的其他情形。

应注意的是，劳动合同期限届满时，如果劳动者在医疗期、孕期、产期和哺乳期内，劳动合同的期限应自动延续至医疗期、孕期、产期和哺乳期满为止。

4. 劳动争议与维权

（1）属于劳动争议的事项

《中华人民共和国劳动争议调解仲裁法》规定了属于劳动争议的事项。只有符合下列规定的争议，劳动者才能够得到劳动法的特别保护。

1）因确认劳动关系发生的争议。

2）因订立、履行、变更、解除和终止劳动合同发生的争议。

3）因除名、辞退和辞职、离职发生的争议。

4）因工作时间、休息休假、社会保险、福利、培训以及劳动保护发生的争议。

5）因劳动报酬、工伤医疗费、经济补偿或者赔偿金等发生的争议。

6）法律、法规规定的其他劳动争议。比如因履行集体合同发生的争议等。

值得特别注意的是，劳动争议是发生在劳动关系双方当事人之间的争议，没有劳动关系的存在，劳动争议就失去了前提。正因为如此，劳动者被用人单位录用时，一定要订立书面劳动合同，而且要注意劳动合同条款是否合法，以备在发生劳动争议时作为维护自身合法权益的依据。如果由于某种原因没有订立书面劳动合同，但劳动者实际已为用人单位提供了劳动，形成了事实上的劳动关系，发生争议时也要尽量提供存在事实劳动关系的依据，如工资支付单、考勤卡、工作证等，以便最大限度地争取法律保护。

（2）劳动争议后的维权

劳动争议发生后，可以按照协商、调解、仲裁、诉讼的途径进行维权。

1）协商。劳动争议发生后，可先由争议双方当事人自己协商，协商得出一致结果后，双方按照达成的和解协议自觉履行。但协商不是处理劳动争议的必经程序，达成的协议对双方也无法律约束力，若双方不愿协商或协商不成，可以申请调解。

2）调解。劳动争议发生后，当事人愿协商，协商不成或者达成和解协议后不履行的，可以书面形式向调解组织提出调解申请。调解组织接到申请后，依据自愿、合法的原则进行调解。经调解，劳动者与用人单位达成协议后，应当制作调解协议书。调解协议书由双方签名或盖章，经调解员签名并加盖调解组织印章后生效，对双方当事人具有约束力，当事人应当履行。由支付拖欠劳动报酬、工伤医疗费、经济补偿或者赔偿金事项达成调解协议，用人单位在协议约定期限内不履行的，劳动者可以持调解协议书依法向人民法院申请支付令。

3）仲裁。发生劳动争议，当事人不能调解、调解不成或者达成协议后不履行的，可以向劳动争议仲裁委员会申请仲裁。《中华人民共和国劳动争议调解仲裁法》明确规定，自劳动争议调解组织收到调解申请之日起十五日内未达成调解协议的，当事人可以依法申请仲裁。仲裁是我国法律规定的处理劳动争议的法定程序，具有法律强制力。也就是说，劳动者一旦与用人单位发生劳动争议，不但可以直接向用人单位所在地劳动争议仲裁委员会申请仲裁，而且裁决生效后，一方如果不执行，另一方可向人民法院申请强制执行。

4）诉讼。当事人对仲裁裁决不服的，可以自收到仲裁裁决书之日起十五日内向人民法院提起诉讼。法院审理是劳动争议处理的最终程序。需注意的是，仲裁是人民法院处理劳动争议的前置程序，人民法院不直接受理没有经过仲裁程序的劳动争议案件。对劳动争议仲裁委员会不予受理或者逾期未做出决定的仲裁申请，申请人可以就该劳动争议事项向人民法院提起诉讼。劳动争议一旦进入诉讼程序，就实行二审终审制。但法律规定，劳动争议案件不是行政案件，诉讼当事人应为劳动者和用人单位，劳动争议仲裁委员会不应当成为被告。

三、知识产权保护法

知识产权是指人们对智力创造成果和工商业标记依法享有的权利。知识产权的原始取得，以创造者的身份资格为基础，以国家认可或授予为条件。

知识产权法是指因调整智力成果归属、利用和保护而产生的各种社会关系的法律规范的总称，包括著作权法、专利法、商标法等。

1. 知识产权的特征

（1）非物质性，即知识产权的客体是不具有物质形态的智力成果。

（2）专有性，即知识产权的权利主体依法享有独占使用智力成果的权利，他人不得侵犯。

（3）地域性，即知识产权只在生产的特定国家或地区的地域范围内有效。

（4）时效性，即依法产生的知识产权一般只在法律规定的期限内有效。

2. 知识产权的类别

知识产权分为两个类别：工业产权和著作权。工业产权包括专利、工业品外观设计、商标以及原产地地理标志；著作权包括文学、音乐和艺术作品。

（1）工业产权

1）专利。一般而言，国际上通称的“专利”是指《中华人民共和国专利法》（以下简称《专利法》）规定的“发明专利”。“发明”是指对产品、方法或者其改进所提出的新的技术方案。根据我国《专利法》规定，实用新型外观设计也称为“专利”，而国际上只称之为“实用新型”和“外观设计”，并不冠以“专利”二字。

专利是对发明授予的一种专利权利，专利是用来保护发明的。专利保护是希望通过对个人的创造力予以承认，并对那些能够在市场上销售、创造经济价值的发明提供物质上的奖励的方式，鼓励人们不断探索、创新，从而使人类生活的质量不断提高。

我国第二次修改的《专利法》规定，对于产品发明，保护五种行为：产品制造、产品使用、产品许诺销售、产品销售和产品进口；对于方法发明，保护五种行为：使用该专利方法、使用依该方法直接获得的产品、许诺销售依该方法直接获得的产品、销售依该方法直接获得的商品、进口依该方法直接获得的产品。上述保护行为，实际上就是发明价值的实现。专利对专利权人的发明所予以的保护有时效性，一般为20年。专利一旦失效，该发明可由他人进行商业性利用。

2）工业品外观设计。工业品外观设计是设计物品的装饰性或艺术性的外观，可由物品的形状、图案、色彩等构成。好的工业品外观设计能使物品的外观富有吸引力，从而引起人们的注意，因此它能增加产品的商业价值，并能提高其销售量。

3）商标。商标是用来区别一个企业产品与其他企业产品的一种标记，通过商标人们就可以辨别相互竞争的厂商的产品。服务商标是区别一个企业服务与其他企业服务的标记，也称为“服务标记”。

（2）著作权（版权）

根据 WIPO 的定义，版权是用来表述创作者因其文学和工艺作品而享有的权利的一个法律用语。受版权保护的作品的种类有：文学作品，如小说、诗歌、戏剧；报纸和计算机程序、数据库；电影、音乐作品和舞蹈；艺术作品，如油画、素描、摄影和雕塑；建筑作品；广告、地图和技术制图等。

我国法律中，“版权”与“著作权”可以互换使用，著作权主要与文学、艺术和科学作品有关，是作者或作者授权他人的主观行为，包括著作权人的多项人身权和财产权。一般来说，受著作权保护的是作者思想的表现形式。一部作品要享受著作权保护，必须是独创性的创作。

一部创作作品，凝结了作者的智力劳动，是有价值的，它可以满足公众的某种需要，因而有使用价值。著作权人享有人身权和财产权，一部创作作品无论是否成为商品，出版与否，作品内容用途如何，作品都受到著作权保护。

作品价值是通过复制、表演、录制、电影电视放映、广播、翻译与改编以及信息网络传播等途径实现的，著作权法规定可对复制权、表演权、摄制权、放映权、广播权、翻译权与改编权、信息网络传播权及精神权利进行保护。

对作者来说，著作权尊重其创作的权利，以及从他的作品中获得利润的权利。著作权是有时限的，根据世界知识产权组织有关条约，该时限为创作者去世后 50 年，国内法可规定更长的时限。这种时间上的限制使得创作者及其继承人能在一段合理的时期内获得经济上的收益。

课后练习

1．订立劳动合同，应当遵守合法、（　　）、平等自愿、协商一致、诚实信用原则。

A．公道　　B．公认　　C．公开　　D．公平

2．用人单位自（　　）起即与劳动者建立劳动关系。

A．用工之日　　B．签订合同之日

C．上级批准设立之日　　D．劳动者领取工资之日

3．无固定期限劳动合同，是指用人单位与劳动者约定无确定（　　）时间的劳动合同。

A．解除　　B．续订　　C．终止　　D．中止

4．职工患病，在规定的医疗期内劳动合同期满时，劳动合同（　　）。

A．即时终止　　B．续延半年后终止

C．续延一年后终止　　D．续延到医疗期满时终止

5．用人单位（　　），劳动者可以立即解除劳动合同，不需事先告知用人单位。

A．未按照劳动合同约定提供劳动保护或者劳动条件的

B. 未及时足额支付劳动报酬的

C. 以武力、威胁或者非法限制人身自由的手段强迫劳动者劳动的

D. 规章制度违反法律、法规的规定，损害劳动者权益的

6. 因（　　）集体合同发生争议，经协商解决不成的，工会可以依法申请仲裁、提起诉讼。

A. 签订　　B. 履行　　C. 订立　　D. 检查

7. 按照我国专利法的规定，专利的种类包括（　　）。

A. 发明、植物新品种、外观设计

B. 发明、实用新型、外观设计

C. 发明、实用新型、集成电路布图设计

8. 外观设计的专利权人有权禁止他人未经其许可而为生产目的的（　　）其外观设计专利产品。

A. 制造、销售、进口　　B. 制造、使用、销售

C. 制造、使用、进口

9. 我国专利法规定的授予发明专利和实用新型专利的“三性”条件是指（　　）。

A. 新颖性、创造性和实用性　　B. 新颖性、创造性和显著性

C. 新颖性、独创性和实用性

10. 劳动合同到期终止，用人单位是否应该支付经济补偿？

11. 用人单位违法解除或者终止劳动合同的，应当怎么处理？

12. 发明必须符合什么条件才能受到专利保护？

第二章
安全文明生产、环境保护和质量管理

第一节　安全文明生产

学习目标

1. 掌握安全文明生产的基本要求，并会运用到日常生产工作中。

2. 掌握安全用电常识及触电急救方法，学会安全用电措施，确保用电安全。

3. 了解常用设备的危险性，掌握安全防护措施及防止机械伤害通则，避免在生产工作中受到伤害。

安全文明生产是保障生产工人和机床设备的安全，防止工伤和设备事故的根本保证，它直接影响到人身安全、产品质量和经济效益，影响机床设备和工具、夹具、量具的使用寿命及生产工人技术水平的正常发挥，所以必须养成良好的安全文明生产习惯。

一、安全文明生产的基本要求

1. 文明生产的基本要求

（1）执行规章制度，遵守劳动纪律。

（2）严肃工艺纪律，贯彻操作规程。

（3）优化工作环境，创造良好的生产条件。

（4）按规定完成设备的维修保养。

2. 安全生产的基本要求

（1）开始工作前，必须按规定穿戴好防护用品。

（2）不准擅自使用不熟悉的机床及工具。

（3）清除切屑要使用工具，不得直接用手拉。

（4）毛坯、半成品应按规定堆放整齐，通道上不准堆放任何物品，并应随时清除油污、积水等。

（5）工具、夹具、器具应放在固定的地方，严禁乱扔乱放。

二、安全用电

电流对人体伤害的严重程度与以下几个因素有关：通过人体电流的大小、频率，电流通过人体的时间、部位，触电者身体健康状况等。通过人体的电流强度越大，时间越长，危险越大；电流通过人体的脑部和心脏时最危险；工频电流对人的危险性最大，而直流电流或高频率电流危险性则稍小；男性、成年人、健康者对电流的抵抗力相对要强些。

1. 触电

人体接触或接近带电体，所引起的局部受伤或死亡现象称为触电。人体触电分为电伤和电击两种。

（1）电伤

电伤是指人体外部受伤，如电弧灼伤、与带电体接触的皮肤红肿，以及在大电流下熔化而飞溅出的金属（包括熔丝）对皮肤的烧伤等。

（2）电击

电击是指人体内部器官受伤。电击是由电流流过人体而引起的，人常因电击而死亡，因此它是最危险的触电事故。

2. 安全用电措施

安全用电的原则是不接触低压带电体，不靠近高压带电体。常用的安全用电措施如下：

（1）火线必须进开关

火线进开关后，当开关处于分断状态时，用电器上就不带电，不但利于维修，而且可减少触电机会。

（2）合理选择照明电压

一般工厂的照明灯具多采用悬挂式，可选用 220 V 电压供电；工人接触较多的机床照明灯应选 36 V 供电；在潮湿、有导电灰尘、有腐蚀性气体的情况下，则应选用 24 V、12 V，甚至是 6 V 电压供照明灯具使用。

（3）合理选择导线和熔丝

导线通过电流时，不允许过热，所以导线的额定电流应比实际供电的电流大些。熔丝的选择应适当，过大和过小都起不到相应的保护作用。

（4）电气设备要有一定的绝缘电阻

电气设备的金属外壳和导电线圈间要有一定的绝缘电阻，否则当人触及正在工作的电气设备的金属外壳时就会触电。

（5）电气设备安装要正确

电气设备要根据说明进行安装，不可马虎从事。带电部分应有防护罩，高压带电体更应有效地加以防护，使一般人无法靠近高压带电体。必要时应加联锁装置以防触电。

（6）采用各种保护用具

保护用具是保证工作人员安全操作的用具，主要有绝缘手套、鞋、绝缘钳、棒、垫等。

（7）正确使用移动工具

使用电钻等移动电器时必须戴绝缘手套，调换钻头时须拔下插头。不允许将 220 V

普通电灯作为手提行灯而随便移动，行灯电压应为 36 V 或低于 36 V。

(8) 电气设备的保护接地和保护接零

正常情况下电气设备的金属外壳是不带电的，但绝缘损坏时，外壳就带电。为保证人体触及漏电设备的金属外壳时不会触电，通常采用接地或保护接零的安全措施。

三、机械安全防护

1. 常用设备的危险性

(1) 旋转部件的危险性

1）卷带和钩挂。操作人员的手套、上衣下摆、裤管、系带以及长发等，若与旋转部件接触，则易被卷进或带入机器，或者被旋转部件的凸出部件挂住而造成伤害。

2）绞碾和挤压。齿轮传动机构、螺旋输送机构、钻床等，由于旋转部件有棱角或呈螺旋状，衣、裤和手、长发易被绞进机器或因转动部件的挤压而造成伤害。

3）刺割。铣床刀、木工机械的圈盘锯、木刨等旋转部件是刀具，十分危险，作业人员若操作不当，接触到刀具，即被刺伤或割伤。

4）打击。做旋转运动的部件，在运动中产生离心力，旋转速度越快，产生的离心力越大。如果部件有裂纹等缺陷，不能承受巨大的离心力，便会破裂并高速飞出。人员若被高速飞出的碎片击中，往往会造成严重伤害。

(2) 机械部件做直线运动时的危险性

当刀具或模具做直线运动时，如果手误入其作业范围，就会造成伤害。这类设备有冲床、剪床、刨床和插床等。

2. 常用设备的安全防护通则

(1) 安全防护措施

1）密闭和隔离。对于传动装置，主要的防护办法是将它们密闭起来（如齿轮箱），或加防护罩，使人接触不到转动部件。防护装置的形式大致有整体或网状保护装备、保护罩等。

2）安全联锁。为了保证操作人员的安全，有些设备应设联锁装置，当操作者动作错误时，可使设备不动作，或立即停车。

3）紧急刹车。紧急刹车是为了排除危险而采取的应急措施。

(2) 防止机械伤害通则

1）正确维护和使用防护设施。应安装而没有安装防护设施的设备不能运行；不能随意拆卸防护装置、安全用具或安全设备，或使其无效；机械修理和调节完毕后，应立即重新安装好这些防护装置和设备。

2）转动部件未停稳不得进行操作。由于机器在运转中有较大离心力，这时进行生产操作，拆卸零部件、清洁保养工作等是很危险的，如离心机、压缩机等。

3）正确穿戴防护用品。防护用品是保护职工安全和健康的必备用品，必须正确穿戴衣、帽、鞋等防护用具。工作服应做到三紧：袖口紧、下摆紧、裤口紧。接触酸碱岗位的人员和机床加工的某些工种，要坚持佩戴防护眼镜。

4）站位得当。如在使用砂轮机时，应站在侧面，以免砂轮飞出时打伤自己；不要在起重机吊臂或吊钩下行走或停留。

5）转动部件上不得搁放物件。特别是机床，工人在夹持零件过程中，易将量具或其他物件顺手放在旋转部位上，一开车，这些物件极易飞出而发生事故。

6）不要跨越运转的机轴。机轴如处于人行道上，应装设跨桥；无防护设施的机轴，不要随便跨越。

7）执行操作规程，做好维护保养。严格执行有关规章制度和操作方法，是保证安全运行的重要条件。

第二节　环境保护知识

学习目标

1. 了解环境保护法的任务和作用。
2. 了解工业企业对环境污染的防治方法。

环境为人类生存和发展提供必需的资源和条件，保护环境，减轻环境污染，遏制生态恶化人人有责。

一、环境保护

环境是指影响人类生存和发展的各种天然的和经过人工改造的自然因素的总体，包括大气、水、海洋、土地、矿藏、草原、森林、野生动物、自然遗迹、文物遗迹、自然保护区、风景名胜区、城市和乡村等。

环境保护是指运用环境科学的理念和方法，在更好地利用自然资源的同时，深入认识污染和破坏环境的根源及危害，提高人类生活质量，保护人类健康，惠及子孙后代。

二、环境保护法

《中华人民共和国环境保护法》（以下简称《环境保护法》）是我国环境保护的基本法。

1. 环境保护法的任务和作用

我国环境保护法的基本任务是保护和改善环境，防止污染和其他公害，合理利用自然资源，维护生态平衡，保障人民健康，促进社会发展。

环境保护法的作用是为环境保护工作提供法律保障，为全体公民和企事业单位维护自己的环境权益提供法律武器，为国家执行环境监督管理职能提供法律依据。环境保护法是维护我国环境权益的重要工具，可以促进公民提高保护环境的意识和环境法律观念。

2. 环境保护法的基本原则

环境保护法包括五项基本原则，即环境保护与社会经济协调发展的原则，预防为主、防治结合、综合治理的原则，污染者治理、开发者保护的原则，政府对环境质量负责的原则，依靠群众保护环境的原则。

3. 工业企业对环境污染的防治

《环境保护法》中指出，产生环境污染和其他公害的单位，必须把环境保护工作纳入计划，建立环境保护责任制度；采取有效措施，防治在生产建设或者其他活动中产生的废气、废水、废渣、粉尘、恶臭气体、放射性物质以及噪声、振动、电磁波辐射等对环境的污染和危害。新建工业企业和现有工业企业的技术改造，应当采用资源利用率高、污染物排放量小的设备和工艺，采用经济合理的废弃物综合利用技术和污染物处理技术。

课后练习

1. 人体接触或接近________，所引起的局部________或________现象称为触电。人体触电分为________和________两种。

2. 见到有人触电，必须用最快的方法使触电者安全脱离________，绝不能用手直接去拉触电者。安全用电的原则是________低压带电体，________高压带电体。

3. 我国环境保护法的基本任务是________和________环境，防止污染和其他公害，合理利用自然资源，维护________，保障________，促进________。

4. 环境保护法包括五项基本原则，即________________________的原则，________________________的原则，________________________的原则，________________________的原则，________________的原则。

5. 安全文明生产有哪些基本要求？

6. 什么是环境？

7. 工业企业应防治哪几种环境污染？

8. 常用设备有哪些危险性？

9. 防止机械伤害有哪些通则？

第三节　质量管理

学习目标

1. 了解企业的质量方针和岗位的质量要求。
2. 了解岗位的质量保证措施与责任。

一、企业的质量方针

企业的质量方针是由企业的最高管理者正式发布的企业全面的质量宗旨和质量方向，是企业总方针的重要组成部分。企业的质量方针不仅提出和规定了企业在提供产品、技术或服务的质量要达到的标准和水平，同时也是企业的经营理念在质量管理工作方面的体现。

二、岗位的质量要求

岗位的质量要求是企业根据对产品、技术或服务最终的质量要求和自身的条件，对各个岗位质量工作提出的具体要求，一般体现在各岗位的作业指导书或工艺规程中，包括操作程序、工作内容、工艺规程、参数控制、工序的质量指标、各项质量记录等。岗位的质量要求是每个职工都必须做到的最基本的岗位工作职责。

三、岗位的质量保证措施与责任

岗位的质量保证措施与责任是为实现各个岗位的质量要求采取的具体措施与方法。主要有以下几个方面：

首先，要有明确的岗位质量责任制度。对每个岗位要按作业指导书或工艺规程的规定，明确岗位工作的质量标准以及上下工序之间、不同班次之间对相应的质量问题的责任、处理方法和权限。

其次，要经常通过对本岗位产生的质量问题进行统计与分析等活动，采用排列图、因果图和对策表等数理统计方法，提出解决这些问题的办法与措施，必要时经过专家咨询来改进岗位的工作，如取得明显的效果，报上级批准后，将改进后的工作方法编入作业指导书或工艺规程，进一步规范和提高岗位的工作质量。

最后，要加强对员工的质量培训工作，提高职工的质量观念和质量意识，并针对岗位工作的特点，进行保证这两方面的方法与技能的学习和培训，提升操作者的技术水平，以提高产品、技术或服务的质量水平。

课后练习

1. 企业的质量方针是由企业的最高管理者正式发布的企业全面的______和质量方向，是企业______的重要组成部分。

2. 岗位的质量保证措施与责任是为实现各个岗位的______采取的具体措施与方法。

3. 简述岗位的质量保证措施与责任的主要内容。

第二章 极限与配合

极限与配合知识与机械设计、机械制造、质量控制、生产组织管理等许多领域密切相关，它是实现互换性生产的重要因素，是机械工程技术人员必备的基础知识。

第一节 极限与配合基础

学习目标

1. 了解公称尺寸、实际（组成）要素、极限尺寸的概念。
2. 理解尺寸偏差、公差、极限尺寸的相互关系。
3. 掌握标准公差数值表和基本偏差数值表的查阅方法。
4. 能够正确识别尺寸公差带代号。
5. 熟悉极限与配合的标注方法。

实际零件的尺寸总是具有一定的偏差，为保证零件的使用必须对尺寸的变动范围加以限制，这样才能保证相互配合的零件能满足功能要求。

一、基本概念

1. 互换性

互换性是指相同规格的零件或部件，任取其中一件，不需做任何挑选、修配，就能进行装配，并能满足机械产品使用性能要求的一种特性。

互换性在现代化大规模生产中有着十分重要的意义。在设计方面，按互换性进行设计可以最大限度地采用标准件和通用件，可以简化设计程序，缩短设计周期，并便于计算机辅助设计；在制造方面，有利于组织大规模专业化生产；在使用方面，便于维修和售后服务。

2. 加工误差及公差

要使零件具有互换性，就必须保证零件几何参数的准确性。但在实际生产过程中，由于设备精度、刀具磨损、测量误差以及工人的操作水平等因素的影响，相同规格零件的几何参数不可能绝对准确、一致。零件加工后几何参数（尺寸、形状和位置）所产生的差异即为加工误差。而要使零件具有互换性，就必须允许零件的几何参数有一个变动量，也就是允许加工误差有一个范围，这个允许的变动量称为公差。

不同的两个零件装配在一起，例如，相同尺寸的孔与轴的装配，有的要求松一点，有的要求紧一点，这种松紧程度的要求就是一种配合关系。公差与配合是相互联系的。

二、公差与配合标准

1. 基本术语及定义

（1）尺寸

用特定单位表示长度大小的数值称为尺寸，由数值和特定单位两部分组成。长度包括直径、半径、高度、宽度、深度、厚度和中心距等，但不包括用角度表示的角度量。

（2）公称尺寸（D，d）

公称尺寸是由图样规范确定的理想形状要素的尺寸，孔的公称尺寸代号用 D 来表示；轴的公称尺寸代号用 d 来表示。国家标准规定：大写字母表示孔的有关代号，小写字母表示轴的有关代号。

如图 3—1—1 所示，ϕ15 mm 为轴直径的公称尺寸，ϕ16 mm 为孔直径的公称尺寸。

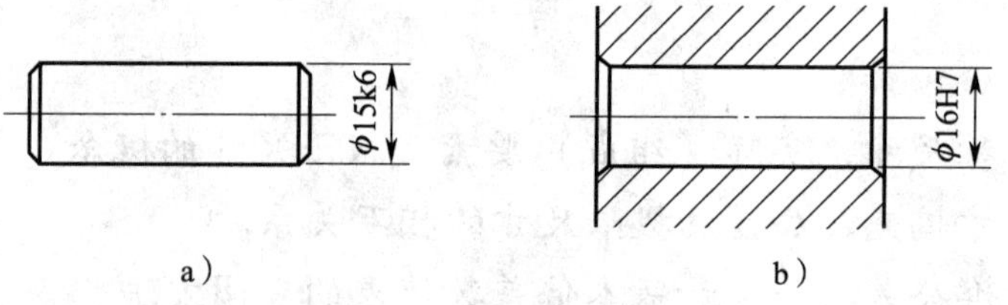

图 3—1—1　孔与轴的公称尺寸

（3）实际（组成）要素（D_a，d_a）

通过测量获得的尺寸称为实际（组成）要素。由于存在加工误差，零件同一表面上不同位置的实际（组成）要素不一定相等，如图 3—1—2 所示。

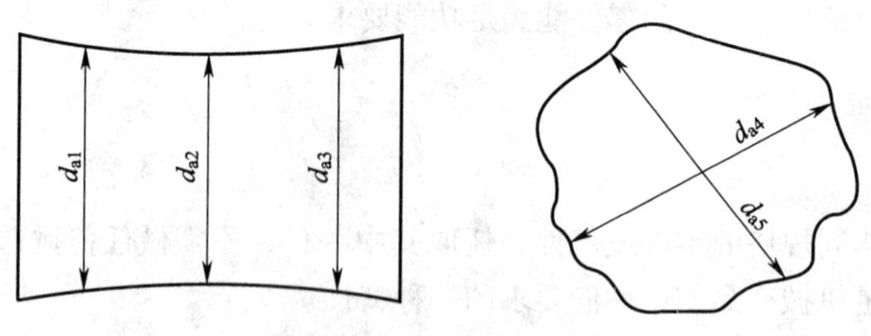

图 3—1—2　实际（组成）要素

（4）极限尺寸

允许尺寸变化的两个界限值称为极限尺寸。其中，允许的最大尺寸称为上极限尺寸，孔、轴分别用 D_{max} 和 d_{max} 来表示；允许的最小尺寸称为下极限尺寸，孔、轴分别用 D_{min} 和 d_{min} 表示。需要注意的是，零件尺寸合格与否取决于实际（组成）要素是否在极限尺寸所确定的范围之内，而与公称尺寸无直接关系。在图 3—1—3 中，孔的最大极限尺寸是 ϕ30. 021 mm，最小极限尺寸是 ϕ30 mm；轴的最大极限尺寸是 ϕ29. 993 mm，最小极限尺寸

是 ϕ29.980 mm。若加工出孔的实际尺寸是 ϕ30 mm，轴的实际尺寸是 ϕ29.990 mm，则零件合格。

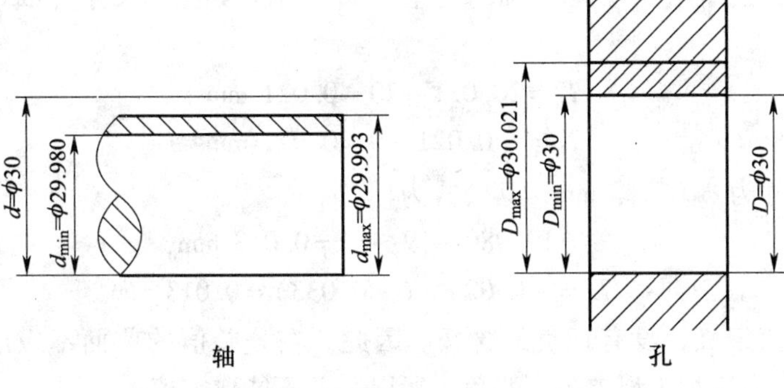

图 3—1—3　极限尺寸

（5）偏差

某一尺寸，如实际（组成）要素、极限尺寸等减其公称尺寸所得的代数差称为偏差。实际（组成）要素的尺寸减其公称尺寸所得的代数差称为实际偏差。由于实际尺寸减公称尺寸可能大于、小于或等于公称尺寸，因此实际偏差可能为正、负或零值。在使用时一定要注意偏差值的正负号，不能遗漏。极限尺寸减其公称尺寸所得的代数差称为极限偏差。由于极限尺寸有上极限尺寸和下极限尺寸之分，对应的极限偏差也分为上极限偏差和下极限偏差，如图 3—1—4 所示。

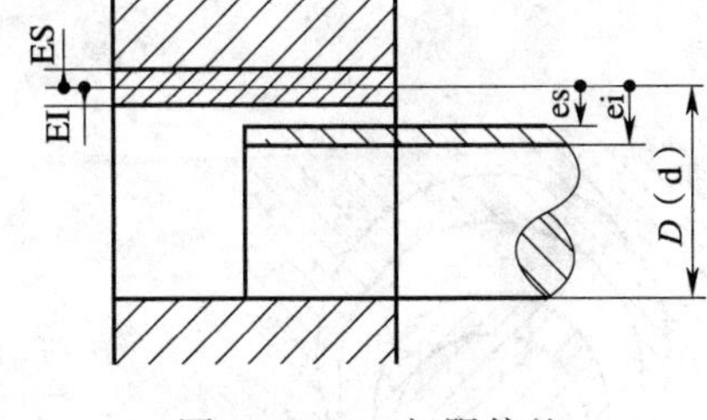

图 3—1—4　极限偏差

1）上极限偏差。上极限尺寸减其公称尺寸所得的代数差称为上极限偏差。孔的上极限偏差用 ES 表示，轴的上极限偏差用 es 表示。用公式表示为

$$\mathrm{ES} = D_{\max} - D$$

$$\mathrm{es} = d_{\max} - d$$

2）下极限偏差。下极限尺寸减其公称尺寸所得的代数差称为下极限偏差。孔的下极限偏差用 EI 表示，轴的下极限偏差用 ei 表示。用公式表示为

$$\mathrm{EI} = D_{\min} - D$$

$$\mathrm{ei} = d_{\min} - d$$

国家标准规定：在图样上和技术文件上标注极限偏差数值时，上极限偏差标在公称尺寸的右上角，下极限偏差标在公称尺寸的右下角，如 $\phi10^{-0.005}_{-0.014}$。需要特别注意的是，当偏差为零值时，必须在相应的位置上标注“0”，当上、下极限偏差数值相等而符号相反时，应简化标注，如 $\phi40 \pm 0.008$。

零件的实际偏差只要在两个极限偏差范围内，该零件就是合格品。在实际生产中，零件图样上通常不标注零件的极限尺寸，只标注公称尺寸和上、下极限偏差。

（6）尺寸公差（*T*）

尺寸公差是指允许尺寸的变动量，简称公差。

公差是设计人员根据零件使用时的精度要求并考虑加工时的经济性，而对尺寸变动量给出的允许值。公差的数值等于上极限尺寸减下极限尺寸之差，也等于上极限偏差减下极限偏差之差。孔的公差用 T_h 表示；轴的公差用 T_s 表示。如孔的尺寸为 $\phi20^{+0.021}_{0}$ mm，其公差为

$$T_h = 20.021 - 20 = 0.021 \text{ mm}$$

或
$$T_h = +0.021 - 0 = 0.021 \text{ mm}$$

又如轴的尺寸为 $\phi20^{-0.020}_{-0.033}$ mm，其公式为

$$T_s = 19.980 - 19.967 = 0.013 \text{ mm}$$

或
$$T_s = -0.020 - (-0.033) = 0.013 \text{ mm}$$

公差以绝对值定义，没有正负的含义。因此，在公差值的前面不应出现“+”号或“-”号。另外，由于加工误差不可避免，所以公差不能取零值。

(7) 公差带图

为了说明尺寸、偏差和公差之间的关系，一般采用极限与配合示意图，如图 3—1—5 所示。这种示意图是把极限偏差和公差部分放大而尺寸不放大画出来的。从图中可直观地看出公称尺寸、极限尺寸、极限偏差和公差之间的关系。

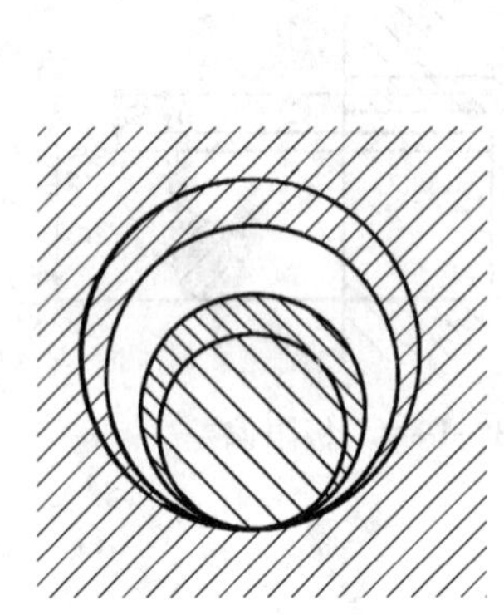

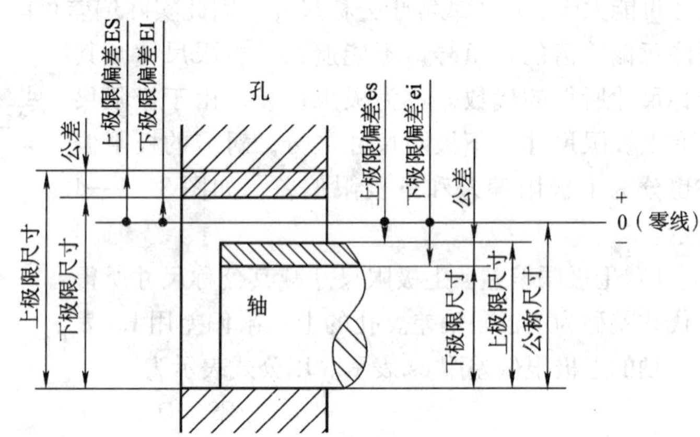

图 3—1—5　极限与配合示意图

为了简化起见，在实际应用中仅画出孔、轴的公差带即可。公差带是指零件的尺寸对其公称尺寸所允许变动的范围，用图所表示的公差带，称为公差带图，如图 3—1—6 所示。

2. 标准公差和基本偏差

(1) 标准公差和标准公差等级

1）标准公差。国家标准《极限与配合》中所规定的任一公差称为标准公差。实际工作中，标准公差用查表法确定。标准公差数值见表 3—1—1。从表中可以看出，标准公差的数值与两个因素有关，即标准公差等级和公称尺寸分段。

2）标准公差等级。确定尺寸精确程度的等级称为公差等级。

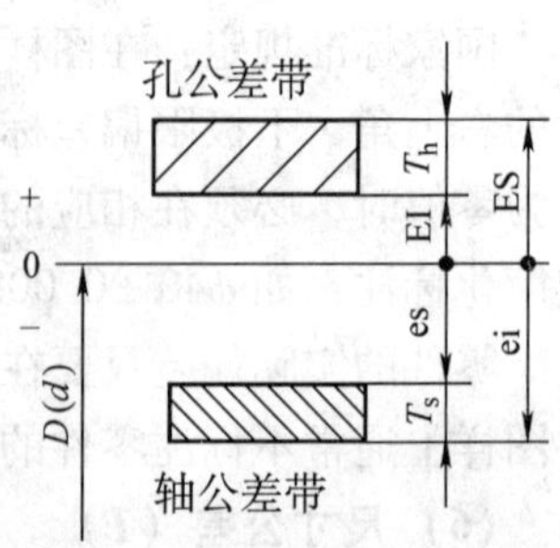

图 3—1—6　公差带图

表 3—1—1　　　　　　　　　　　标准公差数值

公称尺寸 mm		标准公差等级																	
		IT1	IT2	IT3	IT4	IT5	IT6	IT7	IT8	IT9	IT10	IT11	IT12	IT13	IT14	IT15	IT16	IT17	IT18
大于	至	μm											mm						
—	3	0.8	1.2	2	3	4	6	10	14	25	40	60	0.1	0.14	0.25	0.4	0.6	1	1.4
3	6	1	1.5	2.5	4	5	8	12	18	30	48	75	0.12	0.18	0.3	0.48	0.75	1.2	1.8
6	10	1	1.5	2.5	4	6	9	15	22	36	58	90	0.15	0.22	0.36	0.58	0.9	1.5	2.2
10	18	1.2	2	3	5	8	11	18	27	43	70	110	0.18	0.27	0.43	0.7	1.1	1.8	2.7
18	30	1.5	2.5	4	6	9	13	21	33	52	84	130	0.21	0.33	0.52	0.84	1.3	2.1	3.3
30	50	1.5	2.5	4	7	11	16	25	39	62	100	160	0.25	0.39	0.62	1	1.6	2.5	3.9
50	80	2	3	5	8	13	19	30	46	74	120	190	0.3	0.46	0.74	1.2	1.9	3	4.6
80	120	2.5	4	6	10	15	22	35	54	87	140	220	0.35	0.54	0.87	1.4	2.2	3.5	5.4
120	180	3.5	5	8	12	18	25	40	63	100	160	250	0.4	0.63	1	1.6	2.5	4	6.3
180	250	4.5	7	10	14	20	29	46	72	115	185	290	0.46	0.72	1.15	1.85	2.9	4.6	7.2
250	315	6	8	12	16	23	32	52	81	130	210	320	0.52	0.81	1.3	2.1	3.2	5.2	8.1
315	400	7	9	13	18	25	36	57	89	140	230	360	0.75	0.89	1.4	2.3	3.6	5.7	8.9
400	500	8	10	15	20	27	40	63	97	155	250	400	0.63	0.97	1.55	2.5	4	6.3	9.7
500	630	9	11	16	22	32	44	70	110	175	280	440	0.7	1.1	1.75	2.8	4.4	7	11
630	800	10	13	18	25	36	50	80	125	200	320	500	0.8	1.25	2	3.2	5	8	12.5
800	1 000	11	15	21	28	40	56	90	140	230	360	560	0.9	1.4	2.3	3.6	5.6	9	14
1 000	1 250	13	18	24	33	47	66	105	165	260	420	660	1.05	1.65	2.6	4.2	6.6	10.5	16.5
1 250	1 600	15	21	29	39	55	78	125	195	310	500	780	1.25	1.95	3.1	5	7.8	12.5	19.5
1 600	2 000	18	25	35	46	65	92	150	230	370	600	920	1.5	2.3	3.7	6	9.2	15	23
2 000	2 500	22	30	41	55	78	110	175	280	440	700	1 100	1.75	2.8	4.4	7	11	17.5	28
2 500	3 150	26	36	50	68	96	135	210	330	540	860	1 350	2.1	3.3	5.4	8.6	13.5	21	33

注：公称尺寸小于 1 mm 时，无 IT14 至 IT18。

国家标准设置了 20 个公差等级，即 IT01，IT0，IT1，IT2，IT3，…，IT18。“IT”表示标准公差，其后的阿拉伯数字表示公差等级。IT01 精度最高，其余精度依次降低，IT18 精度最低。

3）公称尺寸分段

在相同的加工精度条件下（相同的加工设备及加工技术等），加工误差随着公称尺寸的增大而增大。因此从理论上来讲，同一公差等级的标准公差数值也应随公称尺寸的增大而增大。

在实际生产中使用的公称尺寸是很多的，如果每一个公称尺寸都对应一个公差值，就会形成一个庞大的公差数值表，不利于实现标准化，给实际生产带来困难。因此，国家标准对公称尺寸进行了分段。尺寸分段后，同一尺寸段内所有的公称尺寸，在相同公差等级的情况下，具有相同的公差值。如公称尺寸 40 mm 和 50 mm 都在“大于 30 mm 至 50 mm”

尺寸段，两尺寸的 IT7 数值均为 0. 025 mm。

(2) 标准公差等级的选择

合理选择标准公差等级，主要是为了解决机械零件使用要求与制作工艺及成本之间的矛盾。因此，选择标准公差等级的基本原则是，在满足使用要求的条件下，选择低的标准公差等级。

标准公差等级一般用类比法选择，也就是参照生产实践的经验，进行比较选择。用类比法选择标准公差等级时，还应考虑以下问题：

1）正确处理机器零件的使用性能和制造工艺与成本之间的关系。一般来说，公差等级高，使用性能好，但零件加工困难，生产成本高；反之，公差等级低，零件加工容易，生产成本低，但零件使用性能也较差。

2）注意相关件和相配合件的精度。例如，齿轮孔与轴的配合，它们的标准公差等级决定于相关齿轮的精度等级。

(3) 基本偏差

国家标准《极限与配合》中所规定的，用以确定公差带相对于零线位置的上极限偏差或下极限偏差，称为基本偏差。基本偏差一般为靠近零线的那个偏差，如图 3—1—7 所示。当公差带在零线上方时，其基本偏差为下极限偏差；当公差带在零线下方时，其基本偏差为上极限偏差。当公差带的某一偏差为零时，此偏差自然就是基本偏差。有的公差带相对于零线是完全对称的，则基本偏差可为上极限偏差，也可为下极限偏差（但对一个尺寸公差带只能规定其中一个为基本偏差）。

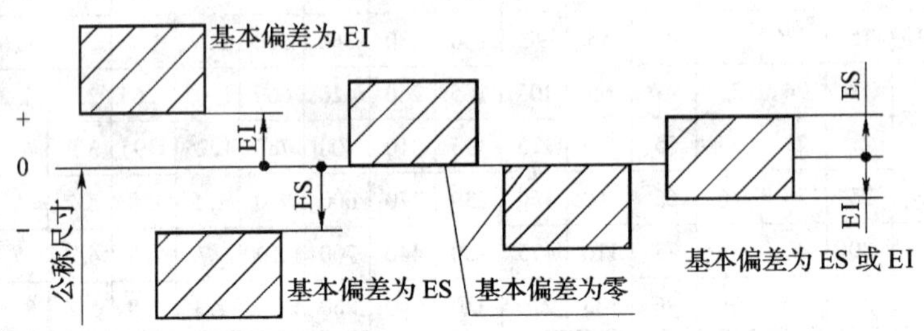

图 3—1—7　基本偏差

从图 3—1—7 可以看出，基本偏差用来确定公差带的位置，标准公差用来确定公差带的大小，知道了公差带的大小、位置，公差带也就定下来了，尺寸的上、下极限偏差可以根据计算公式得到。

图 3—1—8 所示是孔、轴的基本偏差系列图，它表示公称尺寸相同的 28 种孔、轴的基本偏差相对零线的位置关系。其中 JS 和 js 为完全对称偏差。此图只表示公差带的大小。所以，图中公差带只画了靠近零线的一端，另一端是开口的，开口端的极限偏差由标准公差确定。

3. 公差代号

(1) 公差代号

孔、轴公差带代号由基本偏差代号与公差等级数字组成。例如，ϕ40G7 中的 G7 为孔公差带代号。

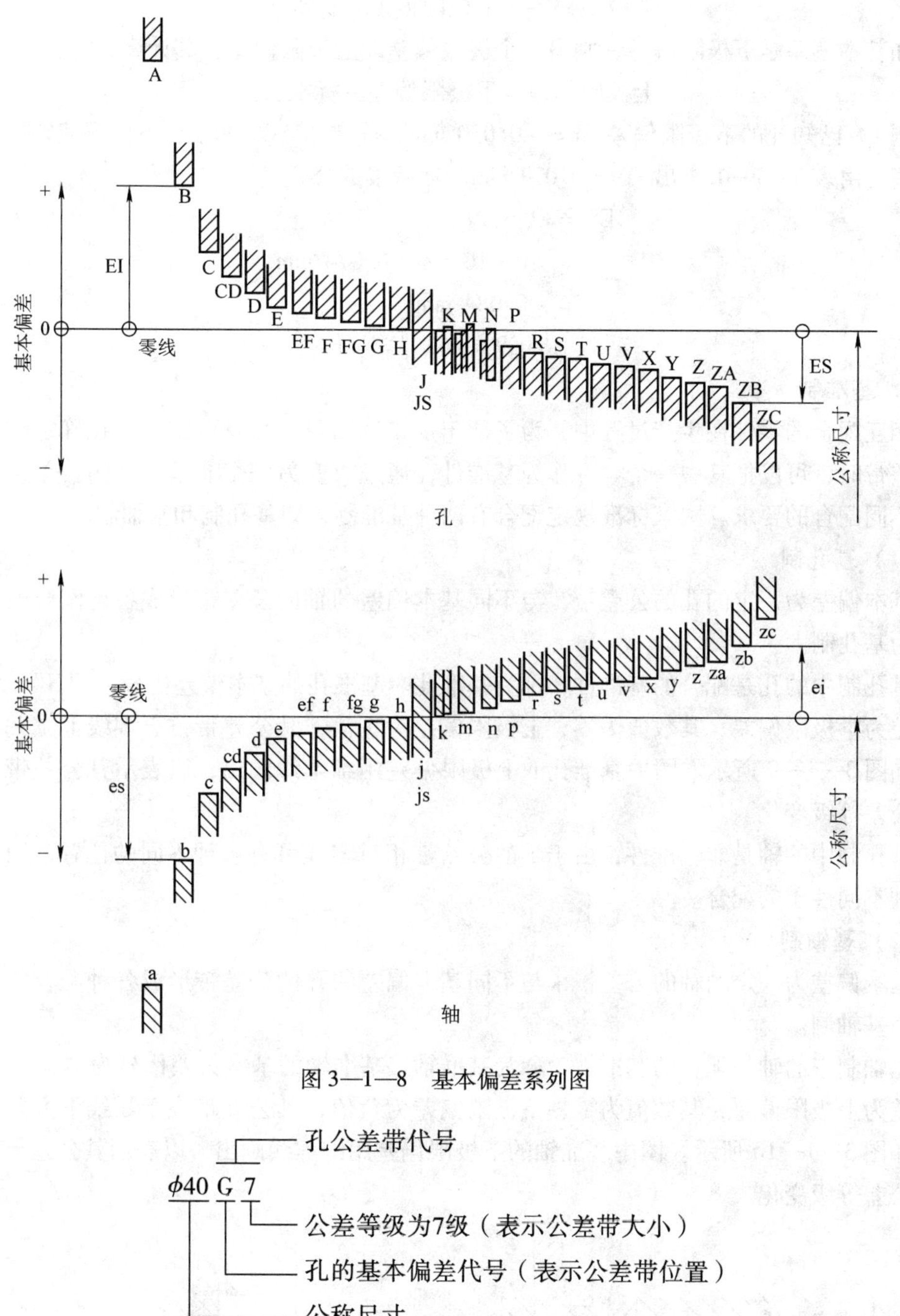

图 3—1—8　基本偏差系列图

（2）尺寸偏差的计算

在图 3—1—8 所示的基本偏差系列中，只画出公差带属于基本偏差一端的极限偏差，而另一端开口处的极限偏差则将由标准公差等级来决定。在实际应用中，先根据公称尺寸查表得出轴或孔的基本偏差值；然后再查表得出标准公差值，用计算公式计算出另一个极限偏差。如基本偏差是上极限偏差，则另一个极限偏差即下极限偏差，其计算式为

$$下极限偏差 = 上极限偏差 - 标准公差$$

如基本偏差是下极限偏差，则另一个极限偏差即上极限偏差，其计算式为：

$$上极限偏差 = 下极限偏差 + 标准公差$$

例 1　已知孔的下极限偏差 EI = +0.010 mm，确定 ϕ65G9 的上、下极限偏差。

解　由表 3—1—1 查出 IT9 = 0.074 mm。然后根据公式

$$\begin{aligned} ES &= EI + IT9 \\ &= +0.010\ \text{mm} + 0.074\ \text{mm} \\ &= +0.084\ \text{mm} \end{aligned}$$

所以

$$\phi65G9 = \phi65^{+0.084}_{+0.010}\ \text{mm}$$

4. 基准制

相互配合的零件在生产过程中，为了便于加工和刀具、量具的配备，在确定配合零件的公差带时，可以把其中一个零件作为基准件，通过改变另一个非基准件的公差带位置来达到不同配合的要求。国家标准规定配合有两种基准制，即基孔制和基轴制。

（1）基孔制

基本偏差为一定的孔的公差带，与不同基本偏差的轴的公差带形成各种配合的一种制度称为基孔制。

基孔制中的孔是配合的基准件，称为基准孔。基准孔的基本偏差代号为“H”，它的基本偏差为下极限偏差，其数值为零，上极限偏差为正值，其公差带位于零线上方并紧邻零线，如图 3—1—9 所示。图中基准孔的上极限偏差用细虚线画出，以表示其公差带大小随不同公差等级变化。

基孔制中的轴是非基准件，由于轴的公差带相对零线可有各种不同的位置，因而可形成各种不同性质的配合。

（2）基轴制

基本偏差为一定的轴的公差带，与不同基本偏差的孔的公差带形成各种配合的一种制度称为基轴制。

基轴制中的轴是配合的基准件，称为基准轴。基准轴的基本偏差代号为“h”，它的基本偏差为上极限偏差，其数值为零，下极限偏差为负值，其公差带位于零线下方并紧邻零线，如图 3—1—10 所示。图中基准轴的下极限偏差用细虚线画出，以表示其公差带大小随不同公差等级变化。

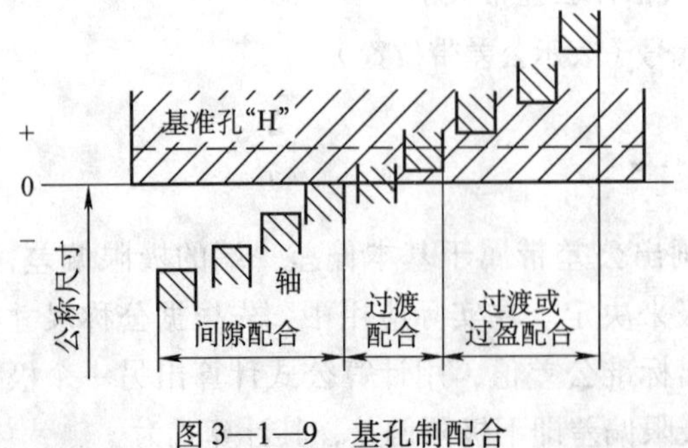

图 3—1—9　基孔制配合

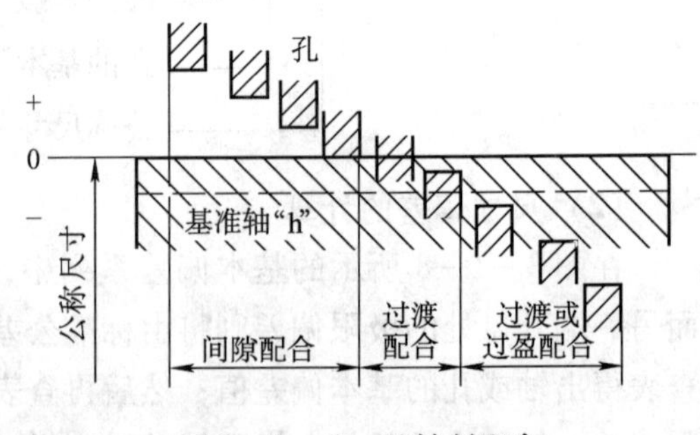

图 3—1—10　基轴制配合

基轴制中的孔是非基准件，由于孔的公差带相对零线可有各种不同的位置，因而可形成各种不同性质的配合。

（3）基准制的选择

1）优先选用基孔制。采用基孔制可以减少定值刀、量具的规格、数目，有利于刀、量具的标准化、系列化，因而经济性好，使用方便。

2）有明显经济效益时选用基轴制。如采用冷拉钢材做轴时，若其本身精度已满足设计要求，可以无须再加工时，则可选用基轴制。

3）根据标准件选择基准制。当设计的零件与标准件相配时，基准制的选择应依标准件而定。例如，与滚动轴承内圈配合的轴应选用基孔制，而与滚动轴承外圈配合的孔应选用基轴制。

4）特殊情况下可以采用混合配合。为了满足配合的特殊要求，允许采用任一孔、轴公差带组成配合。

5. 配合及其类别

1）配合。在机器装配中，公称尺寸相同的相互结合的孔、轴公差带之间的关系称为配合。值得注意的是公称尺寸相同是配合的前提。

2）间隙与过盈。孔的尺寸减去相配合的轴的尺寸为正时是间隙，一般用 X 表示，其数值前应标“+”号；孔的尺寸减去相配合的轴的尺寸为负时是过盈，一般用 Y 表示，其数值前应标“-”号。

3）配合种类。有了孔和轴的公差之后，保证了零件加工后的互换性。而不同零件装配之后的松紧程度则是靠配合来保证的。国家标准将配合分为间隙配合、过盈配合和过渡配合三种。

①间隙配合。具有间隙（包括最小间隙等于零）的配合称为间隙配合。间隙配合时，孔的公差带在轴的公差带之上，孔的实际（组成）要素的尺寸总是大于轴的实际（组成）要素的尺寸，如图 3—1—11 所示。

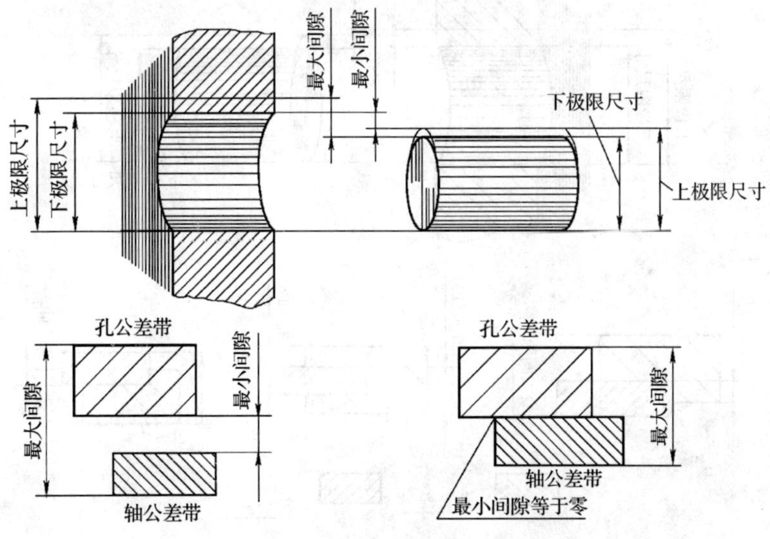

图 3—1—11　间隙配合的孔、轴公差带

②过盈配合。具有过盈（包括最小过盈等于零）的配合称为过盈配合。过盈配合时，孔的公差带在轴的公差带之下，孔的实际（组成）要素的尺寸总是小于轴的实际（组成）要素的尺寸，如图 3—1—12 所示。

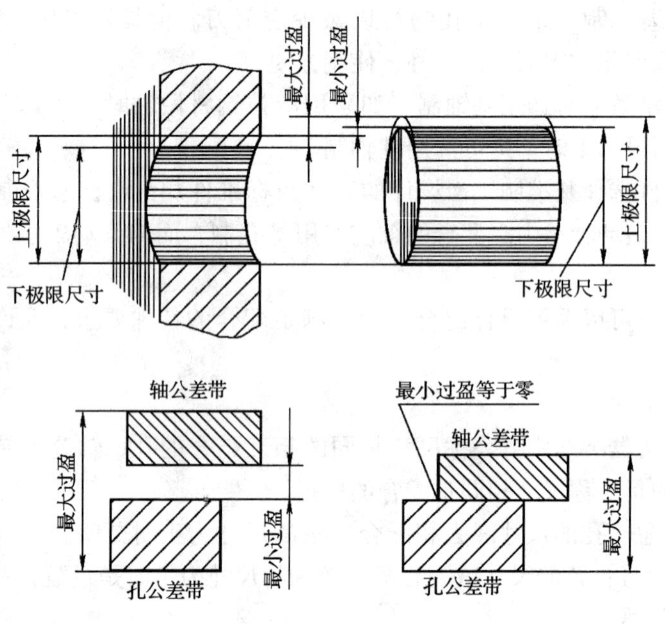

图 3—1—12　过盈配合的孔、轴公差带

③过渡配合。可能具有间隙或过盈的配合称为过渡配合。过渡配合时，孔的公差带与轴的公差带相互交叠，如图 3—1—13 所示。过渡配合其定心精度比间隙配合高，而拆装又比过盈配合容易。

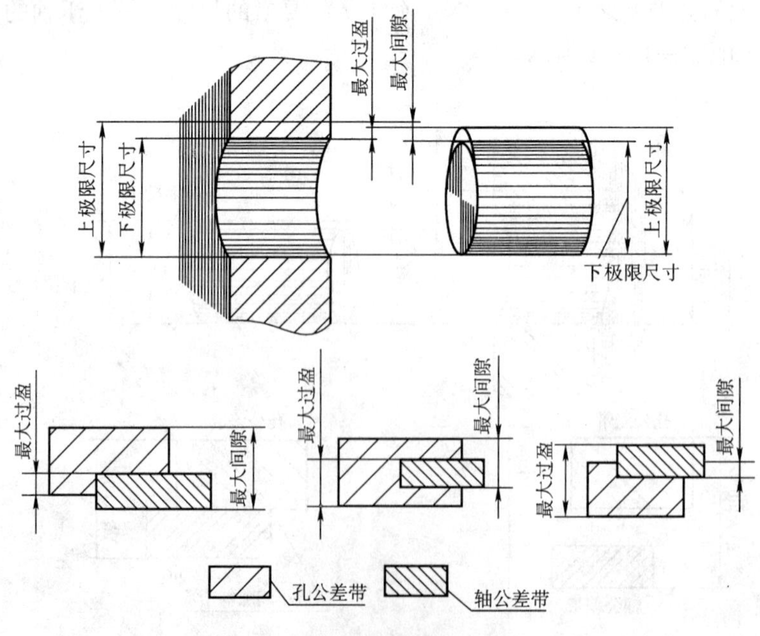

图 3—1—13　过渡配合的孔、轴公差带

6. 一般公差——线性尺寸的未注公差

设计时，对机器零件上各部位提出的尺寸、形状和位置等精度要求，取决于它们的使用功能要求。零件上的某些部位在使用功能上无特殊要求时，则可给出一般公差。因此，所有尺寸都有一定的公差，未注公差的尺寸并不是没有公差。

国家标准规定：采用一般公差时，在图样上不单独注出公差，而是在图样、技术文件或技术标准中做出总的说明。

线性尺寸的一般公差规定了四个等级，即 f（精密级）、m（中等级）、c（粗糙级）和 v（最粗级）。一般公差线性尺寸的极限偏差数值见表 3—1—2，倒圆半径与倒角高度尺寸的极限偏差数值见表 3—1—3。

表 3—1—2　　一般公差线性尺寸的极限偏差数值　　mm

公差等级	尺寸分段							
	0.5～3	3～6	6～30	30～120	120～400	400～1 000	1 000～2 000	2 000～4 000
f（精密级）	±0.05	±0.05	±0.1	±0.15	±0.2	±0.3	±0.5	—
m（中等级）	±0.1	±0.1	±0.2	±0.3	±0.5	±0.8	±1.2	±2
c（粗糙级）	±0.2	±0.3	±0.5	±0.8	±1.2	±2	±3	±4
v（最粗级）	—	±0.5	±1	±1.5	±2.5	±4	±6	±8

表 3—1—3　　一般公差倒圆半径与倒角高度尺寸的极限偏差数值　　mm

公差等级	尺寸分段			
	0.5～3	3～6	6～30	>30
f（精密级） m（中等级）	±0.2	±0.5	±1	±2
c（粗糙级） v（最粗级）	±0.4	±1	±2	±4

三、公差与配合的标注

1. 零件图中的标注方法

(1) 极限偏差标注法

这种标注法在工厂的实际生产图样中常见，如 $\phi20^{+0.018}_{0}$ mm，$\phi34^{+0.034}_{+0.023}$ mm 等。当偏差不为零时，必须标注正负号，如图 3—1—14a 所示。极限偏差在标注时的注意事项如下：

1）当上极限偏差或下极限偏差为“零”时，要用数字“0”标出，并与下极限偏差或上极限偏差的小数点前的个位数对齐。

2）上极限偏差注在公称尺寸的右上角；下极限偏差注在公称尺寸右下角。

3）上、下极限偏差的小数点必须对齐，小数点后的位数必须相同。

4）小数点后不起作用的零可不写，但当需要用零来补位，使小数点后的位数相同时除外。

5）当上、下极限偏差相同时，极限偏差只需注写一次，并应在极限偏差与公称尺寸之间注出符号“±”，且使其与数字高度相同，如 $\phi40\pm0.08$。

(2) 标注公差带代号

这种注法一般采用专用量具（如塞规、环规等）检验，以适应大批量生产的需要，因此不需标注极限偏差数值，如图 3—1—14b 所示（ϕ18H7）。

(3) 同时标注公差带代号和极限偏差

这种注法一般适用于产量不定的情况，它既便于使用专用量具检验，又便于通用量具检验，这时极限偏差应加上圆括号，如 $\phi65K6(^{+0.021}_{+0.002})$（图 3—14c）。

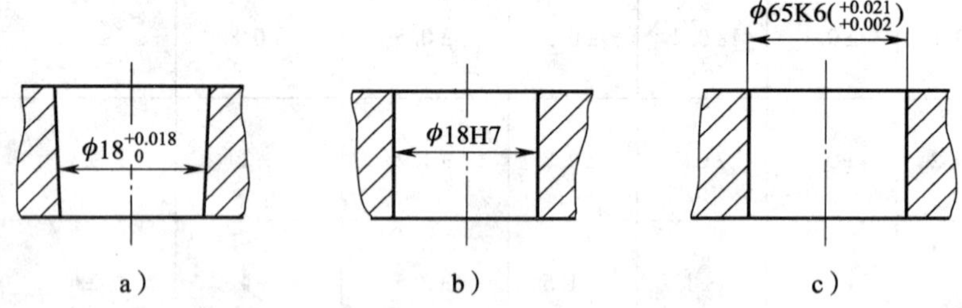

图 3—1—14　零件图中的标注方法

2. 装配图中的标注方法

在装配图中标注配合代号时，必须在公称尺寸的右边，用分数的形式注出，分子为孔的公差带代号，分母为轴的公差带代号，如 H7/f6 或 $\frac{H7}{f6}$（图 3—1—15a）。必要时也允许按图 3—1—15b、c 的形式标注。在配合代号中，只要出现“H”时即为基孔制配合，出现“h”时即为基轴制配合。

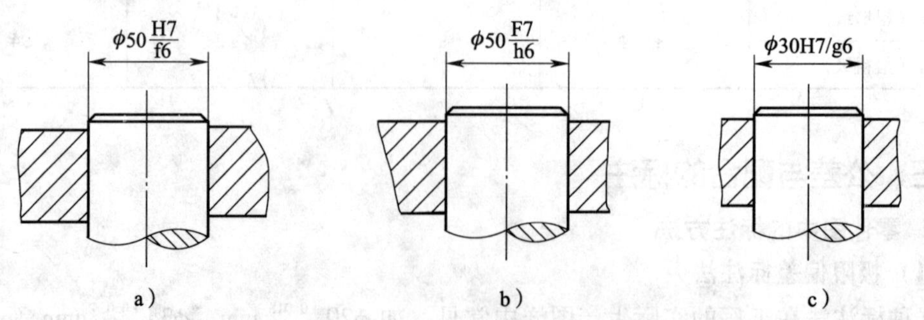

图 3—1—15　装配图中的标注方法

（1）基孔制的标注法

在图 3—1—16 中，衬套外表面与机座孔的配合为过渡配合 ϕ70H7/m6，衬套内表面与轴的配合为间隙配合 ϕ60H7/f7。

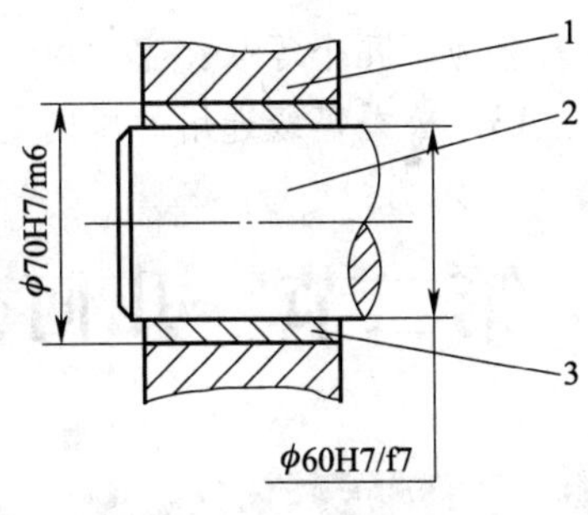

图 3—1—16　基孔制配合图
1—机座　2—轴　3—衬套

（2）基轴制的标注法

在图 3—1—17 中，活塞销与活塞上的孔相对静止，配合要求紧些，为过渡配合 M6/h5。如果采用基孔制，则活塞轴就需加工成阶梯轴，即不利于加工也不利于装配，所以用基轴制配合较为合理。

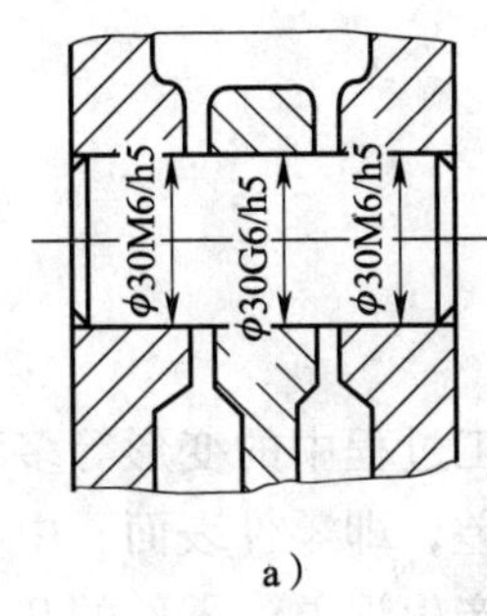

a）

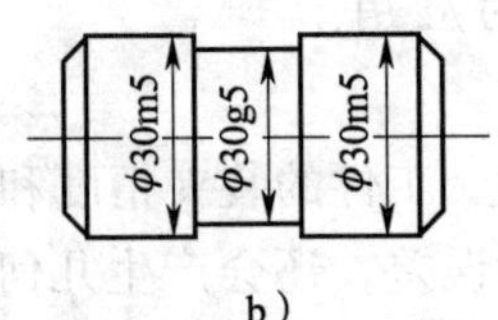

b）

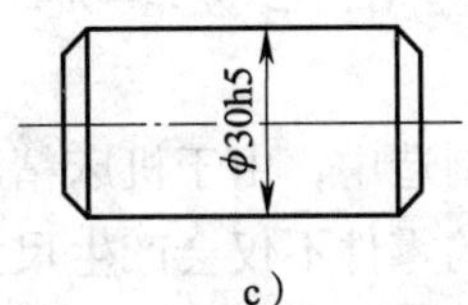

c）

图 3—1—17　基轴制配合图

课后练习

1. 尺寸公差是一个没有正负号的绝对值，用符号____表示。孔的尺寸公差用符号____表示，轴的尺寸公差用符号____表示。

2. 判定零件合格的条件是测得尺寸必须在________尺寸与________尺寸之间。

3. 当上极限尺寸等于公称尺寸时，其__________偏差等于零。

4. 国家标准规定，标准公差的精度分为____个等级，其中，____精度最高，____精度最低。

5. 基本偏差是在公差带图中靠近____________的那个极限偏差。

6. 什么是互换性？

7. 什么叫极限尺寸？极限尺寸的作用是什么？

8. 什么叫偏差？什么叫极限偏差？极限偏差是如何分类的？各用什么代号表示？

9. 计算下列孔和轴的极限尺寸和尺寸公差，并分别绘出尺寸公差带图。

（1）孔 $\phi125^{+0.041}_{-0.022}$　　（2）轴 $\phi80^{+0.105}_{+0.059}$

（3）孔 $\phi50^{+0.030}_{0}$　　（4）轴 $\phi45^{-0.050}_{-0.089}$

10. 什么是配合？配合有几类？其特征是什么？

11. 什么是基孔制？什么是基轴制？

12. 线性尺寸的一般公差在标注上有什么特点？它主要用于什么场合？线性尺寸一般

公差分为哪几个等级?

13. 公差等级选用的原则是什么?

第二节 几何公差

学习目标

1. 了解几何公差各要素的定义及其特点。
2. 能够正确识别几何公差各项目的符号。
3. 熟悉几何公差代号和基准符号的组成。
4. 掌握几何公差的标注方法。
5. 熟悉几何公差各项目的应用。

在机械制造中，由于机床精度、工件的装夹精度和加工过程中的变形等多种因素的影响，加工后的零件不仅会产生尺寸误差，还会产生几何误差，即零件表面、中心轴线等的实际形状和位置偏离设计所要求的理想形状和位置，从而产生误差。零件的几何误差同样会影响零件的使用性能和互换性。如孔轴配合时，如果轴线存在较大的弯曲，就不可能满足配合要求，甚至无法装配（图 3—2—1a）；又如机床导轨面如果不平直，则会直接影响机床的运动精度（图 3—2—1b）。因此，零件图样上除了规定尺寸公差来限制尺寸误差外，还规定了几何公差来限制几何误差，以满足零件的功能要求。

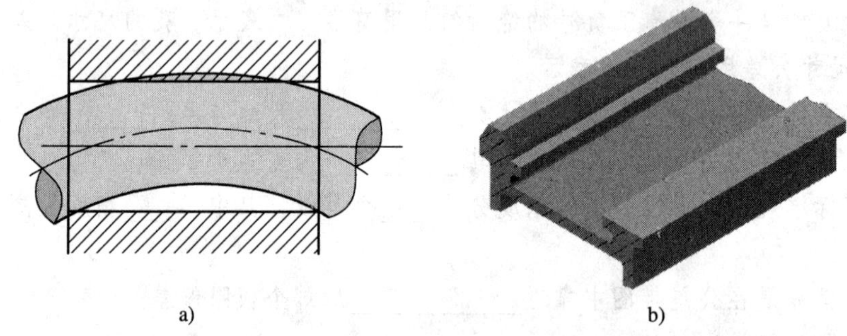

a) b)

图 3—2—1 几何误差对互换性和使用性能的影响

一、基本概念

1. 零件的几何要素

如图 3—2—2 所示的顶尖，它是由球面、圆锥面、端平面、圆柱面、轴线、球心等构成的。这些构成零件形体的点、线、面称为零件的几何要素。零件的几何误差就是关于零件各个几何要素的自身形状、方向、位置、跳动所产生的误差，几何公差就是对这些几何要素的形状、方向、位置、跳动所提出的精度要求。

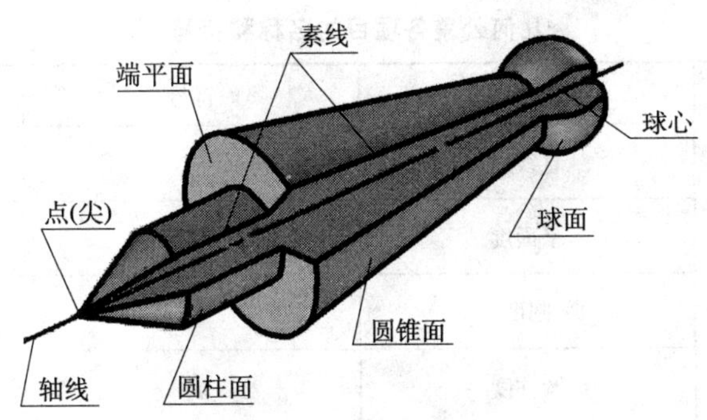

图 3—2—2 零件的几何要素

根据零件几何要素在形体中的作用，又有以下几种分类方式：

1）理想要素和实际要素

①理想要素。理想要素是具有几何学意义的绝对正确的要素，如点、直线、平面、球等。它不存在任何几何误差而处于理想状态，如图 3—2—3 所示。

②实际要素。实际要素是零件上实际存在的要素，通常由测量得到的要素代替。由于加工误差的存在，实际要素具有几何误差，如图 3—2—3 所示。

2）被测要素和基准要素

①被测要素。被测要素是图样上给出了几何公差的要素，它是检测的对象，如图 3—2—4 中的指引线箭头所指的表面即为该几何公差的被测要素。

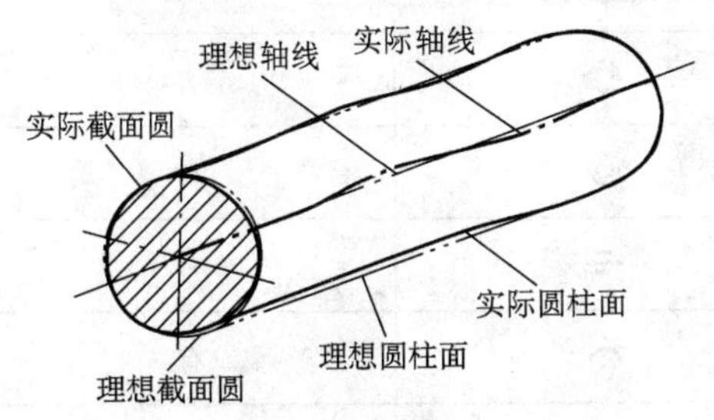

图 3—2—3 理想要素和实际要素

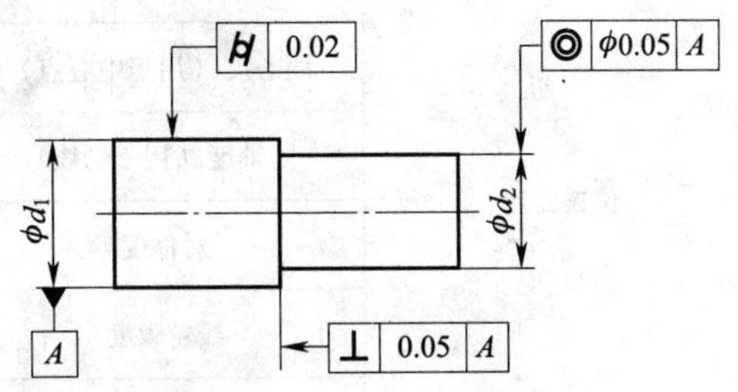

图 3—2—4 被测要素和基准要素

②基准要素。基准要素是用来确定被测要素的方向或（和）位置的要素。在图样上应当用基准符号标注，如图 3—2—4 中的轴线 *A* 就是基准要素。

3）组成要素和导出要素

①组成要素。组成要素是构成零件外形的点、线、面。组成要素是可见的，是能直接为人所感觉到的。

②导出要素。导出要素是表示组成要素的对称中心的点、线、面。导出要素虽不可见，不能为人所直接感觉到，但可通过相应的组成要素来模拟体现。

2. 几何公差的种类

几何公差可分为形状公差、方向公差、位置公差和跳动公差。

几何公差各项目的名称和符号见表 3—2—1。

表 3—2—1　　几何公差各项目的名称和符号

公差类型	几何特征	符号	有无基准
形状公差	直线度	⏤	无
	平面度	⏥	无
	圆度	○	无
	圆柱度	⌭	无
	线轮廓度	⌒	无
	面轮廓度	⌓	无
方向公差	平行度	∥	有
	垂直度	⊥	有
	倾斜度	∠	有
	线轮廓度	⌒	有
	面轮廓度	⌓	有
位置公差	位置度	⌖	有或无
	同心度（用于中心点）	◎	有
	同轴度（用于轴线）	◎	有
	对称度	⌯	有
	线轮廓度	⌒	有
	面轮廓度	⌓	有
跳动公差	圆跳动	↗	有
	全跳动	⌰	有

二、几何公差的标注

1. 几何公差代号

几何公差的代号包括：几何公差框格和指引线，几何公差有关项目符号，几何公差数值和其他有关符号，基准符号字母和其他有关符号等。

公差框格分成两格或多格式，框格内从左到右填写以下内容，如图 3—2—5 所示。

1）第一格填写几何公差项目符号。

2）第二格填写几何公差数值和有关符号。

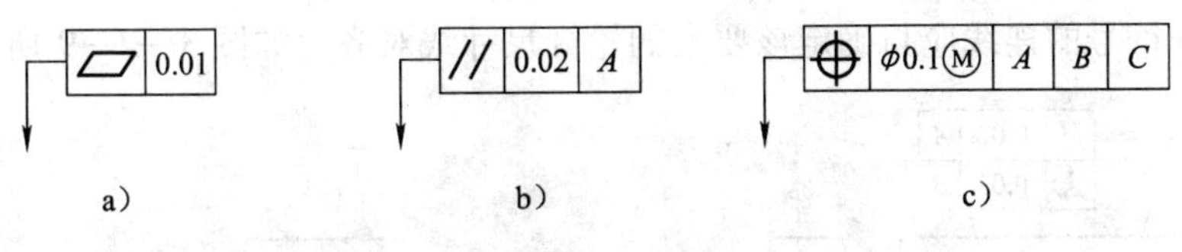

图 3—2—5　几何公差的代号

3）第三格和以后各格填写基准符号字母和有关符号。

几何公差数值为线性值，若公差带为圆柱形，则在公差值前加注“ϕ”；若为球形，则加注“$S\phi$”。

2. 几何公差的标注方法

1）被测要素的标注方法。用带箭头的指引线将被测要素与公差框格的一端相连，指引线的箭头应指向被测要素公差带的宽度或直径方向。标注时应注意：

①被测要素是组成要素时，指引线的箭头应指在该要素的轮廓线或其延长线上，并应明显地与尺寸线错开，如图 3—2—6a 所示。

②被测要素是导出要素时，指引线的箭头应与确定该要素的轮廓尺寸线对齐，如图 3—2—6b 所示。

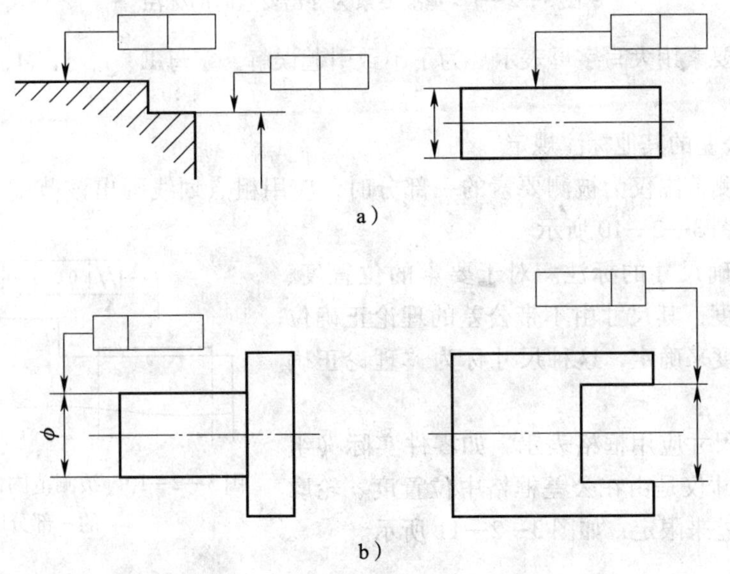

图 3—2—6　被测要素的标注方法

a）被测要素为组成要素时的标注　b）被测要素为导出要素时的标注

2）基准要素的标注方法

①基准符号。在几何公差的标注中，与被测要素相关的基准用一个大写字母表示。字母标注在基准方格内，与一个涂黑的或空白的三角形相连以表示基准，涂黑的和空白的基准三角形含义相同。无论基准的方向如何，字母都应水平书写，如图 3—2—7 所示。

②基准要素的标注方法。当基准要素是组成要素时，基准符号的连线应指在该要素的

轮廓线或其延长线上，并应明显地与尺寸线错开，如图 3—2—8 所示；当基准要素是导出要素时，基准符号的连线应与确定该要素的轮廓尺寸线对齐，如图 3—2—9 所示。

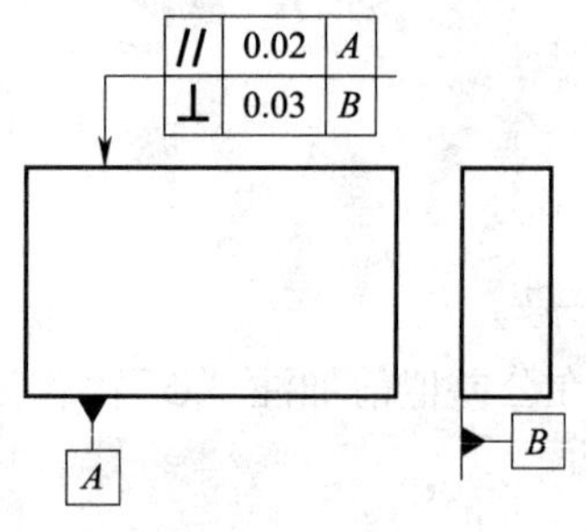

图 3—2—7　基准要素的标注

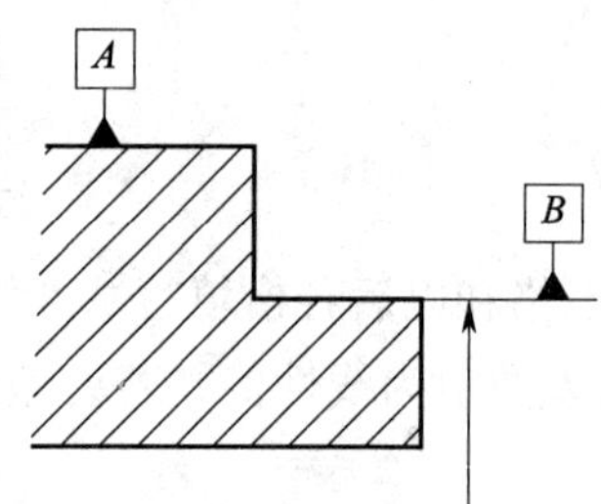

图 3—2—8　基准要素为组成要素时的标注

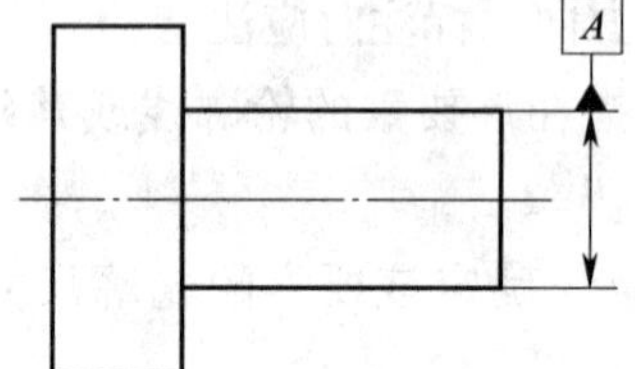

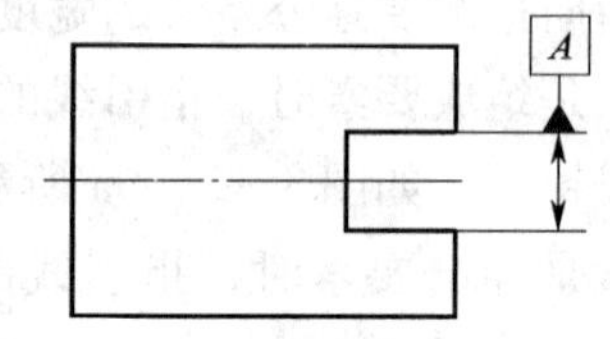

图 3—2—9　基准要素为导出要素时的标注

单一基准要素用大写字母表示。为了不致引起误解，字母 E、I、J、M、O、P、L、R、F 不采用。

3）几何公差的其他标注规定

①如果被测范围仅为被测要素的一部分时，应用粗点划线画出该范围，并标出尺寸。其标注方法如图 3—2—10 所示。

②理论正确尺寸的标注。对于要素的位置度、轮廓度或倾斜度，其尺寸由不带公差的理论正确位置、轮廓或角度来确定，这种尺寸称为“理论正确尺寸”。

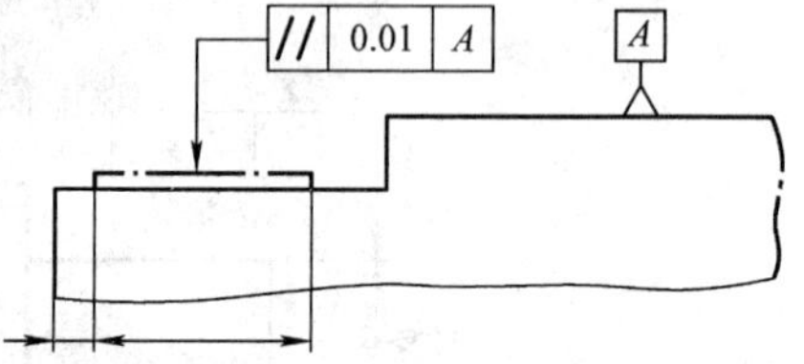

图 3—2—10　被测范围仅为被测要素的一部分时的标注

理论正确尺寸应用框格表示，如零件实际（组成）要素的尺寸仅是由在公差框格中位置度、轮廓度或倾斜度公差来限定，如图 3—2—11 所示。

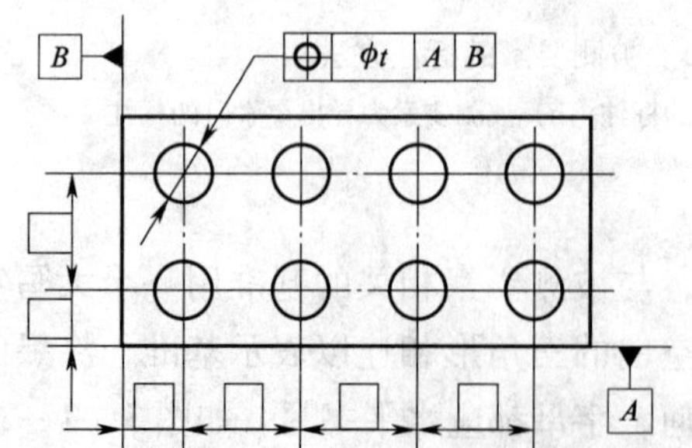

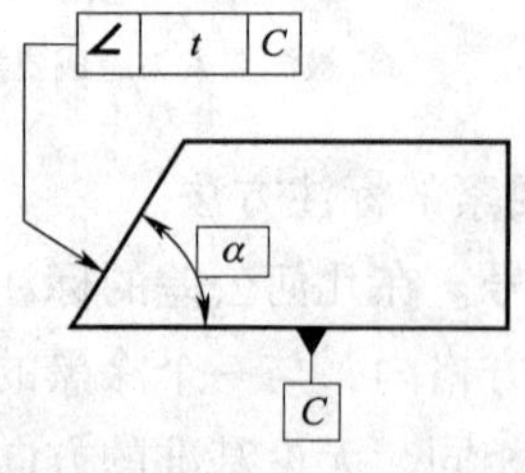

图 3—2—11　理论正确尺寸的标注

③几何公差有附加要求时，应在相应的公差数值后加注有关符号，见表3—2—2。

表3—2—2　几何公差附加符号

符号	解释	标注示例
（+）	若被测要素有误差，则只允许中间向材料外凸起	— 0.01（+）
（-）	若被测要素有误差，则只允许中间向材料内凹下	▱ 0.05（-）
（▷）	若被测要素有误差，则只允许按符号的小端方向逐渐缩小	⌭ 0.05（▷）
		// 0.05（▷） A

三、几何公差项目的应用与解读

1．形状公差

1）直线度公差。限制被测实际直线相对于理想直线的变动。被测直线可以是平面内的直线、直线回转体（圆柱、圆锥）上的素线、平面间的交线和轴线等。

2）平面度公差。限制实际平面相对于理想平面的变动。

3）圆度公差。限制实际圆相对于理想圆的变动。圆度公差用于对回转体表面（圆柱、圆锥和曲线回转体）任一正截面的圆轮廓提出形状精度要求。

4）圆柱度公差。限制实际圆柱面相对于理想圆柱面的变动。圆柱度公差综合控制圆柱面的形状精度。

5）线轮廓度公差（无基准）。限制非圆曲线的形状误差。例如，零件的平面曲线和曲面轮廓的形状误差。

6）面轮廓度公差（无基准）。限制实际曲面对其理想曲面的变动。它用于限制空间曲面的形状误差。空间曲面包括除平面、圆柱面和圆锥面以外的曲面。

形状公差各项目的应用和解读见表3—2—3。

表3—2—3　形状公差的应用和解读

公差	示例	识读	公差带	设计要求
直线度	圆锥面素线的直线度 — 0.01	圆锥面素线直线度公差为0.01 mm	距离为公差值0.01 mm的两平行直线间的区域	圆锥面素线必须位于轴截面内，距离为公差值0.01 mm的两条平行直线之间 0.01

续表

公差	示例	识读	公差带	设计要求
直线度	刀口尺刃口的直线度 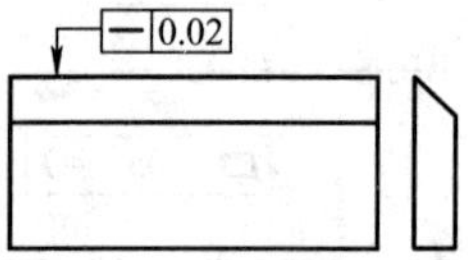	在垂直方向上棱线的直线度公差为0.02 mm	距离为公差值0.02 mm的两平行平面间的区域	零件上棱线必须位于垂直方向距离为公差值0.02 mm的两平行平面之间 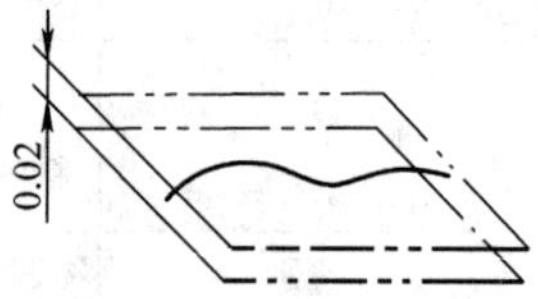
	轴线的直线度 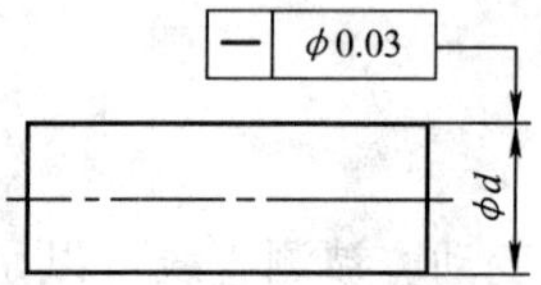	直径为d的外圆，其轴线的直线度公差为ϕ0.03 mm	直径为公差值ϕ0.03 mm的圆柱面内的区域	直径为d的外圆的轴线必须位于直径为公差值ϕ0.03 mm的圆柱面内 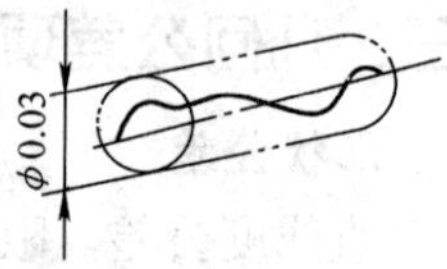
平面度	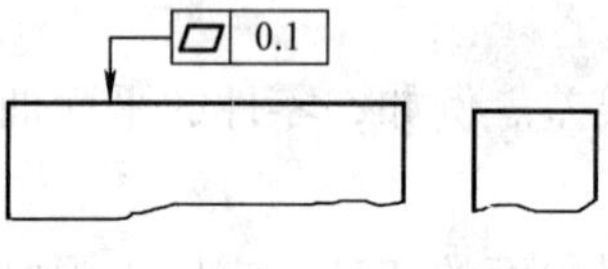	上表面的平面度公差为0.1 mm	距离为公差值0.1 mm的两平行平面之间的区域	上表面必须位于距离为公差值0.1 mm的两平行平面之间 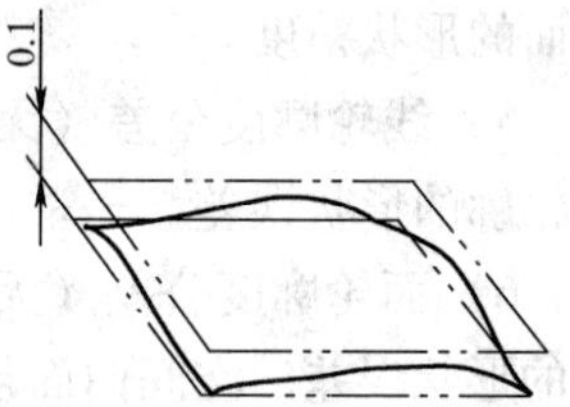
圆度	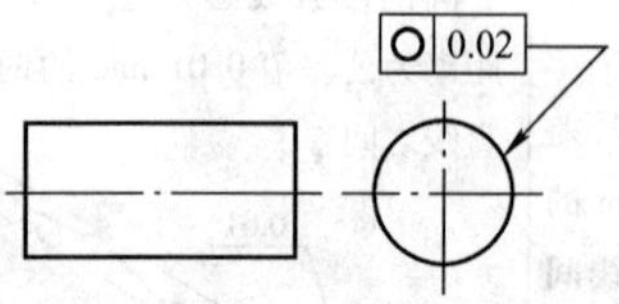	圆柱面的圆度公差为0.02 mm	在任一正截面上半径差为公差值0.02 mm的两同心圆之间的区域	在垂直于轴线的任一正截面上，实际圆必须位于半径差为公差值0.02 mm的两同心圆之间 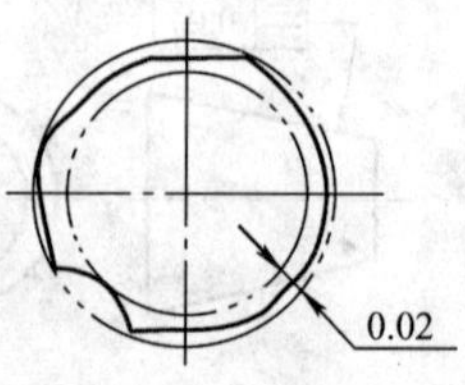

续表

公差	示例	识读	公差带	设计要求
圆柱度	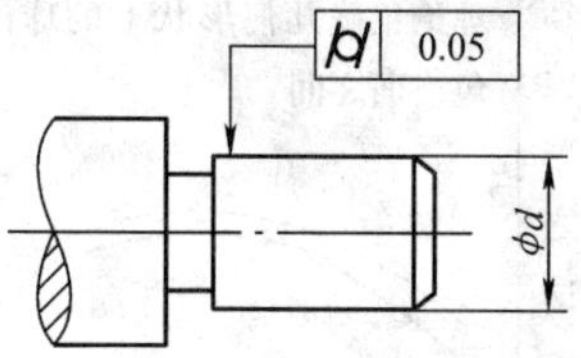 0.05 ϕd	直径为d的圆柱面的圆柱度公差为0.05 mm	半径差为公差值0.05 mm的两同轴圆柱面之间的区域	实际圆柱面必须位于半径差为公差值0.05 mm的两同轴圆柱面之间 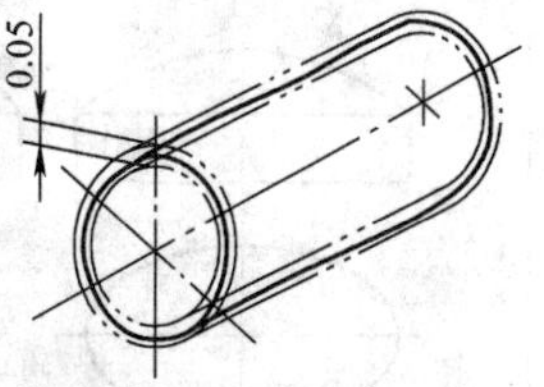 0.05
无基准的线轮廓度	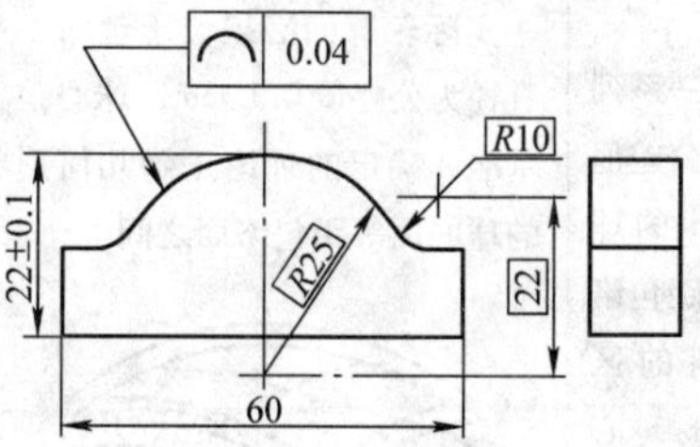 0.04 R10 R25 22±0.1 22 60	外形轮廓的线轮廓度公差为0.04 mm	包络一系列直径为公差值0.04 mm的圆的两包络线之间的区域，诸圆圆心应位于理论正确几何形状上	在平行于正投影面的任一截面上，实际轮廓线必须位于包络一系列直径为公差值0.04 mm且圆心在理想轮廓线上的圆的两包络线之间 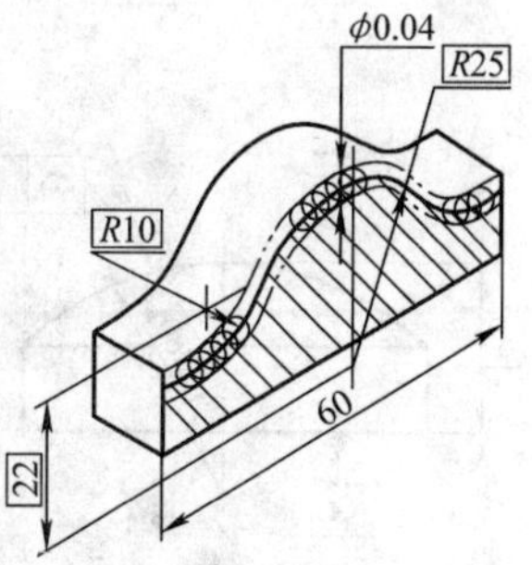 ϕ0.04 R25 R10 60 22
有基准的线轮廓度	0.04 A B R80 50 A B	外形轮廓相对基准A、B的线轮廓度公差为0.04 mm	包络一系列直径为公差值0.04 mm的圆的两包络线之间的区域，诸圆圆心应位于由基准平面A和基准平面B确定的被测要素理论正确几何形状上	实际轮廓线必须位于包络一系列直径为公差值0.04 mm，圆心位于由基准确定的理论正确几何形状上的圆的两包络线之间 基准平面A ϕ0.04 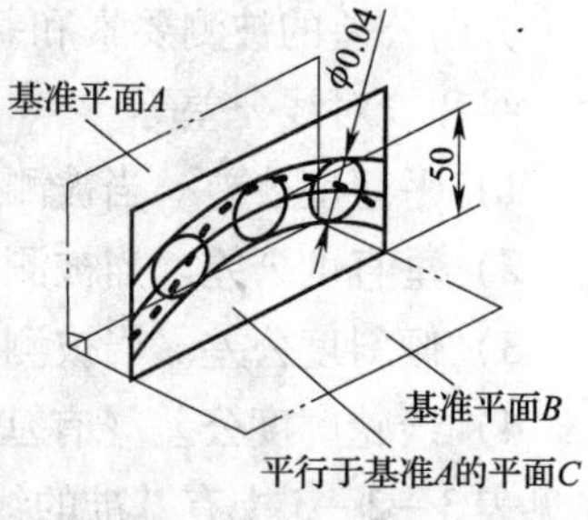 50 基准平面B 平行于基准A的平面C

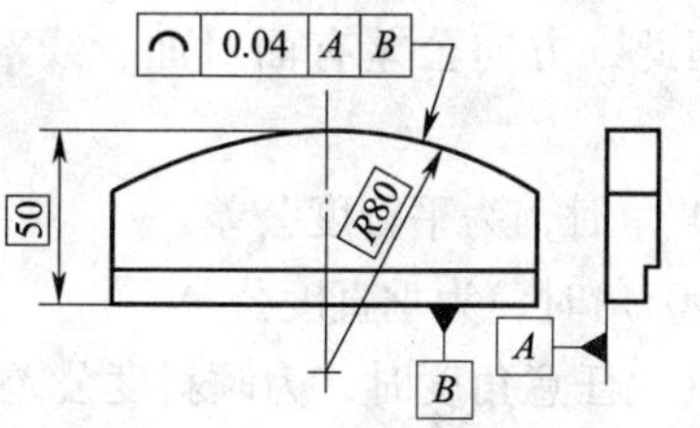

续表

公差	示例	识读	公差带	设计要求
无基准的面轮廓度	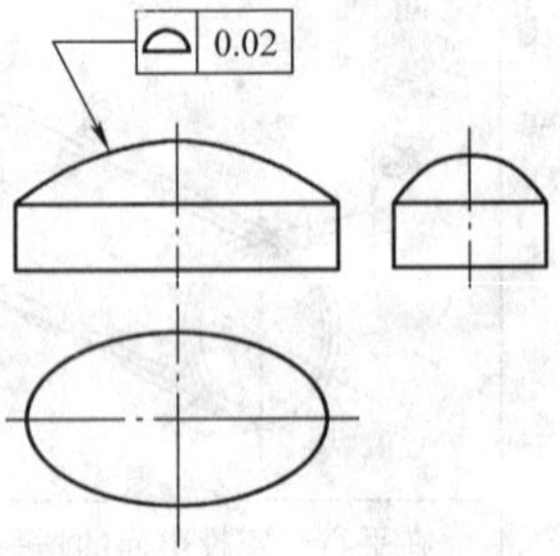 0.02	上椭圆面的面轮廓度公差为0.02 mm	包络一系列直径为公差值0.02 mm的球的两包络面之间的区域，诸球球心应位于被测要素理论正确几何形状上	实际轮廓面必须位于包络一系列直径为公差值0.02 mm，球心位于理论正确几何形状上的球的两等距包络面之间 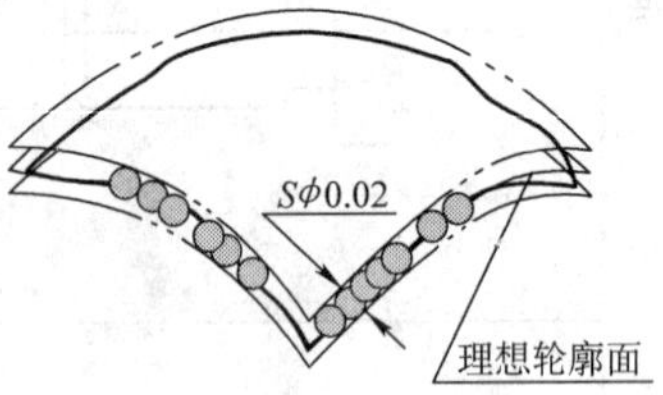 Sϕ0.02 理想轮廓面
有基准的面轮廓度	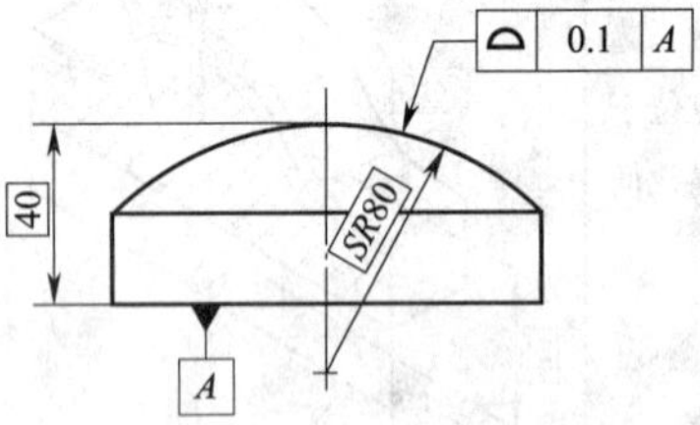 0.1 A 40 SR80 A	上轮廓面相对基准A的面轮廓度公差为0.1 mm	包络一系列直径为公差值0.1 mm的球的两等距包络面之间的区域，诸球球心应位于由基准平面A确定的被测要素理论正确几何形状上	实际轮廓面必须位于包络一系列直径为公差值0.1 mm，球心位于由基准A确定的理论正确几何形状上的球的两等距包络面之间 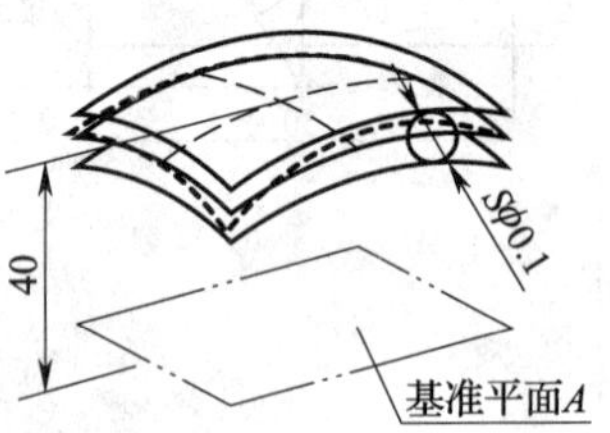 Sϕ0.1 40 基准平面A

2．方向公差

方向公差限制实际被测要素相对于基准要素在方向上的变动。

方向公差的被测要素和基准一般为平面或轴线，因此，方向公差有面对面、线对面、面对线和线对线公差等。

1）平行度公差。当被测要素与基准的理想方向成0°角时，为平行度公差。

2）垂直度公差。当被测要素与基准的理想方向成90°角时，为垂直度公差。

3）倾斜度公差。当被测要素与基准的理想方向成其他任意角度时，为倾斜度公差。

4）线轮廓度公差（有基准）。理想轮廓线的形状、方向由理论正确尺寸和基准确定，详见表3—2—3中有基准的线轮廓度公差。

5）面轮廓度公差（有基准）。理想轮廓面的形状、方向由理论正确尺寸和基准确定，详见表3—2—3中有基准的面轮廓度公差。

方向公差其余各项目的应用和解读详见表3—2—4。

表 3—2—4　　方向公差的应用和解读

公差	示例	识读	公差带	设计要求
平行度	面对面的平行度 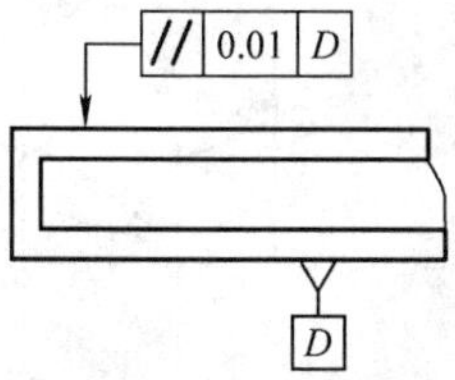 // 0.01 D D	上平面对底面 D 的平行度公差为 0.01 mm	距离为公差值 0.01 mm，且平行于基准平面 D 的两平行平面之间的区域	上平面必须位于距离为公差值 0.01 mm 且平行于基准平面 D 的两平行平面之间 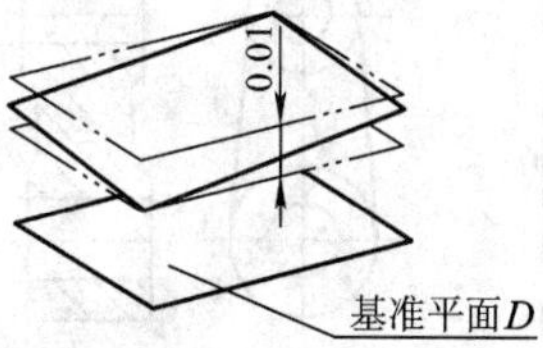 0.01 基准平面 D
	线对面的平行度 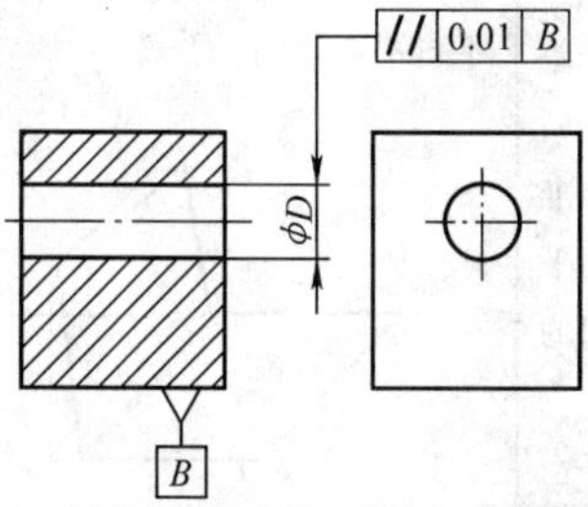 // 0.01 B ϕD B	ϕD 孔的轴线对底面 B 的平行度公差为 0.01 mm	距离为公差值 0.01 mm，且平行于基准平面 B 的两平行平面之间的区域	ϕD 孔的轴线必须位于距离为公差值 0.01 mm 且平行于基准平面 B 的两平行平面之间 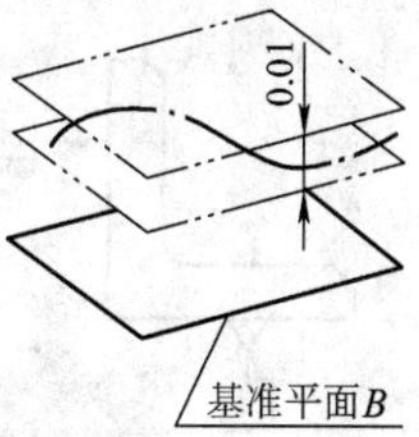 0.01 基准平面 B
	面对线的平行度 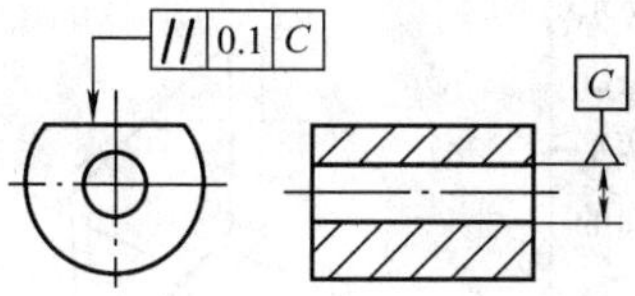 // 0.1 C C	上平面对孔轴线的平行度公差为 0.1 mm	距离为公差值 0.1 mm，且平行于基准轴线 C 的两平行平面之间的区域	上平面必须位于距离为公差值 0.1 mm 且平行于基准轴线 C 的两平行平面之间 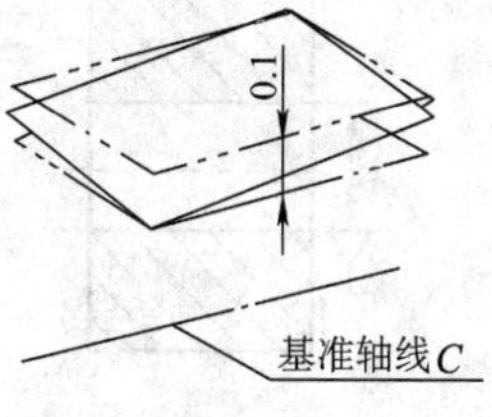 0.1 基准轴线 C
	给定一个方向线对线的平行度 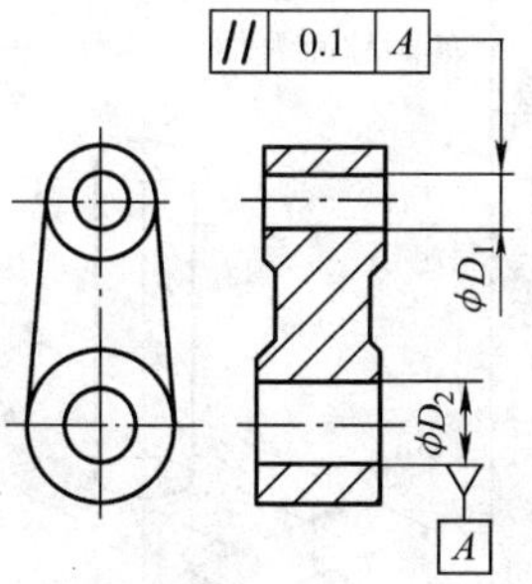 // 0.1 A ϕD_1 ϕD_2 A	ϕD_1 孔的轴线对 ϕD_2 孔的轴线 A 在垂直方向上的平行度公差为 0.1 mm	距离为公差值 0.1 mm，且平行于基准轴线 A 的两平行平面之间的区域	ϕD_1 孔的轴线必须位于距离为公差值 0.1 mm 且平行于基准轴线 A 的两平行平面之间 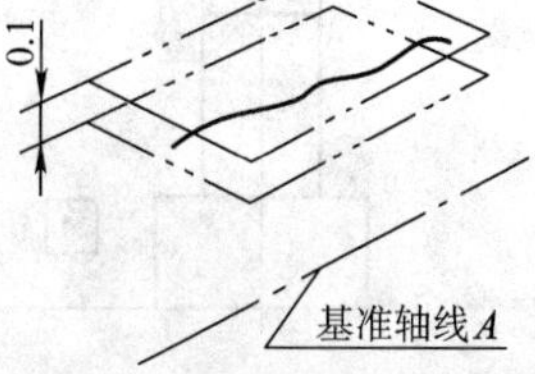 0.1 基准轴线 A

续表

公差	示例	识读	公差带	设计要求
平行度	在任意方向上线对线的平行度 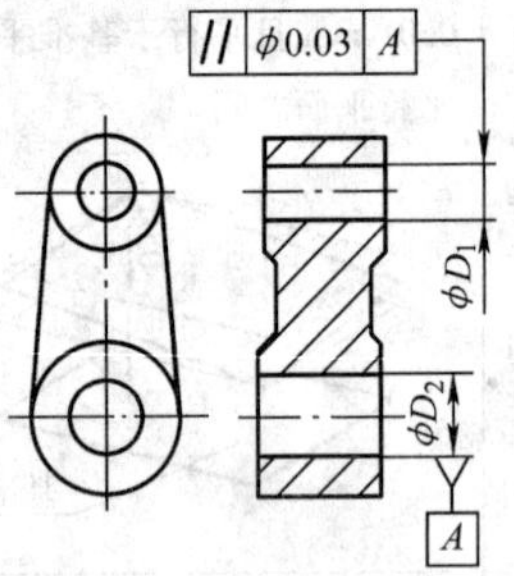 // φ0.03 A ϕD_1 ϕD_2 A	ϕD_1 孔的轴线对 ϕD_2 孔的轴线 A 的平行度公差为 φ0. 03 mm	直径为公差值 0. 03 mm，且轴线平行于基准轴线 A 的圆柱面内的区域	ϕD_1 孔的轴线必须位于直径为公差值0. 03 mm且轴线平行于基准轴线 A 的圆柱面内 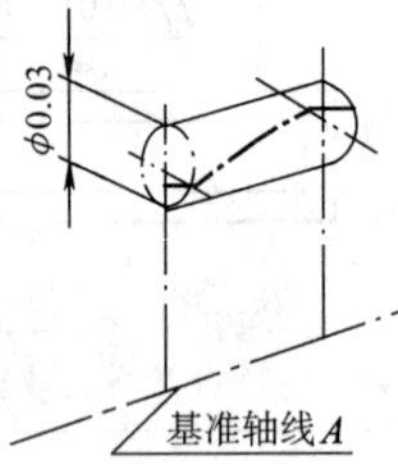 φ0.03 基准轴线A
垂直度	面对面的垂直度 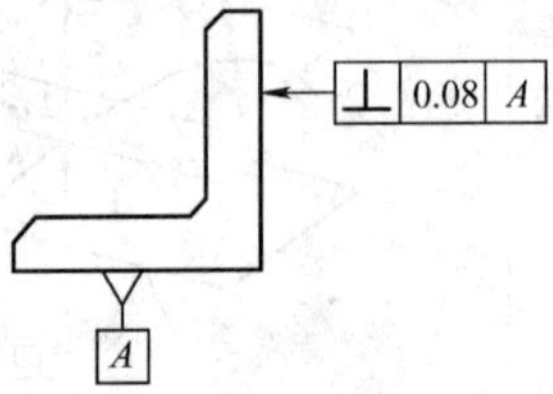 ⊥ 0.08 A A	右侧面对底面 A 的垂直度公差为 0. 08 mm	距离为公差值 0. 08 mm，且垂直于基准平面 A 的两平行平面之间的区域	右侧面必须位于距离为公差值0. 08 mm且垂直于基准平面 A 的两平行平面之间 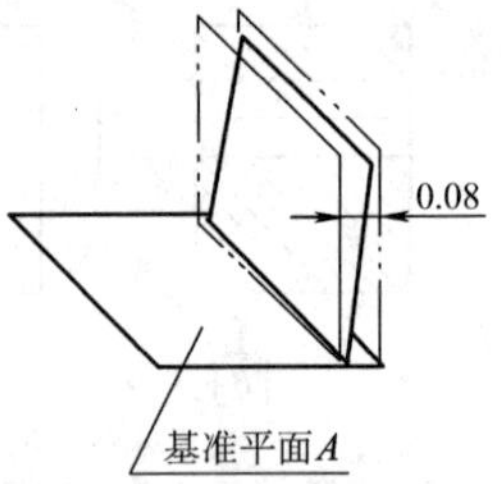 0.08 基准平面A
	面对线的垂直度 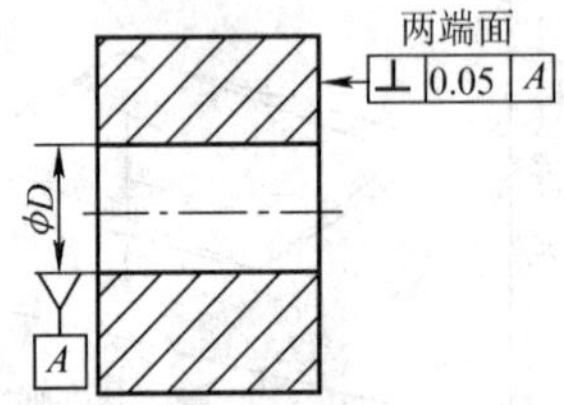 两端面 ⊥ 0.05 A φD A	两端面对 φD 孔轴线 A 的垂直度公差为 0. 05 mm	距离为公差值 0. 05 mm，且垂直于基准轴线 A 的两平行平面之间的区域	被测端面必须位于距离为公差值0. 05 mm且垂直于基准轴线 A 的两平行平面之间 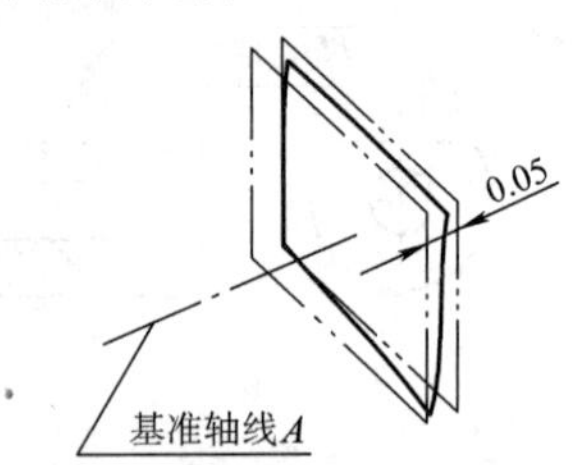 0.05 基准轴线A
	在任意方向上线对面的垂直度 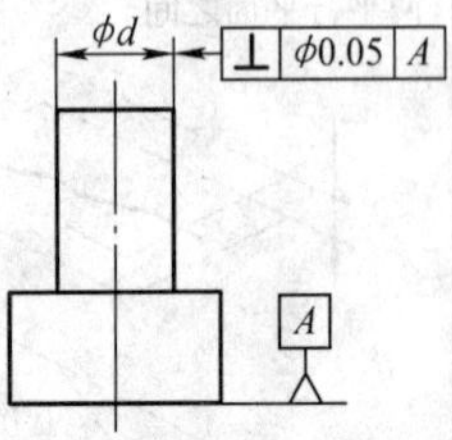 φd ⊥ φ0.05 A A	φd 外圆的轴线对基准面 A 的垂直度公差为 φ0. 05 mm	直径为公差值 φ0. 05 mm，且垂直于基准平面 A 的圆柱面内的区域	φd 外圆的轴线必须位于直径为公差值 φ0. 05 mm 且垂直于基准平面 A 的圆柱面内 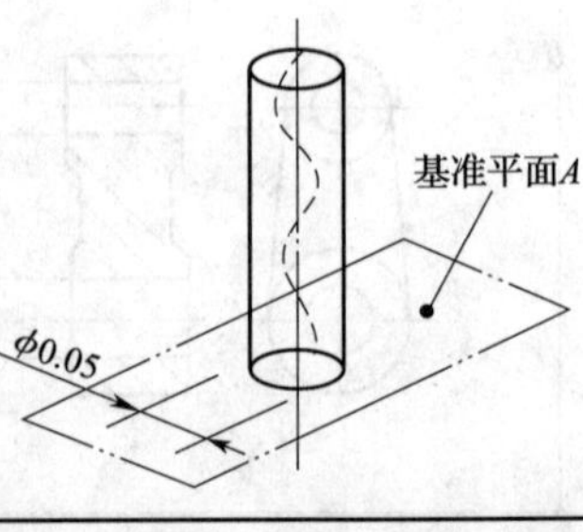 基准平面A φ0.05

续表

公差	示例	识读	公差带	设计要求
倾斜度	线对线的倾斜度 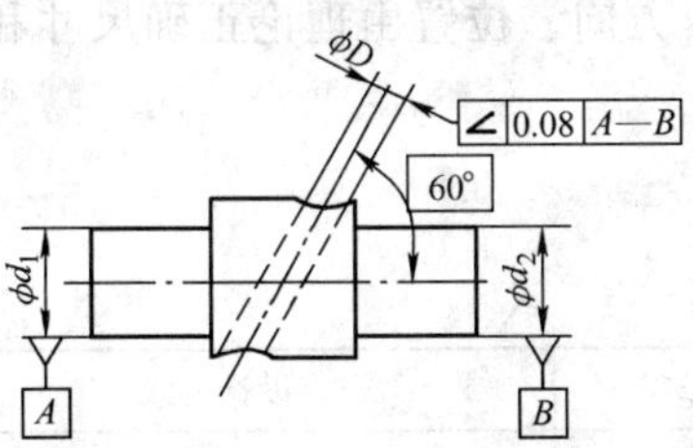	ϕD 孔轴线对基准 ϕd_1 和 ϕd_2 外圆的公共轴线 $A—B$ 的倾斜度公差为0.08 mm	距离为公差值 0.08 mm，且与基准轴线 $A—B$ 成 60°角的两平行平面之间的区域	ϕD 孔轴线必须位于距离为公差值0.08 mm且与基准轴线 $A—B$ 成60°角的两平行平面之间 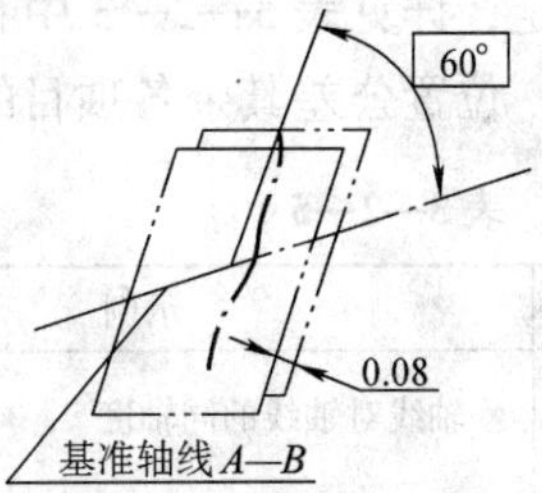
	面对面的倾斜度 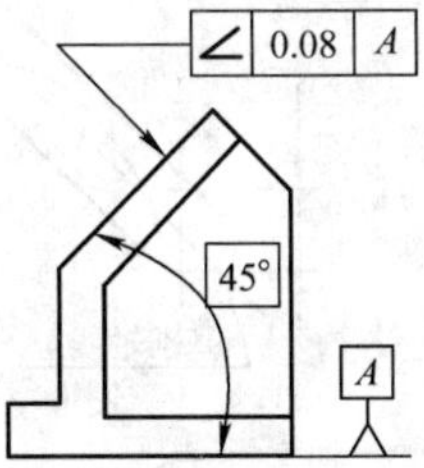	斜面对基准面 A 的倾斜度公差为 0.08 mm	距离为公差值 0.08 mm，且与基准平面 A 成45°角的两平行平面之间的区域	斜面必须位于距离为公差值 0.08 mm且与基准平面 A 成45°角的两平行平面之间 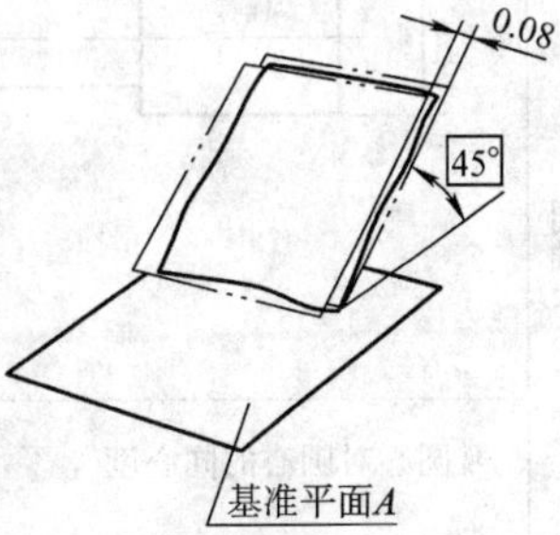
	面对线的倾斜度 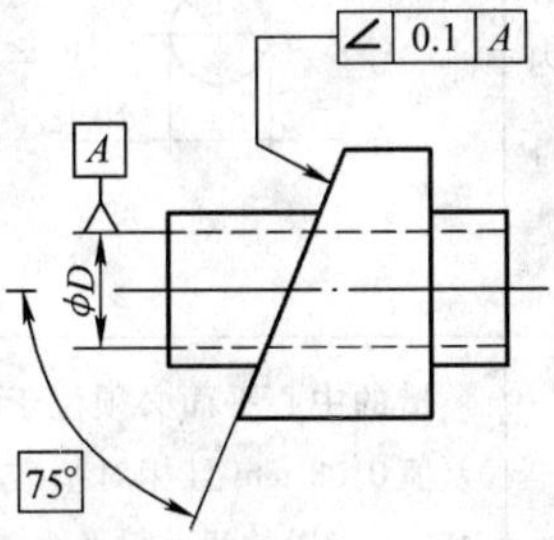	斜面对基准轴线 A 的倾斜度公差为 0.1 mm	距离为公差值 0.1 mm，且与基准轴线 A 成75°角的两平行平面之间的区域	斜面必须位于距离为公差值 0.1 mm且与基准轴线 A 成75°角的两平行平面之间 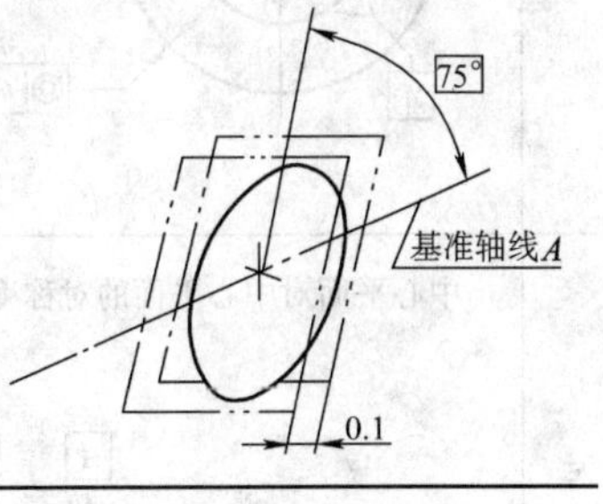

3. 位置公差

位置公差限制实际被测要素相对于基准要素在位置上的变动。

1）位置度公差。要求被测要素对一基准体系保持一定的位置关系。被测要素的理想位置是由基准和理论正确尺寸确定的。

2）同轴（心）度公差。被测要素和基准要素均为轴线，要求被测要素的理想位置与基准同心或同轴。

3）对称度公差。被测要素和基准要素为中心平面或轴线，要求被测要素理想位置与基准一致。

4）线轮廓度公差（有基准）。理想轮廓线的形状、方向、位置由理论正确尺寸和基准确定，详见表3—2—3中有基准的线轮廓度公差。

5）面轮廓度公差（有基准）。理想轮廓面的形状、方向、位置由理论正确尺寸和基准确定，详见表3—2—3中有基准的面轮廓度公差。

位置公差其余各项目的应用和解读见表3—2—5。

表3—2—5　　位置公差的应用和解读

公差	示例	识读	公差带	设计要求
同轴（心）度	轴线对轴线的同轴度 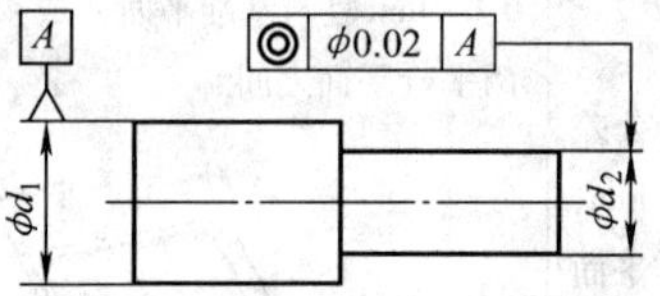 A　◎ ϕ0.02 A　ϕd_1　ϕd_2	ϕd_2 外圆的轴线对基准轴线A（ϕd_1 的轴线）的同轴度公差为 ϕ0.02 mm	直径为公差值 ϕ0.02 mm，且与基准轴线同轴的圆柱面内的区域	ϕd_2 外圆的轴线必须位于直径为公差值 ϕ0.02 mm且与基准轴线A同轴的圆柱面内 ϕ0.02　基准轴线A 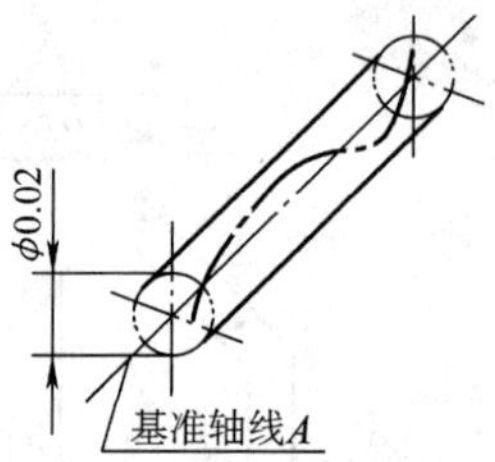
	圆心对圆心的同心度 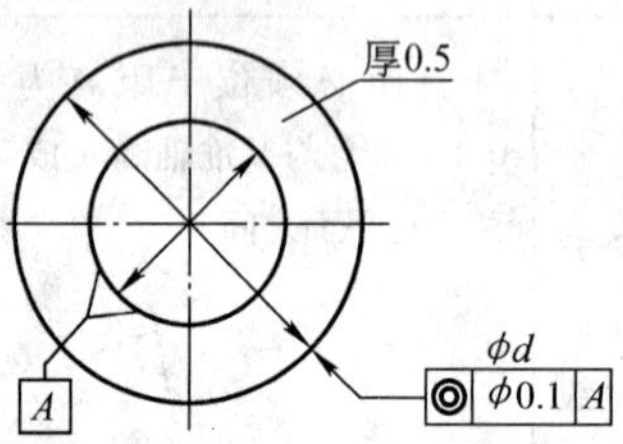 厚0.5　A　ϕd　◎ ϕ0.1 A	ϕd 圆心对基准圆心A的同心度公差为 ϕ0.1 mm	直径为公差值 ϕ 0.1 mm，且与基准圆心A同心的圆内的区域	ϕd 圆的圆心必须位于直径为公差值 ϕ0.1 mm且与基准圆心A同心的圆内 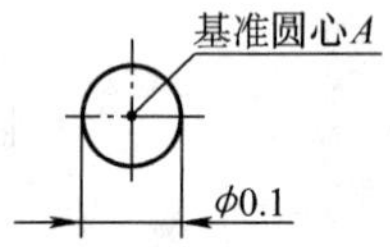 基准圆心A　ϕ0.1
对称度	中心平面对中心平面的对称度 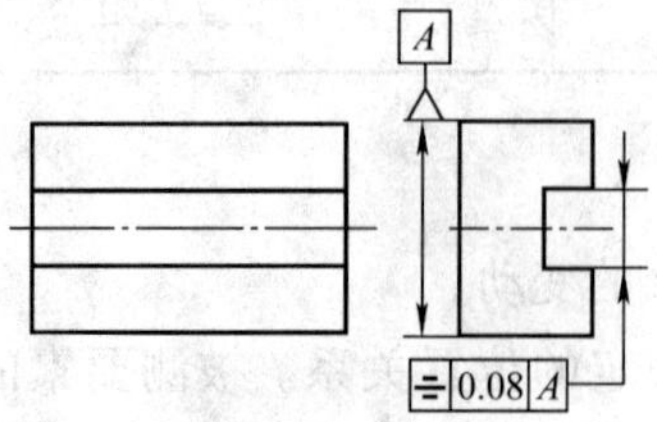 A　⌯ 0.08 A	槽的中心平面对上、下面的基准中心平面A的对称度公差为0.08 mm	距离为公差值0.08 mm，且相对基准中心平面A对称配置的两平行平面之间的区域	槽的中心平面必须位于距离为公差值0.08 mm且相对基准中心平面A对称配置的两平行平面之间 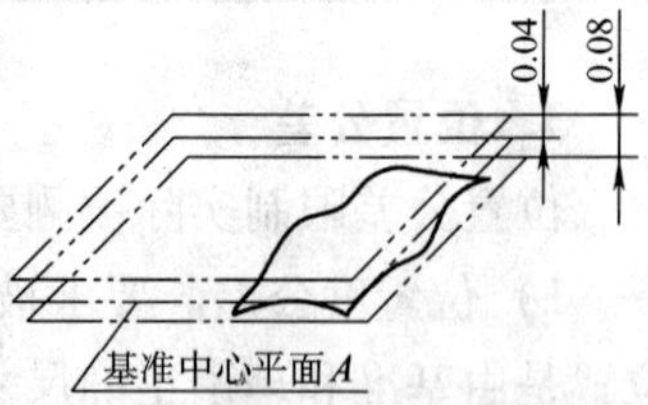 0.04　0.08　基准中心平面A

续表

公差	示例	识读	公差带	设计要求
对称度	中心平面对轴线的对称度 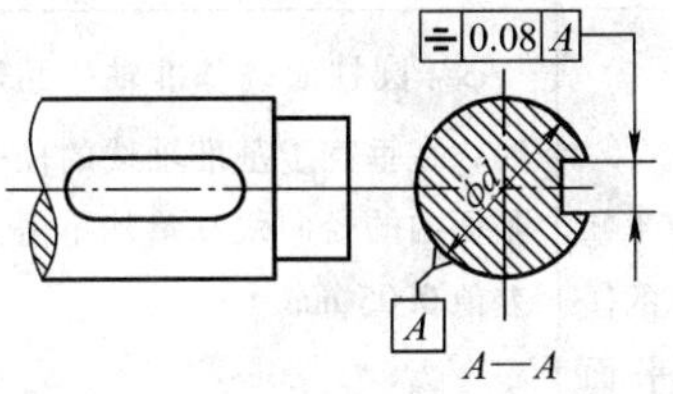	键槽 *L* 两侧面的中心对称平面对 *ϕd* 外圆的轴线 *A* 的对称度公差为 0.08 mm	距离为公差值 0.08 mm，且相对基准轴线 *A* 对称配置的两平行平面之间的区域	键槽 *L* 两侧面的中心对称平面必须位于距离为公差值 0.08 mm 且相对基准轴线 *A* 对称配置的两平行平面之间 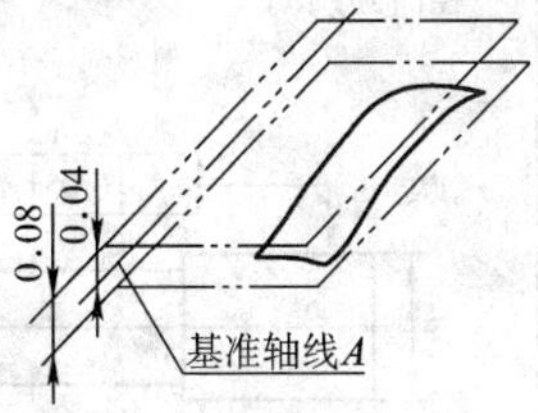
位置度	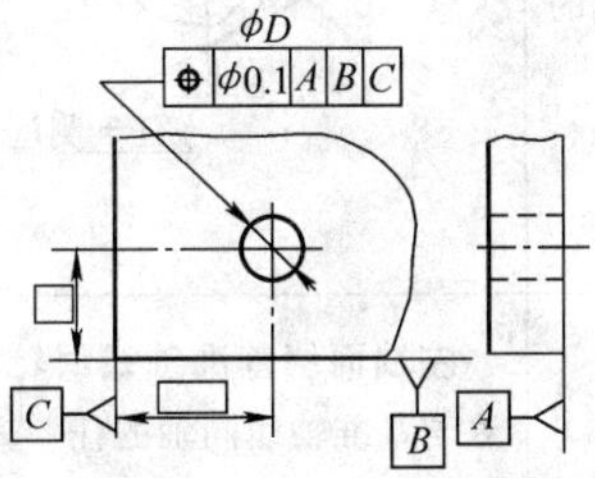	*ϕD* 孔轴线对三基准平面 *A*、*B*、*C* 的位置度公差为 *ϕ*0.1 mm	直径为公差值 *ϕ*0.1 mm，且以孔轴线的理想位置为轴线的圆柱面内的区域	*ϕD* 孔轴线必须位于直径为公差值 *ϕ*0.1 mm，且以孔轴线的理想位置为轴线的圆柱面内 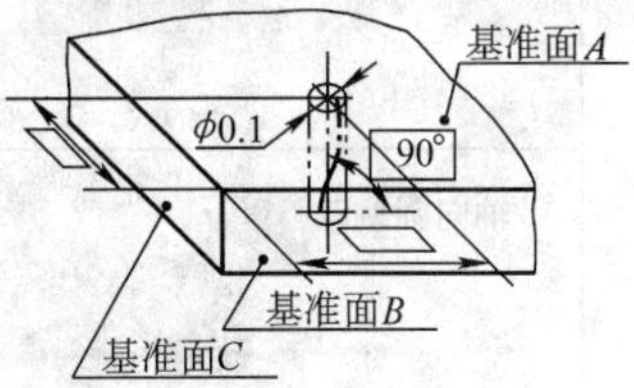
	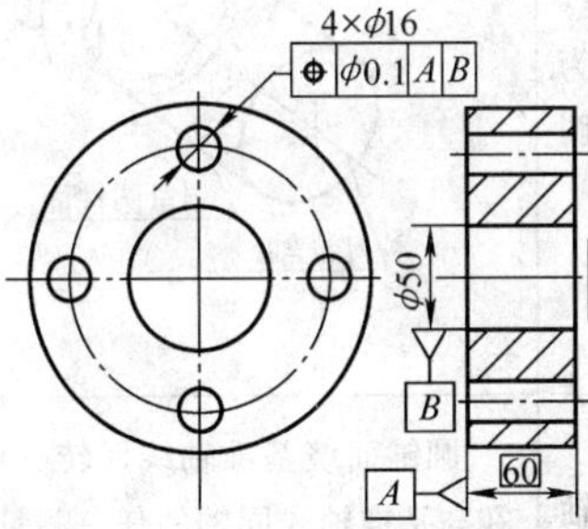	4 个圆周均布的 *ϕ*16 孔的轴线对端面 *A* 及 *ϕ*50 孔轴线 *B* 的位置度公差为 *ϕ*0.1 mm	直径为公差值 *ϕ*0.1 mm，且以孔轴线的理想位置为轴线的圆柱面内的区域	4 个圆周均布的 *ϕ*16 孔的轴线必须位于直径为公差值 *ϕ*0.1 mm，且以基准 *A*、*B* 所确定的理想位置为轴线的圆柱面内 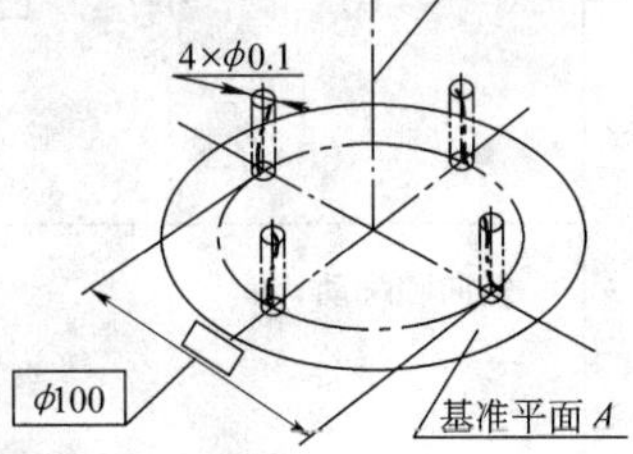

4. 跳动公差

跳动公差限制被测表面对基准轴线的变动。跳动公差分为圆跳动公差和全跳动公差两种。

1）圆跳动公差。被测表面绕基准轴线回转一周时，在给定方向上的任一测量面上所允许的跳动量。圆跳动公差根据给定测量方向可分为径向圆跳动、轴向圆跳动和斜向圆跳动三种。

2）全跳动公差。全跳动公差是被测表面绕基准轴线连续回转时，在给定方向上所允许的最大跳动量。全跳动公差分为径向全跳动和轴向全跳动两种。

跳动公差各项目的应用和解读详见表3—2—6。

表3—2—6　跳动公差的应用和解读

公差	示例	识读	公差带	设计要求
圆跳动	径向圆跳动 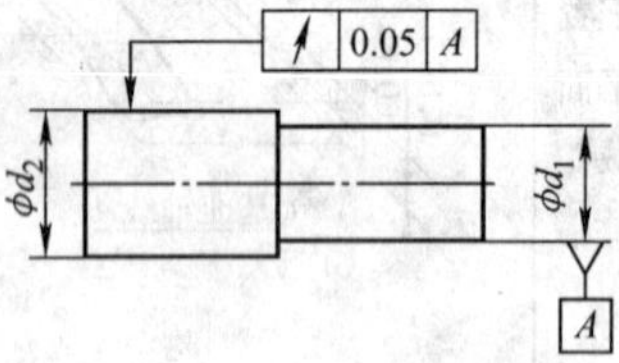	ϕd_2 圆柱面对基准轴线 A 的径向圆跳动公差为 0.05 mm	在垂直于基准轴线 A 的任一测量平面内，半径差为公差值 0.05 mm 且圆心在基准轴线上的两个同心圆之间的区域	ϕd_2 圆柱面绕基准轴线回转一周时，在垂直于基准轴线的任一测量平面内的径向跳动量均不得大于公差值 0.05 mm 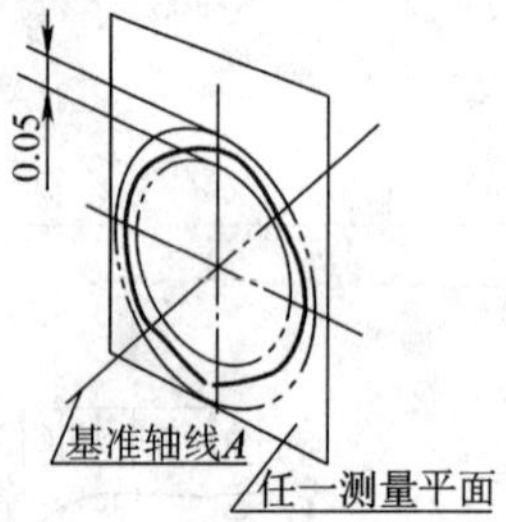 0.05 基准轴线A 任一测量平面
	轴向圆跳动 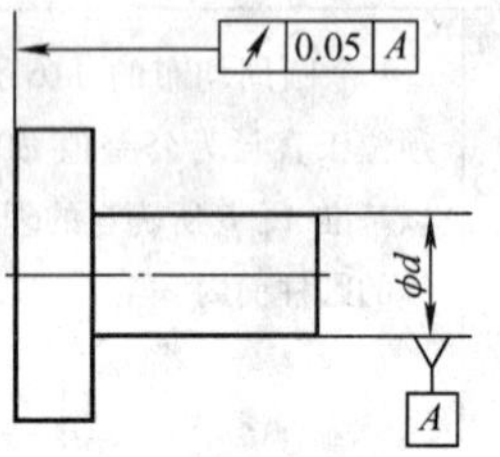	左端面对基准轴线 A 的轴向圆跳动公差为 0.05 mm	在与基准轴线 A 同轴的任一直径位置的测量圆柱面上，沿素线方向宽度为 0.05 mm 的圆柱面区域	左端面绕基准轴线回转一周时，在与基准轴线同轴的任一直径位置的测量圆柱面上的轴向跳动量均不得大于公差值 0.05 mm 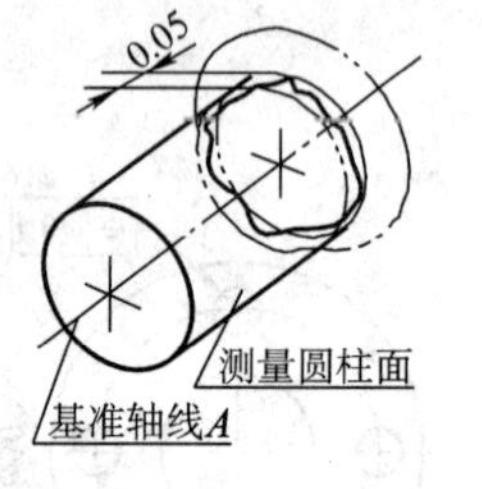 0.05 测量圆柱面 基准轴线A
	斜向圆跳动 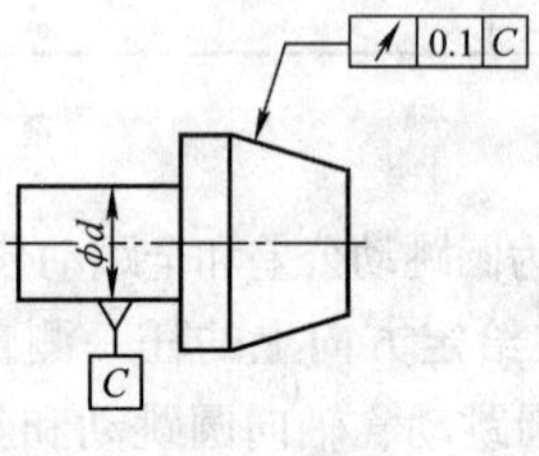	圆锥面对基准轴线 C 的斜向圆跳动公差为 0.1 mm	在与基准轴线 C 同轴的任一测量圆锥面上，沿素线方向宽度为 0.1 mm 的圆锥面区域（测量圆锥面的素线与被测圆锥面垂直）	圆锥面绕基准轴线回转一周时，在与基准轴线同轴的任一测量圆锥面（素线与被测面垂直）上的跳动量均不得大于公差值 0.1 mm 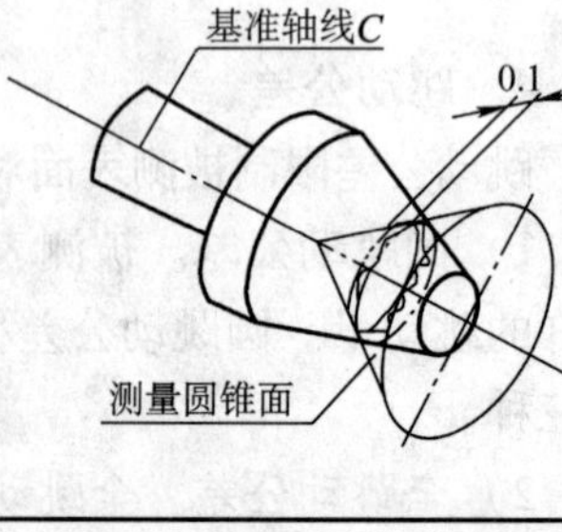 基准轴线C 0.1 测量圆锥面

续表

公差	示例	识读	公差带	设计要求
全跳动	径向全跳动	ϕd_2 圆柱面对基准轴线 A 的径向全跳动公差为 0.2 mm	半径差为公差值 0.2 mm，且与基准轴线 A 同轴的两个圆柱面之间的区域	ϕd_2 圆柱面绕基准轴线连续回转，同时指示器相对于圆柱面做轴向移动，在 ϕd_2 整个圆柱表面上的径向跳动量不得大于公差值 0.2 mm
	轴向全跳动	左端面对基准轴线 A 的轴向全跳动公差为 0.05 mm	距离为公差值 0.05 mm，且与基准轴线垂直的两平行平面之间的区域	左端面绕基准轴线 A 连续回转，同时指示器相对于端面做径向移动，在整个端面上的轴向跳动量不得大于公差值 0.05 mm

课后练习

1. 什么叫被测要素？什么叫基准要素？
2. 什么叫组成要素？什么叫导出要素？
3. 几何公差特性共有多少项？每个项目的名称和符号是什么？
4. 组成要素和导出要素的几何公差标注有什么区别？
5. 几何公差标注的基本形式是什么？形状公差标注与其他项目标注的明显区别在哪里？
6. 同轴度公差是限制被测轴线相对基准轴线__________的一项指标。
7. 全跳动分为__________全跳动公差和__________全跳动公差两种。
8. 识读下图中的几何公差。

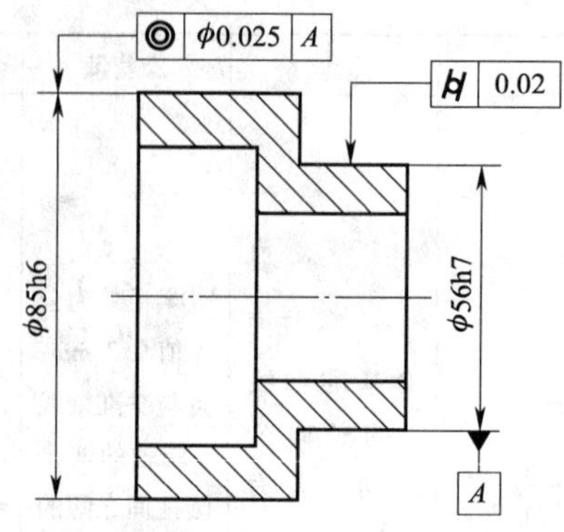

第三节　表面结构

1. 了解表面结构对零件使用性能的影响。
2. 熟悉评定表面结构要求的各参数的含义。
3. 能够正确识读表面结构要求的标注。

表面结构包括零件表面的表面结构参数、加工工艺、表面纹理及方向、加工余量、取样长度等。

一、零件表面结构对零件使用性能的影响

零件经过加工后的表面会留下许多高低不平的凸峰和凹谷。表面质量与加工方法、刀刃形状和切削用量等各种因素都有密切关系。它对于摩擦、磨损、配合性质、疲劳强度、接触刚度等都有显著影响。

1. 对摩擦、磨损的影响

零件实际表面越粗糙，摩擦因数就越大，相互接触的两表面间的磨损就越快。

2. 对配合性质的影响

在间隙配合中，由于微观不平度的波峰会加快磨损而使间隙增大；对于过盈配合，由于压入装配时，粗糙表面的波峰被挤平填入波谷，造成实际过盈量小于要求过盈量，以致降低连接强度。

3. 对疲劳强度的影响

表面越粗糙，微观不平的凹痕就越深，在交变应力的作用下易产生应力集中，使表面出现疲劳裂纹，从而降低零件的疲劳强度。

4. 对接触刚度的影响

表面越粗糙，表面间的实际接触面积越小，单位面积受力就越大，使峰顶处的局部塑性变形增大，接触刚度降低，从而影响机器的工作精度和抗振性能。

此外，表面质量还影响零件表面的抗腐蚀性及结合表面的密封性和润滑性能等。

二、表面结构的术语及评定参数

1. 常用基本术语及其定义

（1）取样长度（*lr*）

取样长度是指用于判别具有表面粗糙度特征的一段基准线长度。标准规定取样长度按表面粗糙度选取相应的数值，在取样长度范围内，一般应包含至少5个波峰和波谷。

（2）评定长度（*ln*）

评定长度是指在评定表面粗糙度时所必需的一段长度，它可以包含一个或几个取样长度。一般情况下，按标准推荐取 $ln=5lr$。若被测表面较好，可以选用 $ln<5lr$；反之，可选用 $ln>5rl$。

（3）极限值判断规则

零件的表面按检验规范测得轮廓参数值后，需与图上给定的极限值比较，以判断其是否合格。极限值判断规则有两种：

1）16%规则。运用本规则时，当被检表面测得的全部参数值中超过极限值的个数不多于总个数的16%时，该表面是合格的。

2）最大规则。运用本规则时，被检的整个表面上测得的参数值一个也不应超过给定的极限值。

16%规则是所有表面结构要求标注的默认规则，即当参数代号后未注定“max”字样时，均默认为应用16%规则。反之，则为应用最大规则。

2. 表面结构参数

表面结构要求的评定参数有 *R* 轮廓（表面粗糙度参数）、*W* 轮廓（波纹度参数）、*P* 轮廓（原始轮廓参数）。其中使用最多的是 *R* 轮廓的两个高度参数 *Ra* 和 *Rz*。

（1）算术平均偏差 *Ra*

算术平均偏差是指在取样长度内轮廓上各点至轮廓中线距离的算术平均值，如图3—3—1所示。其表达式为

$$Ra=\frac{1}{n}\left(Y_1+Y_2+\cdots+Y_n\right)$$

式中，Y_1、Y_2、…、Y_n分别为轮廓上各点至轮廓中线的距离。

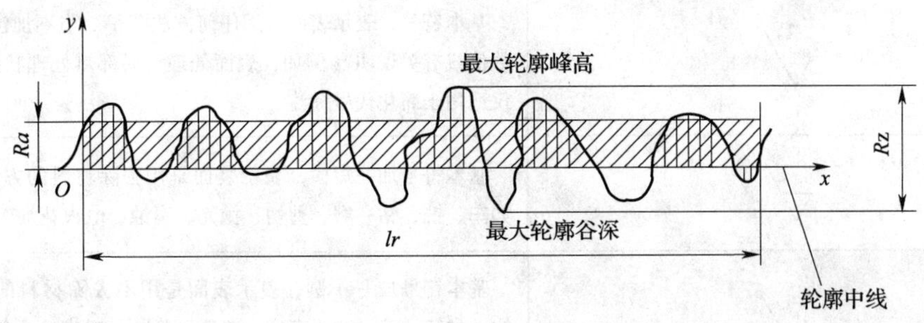

图3—3—1　算术平均偏差 *Ra* 和轮廓最大高度 *Rz*

(2) 轮廓最大高度 *Rz*

轮廓最大高度是指在一个取样长度内，最大轮廓峰高和最大轮廓谷深之和的高度。如图 3—3—1 所示，*Rz* 值越大，表面越粗糙，反之就越平整。

3. 评定参数值的确定

国家标准规定了 *Ra* 和 *Rz* 两个评定参数的值，见表 3—3—1、表 3—3—2。在常用的参数值范围内（*Ra* 值为 0.025 ~ 6.3 μm，*Rz* 值为 0.1 ~ 25 μm）推荐优先选用 *Rz*。

表 3—3—1　　轮廓算术平均偏差的系列值（摘自 GB/T 1031—2009）　　μm

系列	第一系列	第二系列	第三系列	第四系列
Ra	0.012	0.2	3.2	50
	0.025	0.4	6.3	100
	0.05	0.8	12.5	
	0.1	1.6	25	

表 3—3—2　　轮廓最大高度的数值（摘自 GB/T 1031—2009）　　μm

系列	第一系列	第二系列	第三系列	第四系列	第五系列
Rz	0.025	0.4	6.3	100	1 600
	0.05	0.8	12.5	200	
	0.1	1.6	25	400	
	0.2	3.2	50	800	

三、表面结构要求的标注

国家标准中规定：表面结构完整图形符号的组成，除了标注出表面结构参数和数值外，必要时需注出补充要求，如取样长度、加工工艺、表面纹理及方向、加工余量等。

1. 表面结构符号

表面结构在图样上表示零件的符号有五种，其具体形式见表 3—3—3。

表 3—3—3　　表面结构图形符号及其含义

符号	含义及说明
	基本符号，表示表面可用任何方法获得。当不加注粗糙度参数值或有关说明（例如，表面处理、局部热处理状况等）时，仅适用于简化代号标注
	基本符号加一短横，表示表面是用去除材料的方法获得的，如车、铣、钻、磨、剪切、抛光、腐蚀、电火花加工及气割等
	基本符号加一小圆，表示表面是用不去除材料的方法获得的，如铸、锻、冲压变形、热轧、冷轧、粉末冶金等；或者是用于保持原供应状态的表面（包括保持上道工序的状况）

续表

符号	含义及说明
	在上述 3 个符号的长边上加一横线，用于标注有关参数和说明
	在上述 3 个符号上加一小圆，表示所有表面具有相同的表面结构要求

2．表面结构代号

表面结构要求由基本符号、表面结构参数及数值、加工要求、加工纹理方向符号和余量等部分组成，如图 3—3—2 所示。

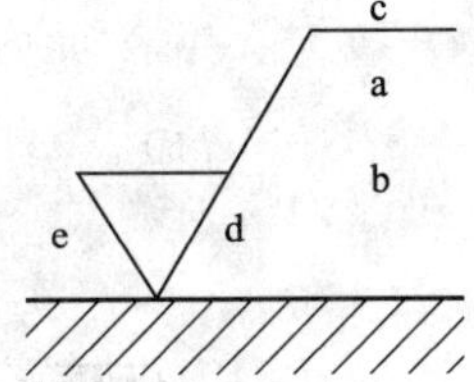

a——注写表面结构的单一要求，其形式是传输带或取样长度值/表面结构参数代号评定长度极限值

a、b——注写两个或多个表面结构要求。当注写多个表面结构要求时，图形符号应在垂直方向上扩大，以空出足够的空间进行标注

c——注写加工方法、表面处理、涂层或其他加工工艺要求等，如车、磨、镀等加工表面

d——注写表面加工纹理和方向

e——注写加工余量（单位为 mm）

图 3—3—2　表面结构代号

表面结构的代号是在其完整图形符号上标注各项参数构成的。其参数的标注和含义见表 3—3—4。

表 3—3—4　　表面结构代号的含义

代　号	含　义
Rz 0.4	表示不允许去除材料，单向上限值，*R* 轮廓，粗糙度的最大高度为 0.4 μm，评定长度为 5 个取样长度（默认），“16% 规则”（默认）
Rz max 0.2	表示去除材料，单向上限值，*R* 轮廓，粗糙度的最大高度的最大值为 0.2 μm，评定长度为 5 个取样长度（默认），“最大规则”
U *Ra* max 3.2 L *Ra* 0.8	表示不允许去除材料，双向极限值，*R* 轮廓，上限值：算术平均偏差为 3.2 μm，评定长度为 5 个取样长度（默认），“最大规则”；下限值：算术平均偏差为 0.8 μm，评定长度为 5 个取样长度（默认），“16% 规则”（默认）

注：表面结构参数中表示单向极限值时，只标注参数代号、参数值，默认为参数的上限值；在表示双向极限值时应标注极限代号，上限值在上方用 U 表示，下限值在下方用 L 表示。如果同一参数具有双向极限要求，在不引起歧义的情况下，可以不加 U、L。

3. 表面结构要求在图样上的标注

国家标准中，表面结构代号可标注在轮廓线、尺寸界线或其延长线上，其符号应从材料外指向并接触表面，其参数的注写和读取方向与尺寸数字的注写和读取方向一致，如图3—3—3a所示。必要时，表面结构代号可用黑点或箭头的指引线引出标注，如图3—3—3b、c所示。在不致引起误解时，表面结构代号还可以标注在给定的尺寸线上，如图3—3—3d所示。表面结构代号还可以标注在几何公差框格上方，如图3—3—3e、f所示。

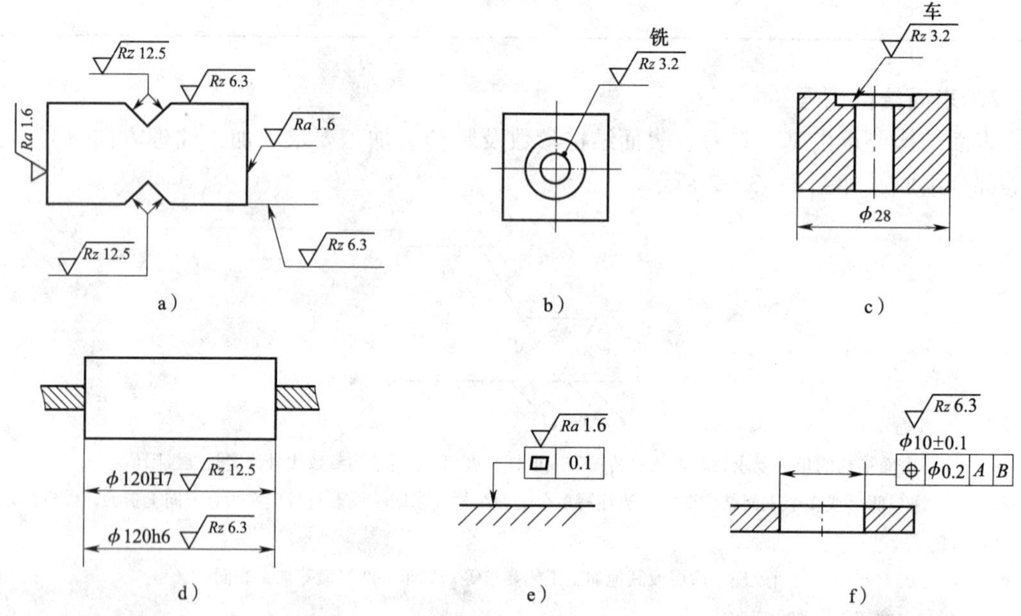

图3—3—3　表面结构代号在图样上的标注

如果工件的大部分或全部表面有相同的表面结构要求时，这个表面结构要求可统一标注在图样的标题栏附近。此时表面结构要求的符号后应有：在圆括号内给出无任何其他标注的基本符号，如图3—3—4a所示；或在圆括号内给出不同的表面结构要求，如图3—3—4b所示。

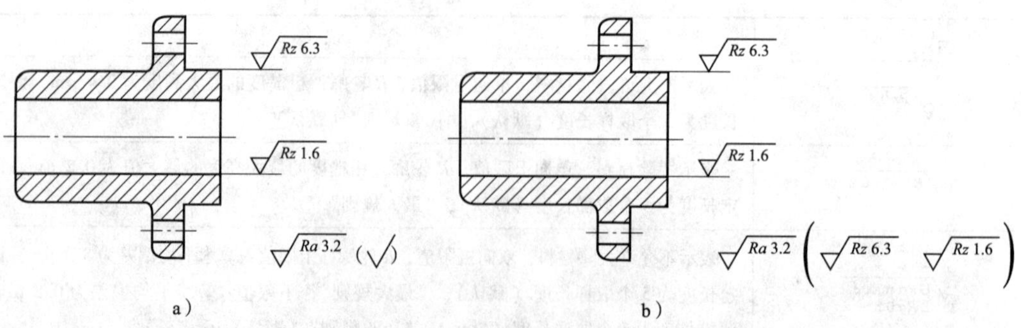

图3—3—4　大部分表面有相同结构要求的简化标注

当多个表面有相同的表面结构要求或图样空间有限时，可以采用简化注法。可用带字母的完整符号，以等式的形式，注在图形或标题栏附近，如图3—3—5所示。

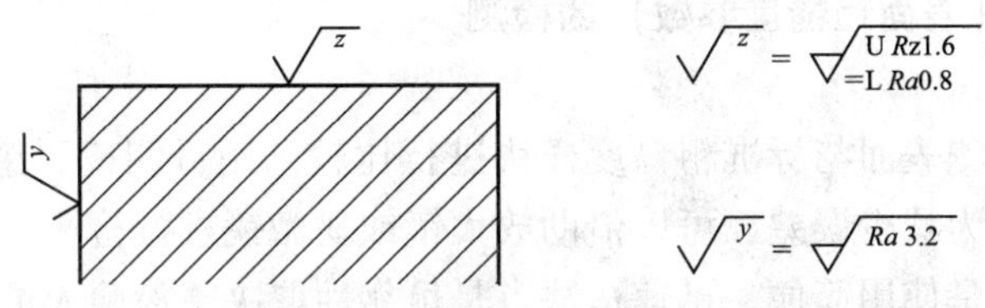

图 3—3—5　在图样空间有限时的简化标注

4. *R* 轮廓参数（表面粗糙度参数）值的选用

R 轮廓参数（表面粗糙度参数）值的选择应遵循在满足表面功能要求的前提下，尽量选用较大的粗糙度参数值的基本原则，以便简化加工工艺，降低加工成本。R 轮廓参数（表面粗糙度参数）值的选择一般采用类比法，见表 3—3—5。

表 3—3—5　*R* 轮廓参数（表面粗糙度参数）的表面特征、对应加工方法及应用举例

<table>
<tr><th colspan="2">表面特征</th><th>Ra（μm）</th><th>加工方法</th><th>应用举例</th></tr>
<tr><td rowspan="2">粗糙表面</td><td>可见刀痕</td><td>20～40</td><td rowspan="2">粗车、粗刨、粗铣、钻、荒锉、锯割</td><td rowspan="2">半成品粗加工后的表面，非配合的加工表面，如轴端面、倒角、钻孔、齿轮、带轮的侧面、键槽底面、垫圈接触面等</td></tr>
<tr><td>微见刀痕</td><td>10～20</td></tr>
<tr><td rowspan="3">半光表面</td><td rowspan="2">微见加工痕迹</td><td>5～10</td><td>车、铣、镗、刨、钻、锉、粗磨、粗铰</td><td>轴上不安装轴承、齿轮处的非配合表面，紧固件的自由装配表面等</td></tr>
<tr><td>2.5～5</td><td>车、铣、镗、刨、磨、锉、滚压、电火花加工、粗刮</td><td>半精加工表面，箱体、支架、端盖、套筒等与其他零件结合面无配合要求的表面，需要发蓝的表面等</td></tr>
<tr><td>看不清加工痕迹</td><td>1.25～2.5</td><td>车、铣、镗、刨、磨、拉、刮、滚压、铣齿</td><td>接近于精加工表面，齿轮的齿面、定位销孔、箱体上安装轴承的镗孔表面</td></tr>
<tr><td rowspan="3">光表面</td><td>可辨加工痕迹的方向</td><td>0.63～1.25</td><td>车、铣、镗、拉、磨、刮、精铰、粗研、磨齿</td><td>要求保证定心及配合特性的表面，如锥销、圆柱销，与滚动轴承相配合的轴颈，磨削的齿轮表面，普通车床的导轨面，内、外花键定心表面等</td></tr>
<tr><td>微辨加工痕迹的方向</td><td>0.32～0.63</td><td>精铰、精镗、磨、刮、滚压、研磨</td><td>要求配合性质稳定的配合表面，受交变应力作用的重要零件，较高精度车床的导轨面</td></tr>
<tr><td>不可辨加工痕迹的方向</td><td>0.16～0.32</td><td>布轮磨、精磨、研磨、超精加工、抛光</td><td>精密机床主轴锥孔，顶尖圆锥面，发动机曲轴、凸轮轴工作表面，高精度齿轮齿面</td></tr>
<tr><td rowspan="4">极光表面</td><td>暗光泽面</td><td>0.08～0.16</td><td>精磨、研磨、抛光、超精车</td><td>精密机床主轴颈表面，汽缸内表面，活塞销表面，仪器导轨面，阀的工作面，一般量规测量面等</td></tr>
<tr><td>亮光泽面</td><td>0.04～0.08</td><td rowspan="2">超精磨、镜面磨削、精抛光</td><td>精密机床主轴颈表面，滚动导轨中的钢球、滚子和高速摩擦的工作表面</td></tr>
<tr><td>镜状光泽面</td><td>0.01～0.04</td><td>高压柱塞泵中柱塞和柱塞套的配合表面，中等精度仪器零件配合表面</td></tr>
<tr><td>镜面</td><td>≤0.01</td><td>镜面磨削、超精研</td><td>高精度量仪、量块的工作表面，高精度仪器摩擦机构的支承表面，光学仪器中的金属镜面</td></tr>
</table>

5. *R* 轮廓参数（表面粗糙度参数）的检测

(1) 比较法

比较法是指将被测表面与标准粗糙度样块进行比较，用目测或手感来判断粗糙度的一种检测方法。比较时为减少误差，可以借助放大镜或显微镜进行检测。

这种方法的优点是使用简便、迅速；缺点是可靠性取决于检验人员的经验，误差较大。

(2) 仪器检测法

传统的仪器检测方法有：光切法、干涉法和感触法（又称针描法）等。

光切法和干涉法分别是利用光切显微镜、干涉显微镜观测被测表面实际轮廓的放大光亮带和干涉条纹，再通过测量、计算获得 Rz 值的方法。

感触法（针描法）是利用电动轮廓仪测量被测表面的 *Ra* 值的方法。测量时，传感器将触针划过表面的微小峰谷的上下移动转化成电信号，并经过传输、放大和积分运算处理后，通过显示器或打印机显示 *Ra* 值。

课后练习

1. 同一零件上工作表面的表面粗糙度参数值应______（小于或大于）非工作表面的表面粗糙度参数值。

2. 表面粗糙度参数值选择的基本原则是在满足表面______的前提下，尽量选用______的表面粗糙度参数值。

3. 什么是表面粗糙度？表面粗糙度对零件的使用性能有什么影响？

4. 叙述轮廓算术平均偏差的定义，并写出其表达式。

5. 评定表面粗糙度时，除高度评定参数外，还有哪些附加参数？

6. 试说明最大规则和16%规则在意义和标注上的区别。

7. 检测表面粗糙度有哪两种方法？各用于什么场合？

8. 识读下图中所注表面结构代号的含义。

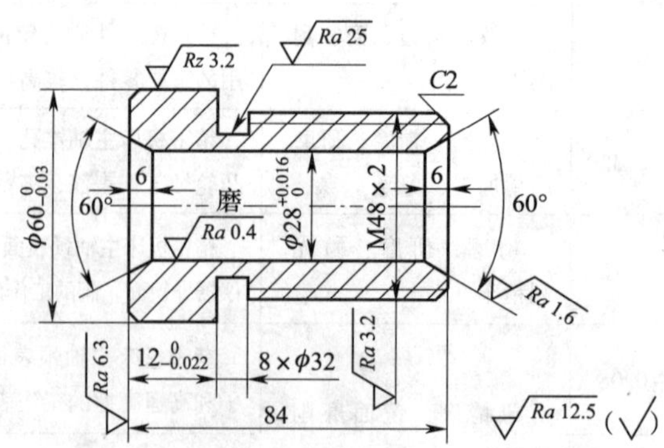

第四章
机械制图与识图

第一节　正投影的基本概念

1. 了解中心投影法与平行投影法的基本原理。
2. 了解正投影法的基本性质。
3. 熟悉三视图的形成及投影规律。

一、投影法及其分类

投射线通过物体向选定的面投射，并在该面上获得物体投影的方法叫作投影法。

1. 中心投影法

投射线汇交于投射中心的投影方法称为中心投影法。

如图 4—1—1 所示，设 S 为投射中心，SA、SB、SC 为投射线，平面 P 为投影面。延长 SA、SB、SC 与投影面 P 相交，交点 a、b、c 即为三角形顶点 A、B、C 在 P 面上的投影。

2. 平行投影法

投射线互相平行的投影方法称为平行投影法。按投射线与投影面倾斜或垂直，平行投影法又分为斜投影法和正投影法两种。

(1) 斜投影法

斜投影法是指投射线与投影面倾斜的平行投影法，如图 4—1—2a 所示。斜二轴测图就是采用斜投影法绘制的。

(2) 正投影法

正投影法是指投射线与投影面垂直的平行投影法，如图 4—1—2b 所示。

由于机械图样主要是采用正投影法绘制，为叙述方便，本书将“正投影”简称为“投影”。在工程图样中，根据有关标准绘制的多面正投影图也称为“视图”。

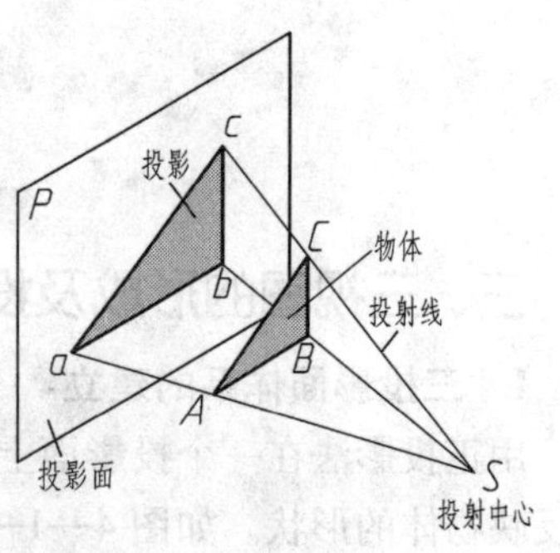

图 4—1—1　中心投影法

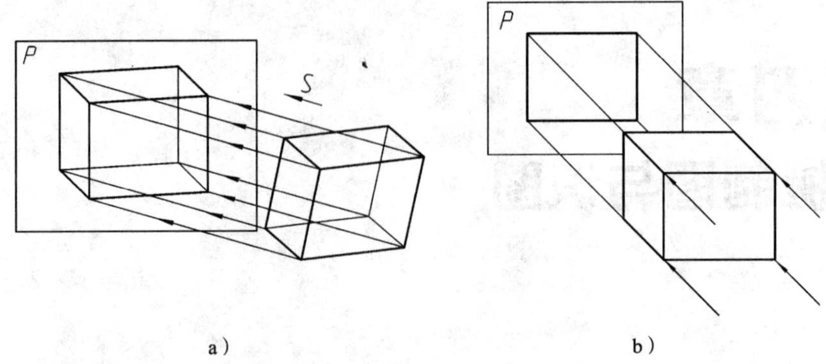

图 4—1—2 平行投影法

二、正投影法的基本性质

1. 实形性

物体上平行于投影面的平面 P，其投影 p 反映实形；平行于投影面的直线 AB 的投影 ab 反映实长（$ab=AB$），如图 4—1—3a 所示。

2. 积聚性

物体上垂直于投影面的平面 Q，其投影 q 积聚成一条直线；垂直于投影面的直线 CD 的投影积聚成一点，如图 4—1—3b 所示。

3. 类似性

物体上倾斜于投影面的平面 R，其投影 r 是原图形的类似形；倾斜于投影面的直线 EF 的投影比实长短，如图 4—1—3c 所示。

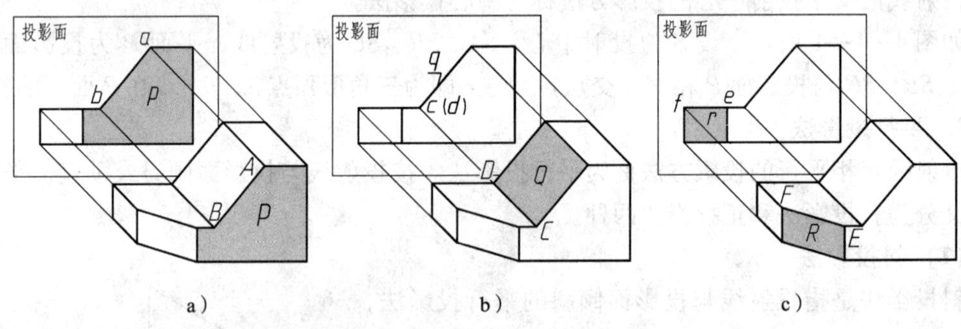

图 4—1—3 正投影的基本特性

三、三视图的形成及投影规律

1. 三投影面体系的建立

用正投影法在一个投影面上得到的一个视图，只能反映物体一个方向的形状，不能完整反映物体的形状。如图 4—1—4 所示，垫块在投影面上的投影只能反映其前面的形状，而顶面和侧面的形状无法反映出来。因此，要表示垫块完整的形状，就必须从几个方向进行投射，画出几个视图，通常用三个视图表示。

如图 4—1—5a 所示，首先将垫块由前向后向正立投影面（简称正面，用 V 表示）投射，在正面上得到一个视图，称为主视图；然后再加一个与正面垂直的水平投影面（简称水平面，用 H 表示），并由垫块的上方向下投射，在水平面上得到第二个视图，称为俯视图（图 4—1—5b）；再加一个与正面和水平面均垂直的侧立投影面（简称侧面，用 W 表示），从垫块的左方向右投射，在侧面上得到第三个视图，称为左视图（图 4—1—5c）。显然，垫块的三个视图从三个不同方向反映了它的形状。

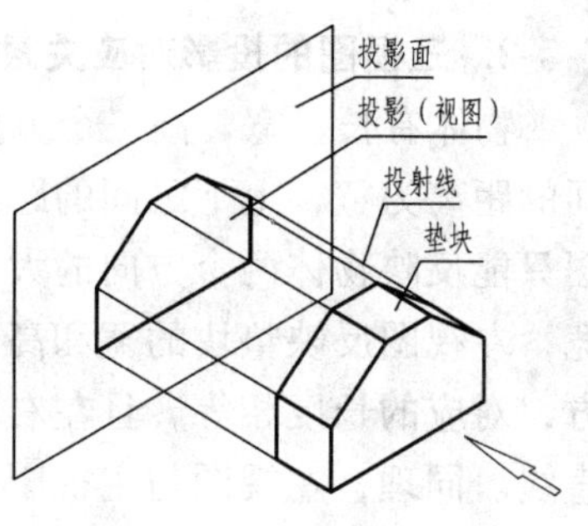

图 4—1—4　视图

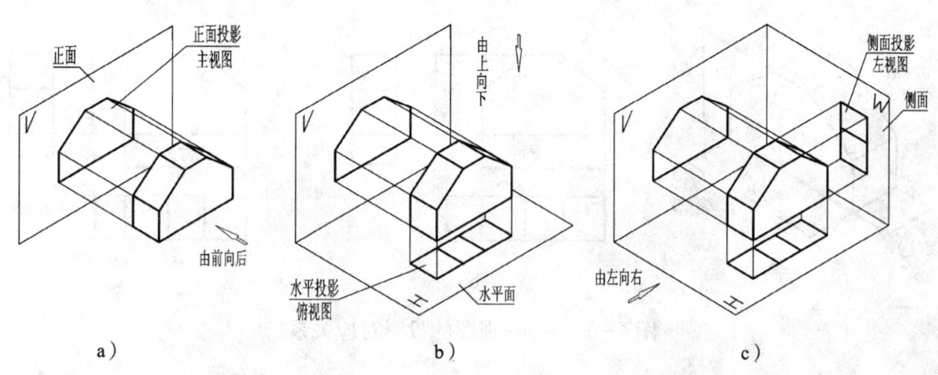

图 4—1—5　三视图的形成

三个互相垂直的投影面构成三投影面体系，投影面的交线 OX、OY、OZ 称为投影轴，三投影轴交于一点 O，称为原点。为了将垫块的三个视图画在一张图纸上，须将三个投影面展开到一个平面上。如图 4—1—6a 所示，规定正面不动，将水平面和侧面沿 OY 轴分开，并将水平面绕 OX 轴向下旋转 90°（随水平面旋转的 OY 轴用 OY_H 表示）；将侧面绕 OZ 轴向右旋转 90°（随侧面旋转的 OY 轴用 OY_W 表示）。旋转后，俯视图在主视图的下方，左视图在主视图的右方（图 4—1—6b）。画三视图时不必画出投影面的边框，所以去掉边框，得到图 4—1—6c 所示的三视图。

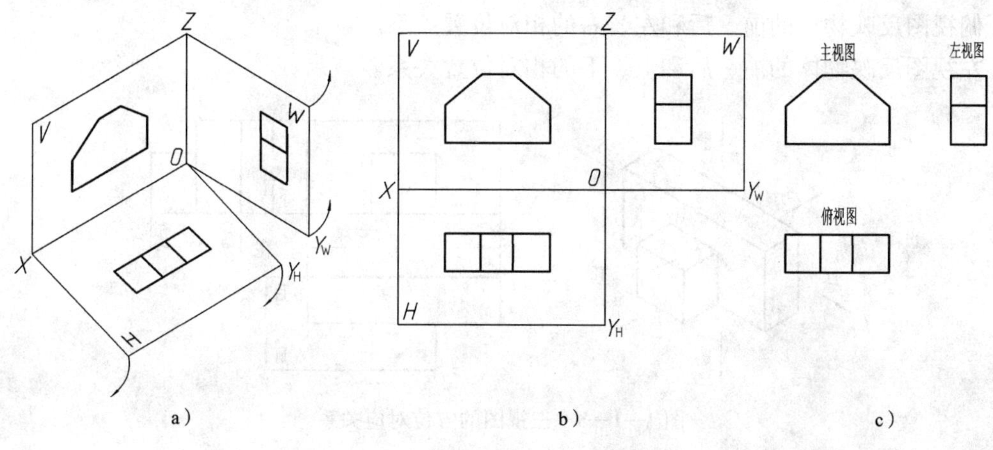

图 4—1—6　三视图的展开

2. 三视图的投影对应关系

物体有长、宽、高三个方向的大小。通常规定：物体左右之间的距离为长，前后之间的距离为宽，上下之间的距离为高（图 4—1—7a）。从图 4—1—7b 可以看出，一个视图只能反映物体两个方向的大小。如主视图反映垫块的长和高，俯视图反映垫块的长和宽，左视图反映垫块的宽和高。由上述三个投影面展开过程可知，俯视图在主视图的下方，对应的长度相等，且左右两端对正，即主、俯视图对应部分的连线为互相平行的竖直线。同理，左视图与主视图高度相等且平齐，即主、左视图对应部分在同一条水平线上。左视图与俯视图均反映垫块的宽度，所以俯、左视图对应部分的宽度应相等，如图 4—1—7c 所示。

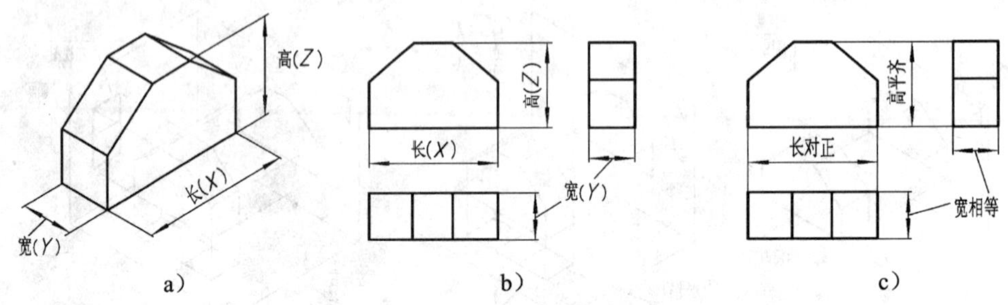

图 4—1—7　三视图的投影对应关系

上述三视图之间的投影对应关系可归纳为以下三条投影规律（三等规律）：

（1）主视图与俯视图反映物体的长度——长对正。

（2）主视图与左视图反映物体的高度——高平齐。

（3）俯视图与左视图反映物体的宽度——宽相等。

“长对正、高平齐、宽相等”的投影对应关系是三视图的重要特性，也是画图与读图的依据。

3. 三视图与物体的方位对应关系

如图 4—1—8 所示，物体有上、下、左、右、前、后六个方位，其中：

主视图反映物体的上、下和左、右的相对位置关系。

俯视图反映物体的前、后和左、右的相对位置关系。

左视图反映物体的前、后和上、下的相对位置关系。

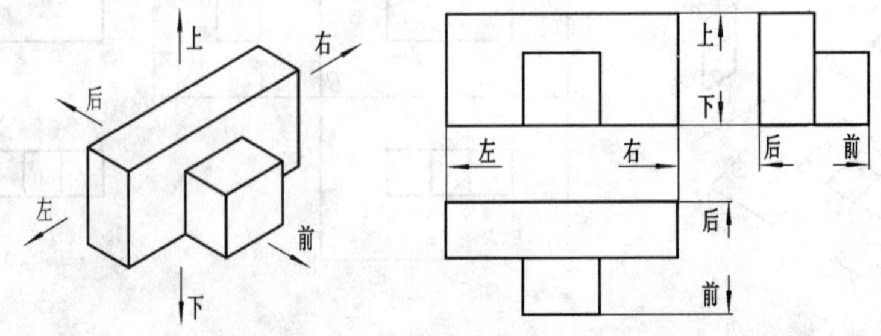

图 4—1—8　三视图的方位对应关系

课后练习

1．常用的投影法分为＿＿＿＿＿和＿＿＿＿＿两类，其中正投影属于＿＿＿＿＿投影法。

2．主视图所在的投影面称为＿＿＿＿＿，用字母＿＿＿＿＿表示。俯视图所在的投影面称为＿＿＿＿＿，用字母＿＿＿＿＿表示。

3．主视图是由＿＿＿＿＿向＿＿＿＿＿投射所得的视图，它反映形体的＿＿＿＿＿和＿＿＿＿＿方位，即＿＿＿＿＿方向。俯视图是由＿＿＿＿＿向＿＿＿＿＿投射所得的视图，它反映形体的＿＿＿＿＿和＿＿＿＿＿方位，即＿＿＿＿＿方向。

4．三视图的投影规律：主视图与俯视图＿＿＿＿＿；主视图与左视图＿＿＿＿＿；俯视图与左视图＿＿＿＿＿。

5．基本视图的"三等规律"为＿＿＿＿＿＿＿＿＿＿。

6．补画图4—1—9所示三视图中漏画的图线，并填空。

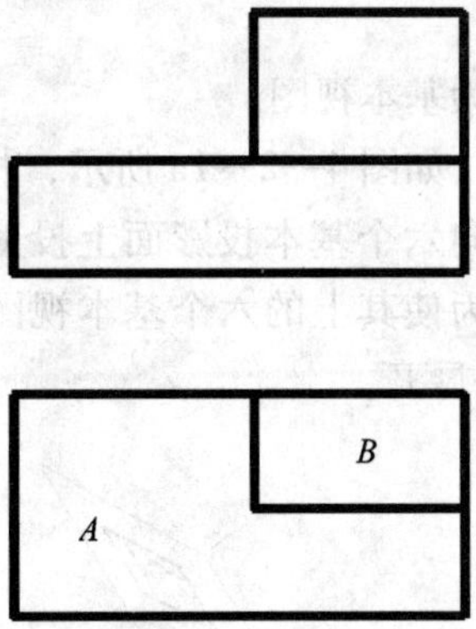

图4—1—9　课后练习1

比较俯视图中两个平面的上、下位置：

A 面在＿＿＿＿＿，B 面在＿＿＿＿＿。

7．参照图4—1—10所示立体示意图，补画三视图中漏画的图线。

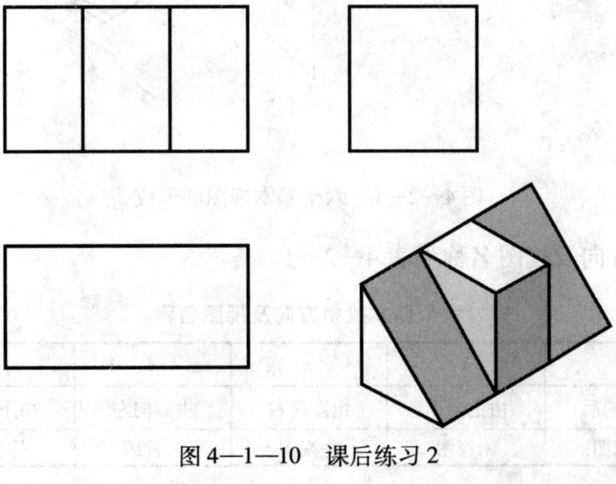

图4—1—10　课后练习2

第二节　零件的表达方法

学习目标

1. 熟悉基本视图的概念和形成。
2. 掌握剖视图、断面图、局部视图、斜视图的画法、标注及注意事项。
3. 能比较恰当地综合应用各种基本表示法表达一般机械零件。

根据有关标准规定，绘制出物体的多面正投影图形称为视图。视图主要用于表达机件的外部结构及形状，对机件中不可见的结构及形状在必要时才用细虚线画出。视图分为基本视图、剖视图、断面图、局部视图和斜视图五种。

一、基本视图

将机件向基本投影面投射所得的视图称为基本视图。

表示一个机件可以有六个基本投射方向，如图 4—2—1a 所示，相应地有六个与基本投射方向垂直的基本投影面。基本视图是物体向六个基本投影面上投射所得的视图。空间的六个基本投影面可设想围成一个正六面体，为使其上的六个基本视图位于同一平面内，可将六个基本投影面按图 4—2—1b 所示的方法展开。

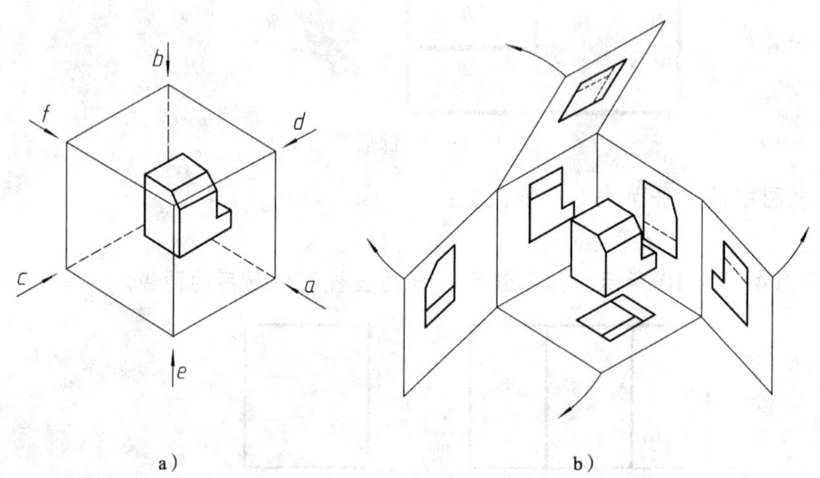

图 4—2—1　六个基本视图的形成

六个基本投射方向及视图名称见表 4—2—1。

表 4—2—1　　六个基本投射方向及视图名称

方向代号	*a*	*b*	*c*	*d*	*e*	*f*
投射方向	由前向后	由上向下	由左向右	由右向左	由下向上	由后向前
视图名称	主视图	俯视图	左视图	右视图	仰视图	后视图

在机械图样中，六个基本视图的名称和配置关系如图 4—2—2 所示。符合图 4—2—2 的配置规定时，图样中一律不注视图名称。

六个基本视图仍保持“长对正、高平齐、宽相等”的三等关系，即仰视图与俯视图同样反映物体长、宽方向的尺寸；右视图与左视图同样反映物体高、宽方向的尺寸；后视图与主视图同样反映物体长、高方向的尺寸。

六个基本视图的方位对应关系如图 4—2—2 所示，除后视图外，在围绕主视图的俯、仰、左、右四个视图中，远离主视图的一侧表示机件的前方，靠近主视图的一侧表示机件的后方。

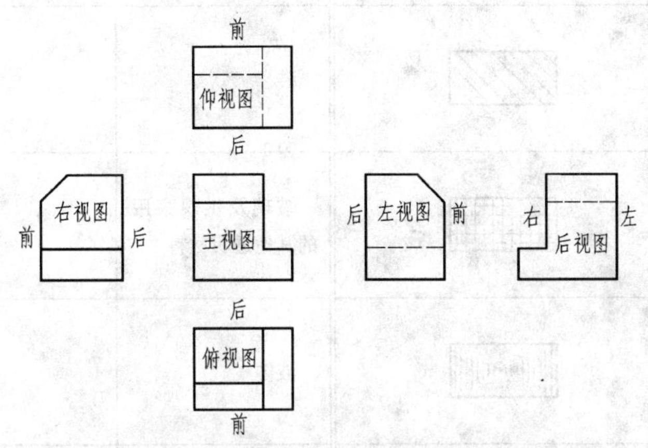

图 4—2—2　六个基本视图的配置和方位对应关系

实际画图时，无须将六个基本视图全部画出，应根据机件的复杂程度和表达需要，选用其中必要的几个基本视图。若无特殊情况，优先选用主、俯、左视图。

二、剖视图

1. 剖视图的形成、画法及标注

(1) 剖视图的形成

假想用剖切面剖开机件，将处在观察者与剖切面之间的部分移去，将其余部分向投影面投射所得的图形称为剖视图，简称剖视。剖视图的形成过程如图 4—2—3 所示。

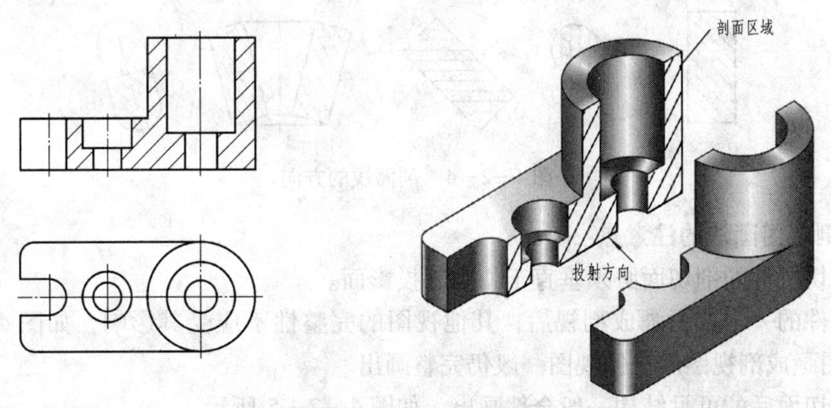

图 4—2—3　剖视图的形成

（2）剖面符号

机件被假想剖切后，在剖视图中，剖切面与机件接触部分称为剖面区域。为使具有材料实体的切断面（即剖面区域）与其余部分（含剖切面后面的可见轮廓线及原中空部分）明显地区别开来，应在剖面区域内画出剖面符号，如图 4—2—3 主视图所示。国家标准规定了各种材料类别的剖面符号，见表 4—2—2。

表 4—2—2　　剖面符号

材料名称	剖面符号	材料名称	剖面符号
金属材料（已有规定剖面符号者除外）		砖	
线圈绕组元件		玻璃及供观察用的其他透明材料	
转子、电枢、变压器和电抗器等的叠钢片		液体	
型砂、填砂、粉末冶金、砂轮、陶瓷刀片、硬质合金刀片等		非金属材料（已有规定剖面符号者除外）	

国家标准规定用简明易画的平行细实线作为剖面符号，且特称为剖面线。绘制剖面线时，同一机械图样中同一零件的剖面线应方向相同、间隔相等。剖面线的间隔应按剖面区域的大小确定。剖面线的方向一般与主要轮廓或剖面区域的对称线成 45°角，如图 2—2—4 所示。

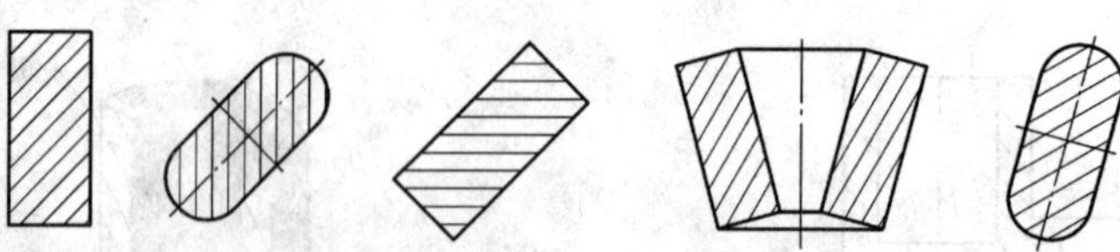

图 4—2—4　剖面线的方向

（3）剖视图画法的注意点

1）剖切机件的剖切面必须垂直于相应的投影面。

2）机件的一个视图画成剖视后，其他视图的完整性不应受其影响，如图 4—2—3 所示的主视图画成剖视图后，俯视图一般仍完整画出。

3）剖切面后的可见结构一般全部画出，如图 4—2—5 所示。

4）一般情况下，尽量避免用细虚线表示机件上不可见的结构。

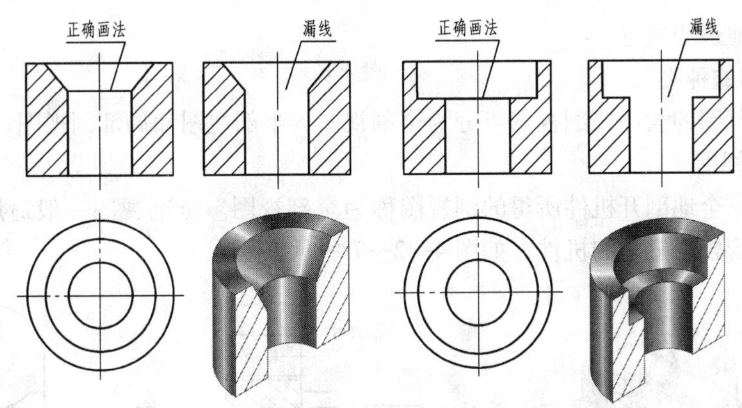

图 4—2—5　剖视图画法的常见错误

（4）剖视图的标注

为便于读图，剖视图应进行标注，以标明剖切位置及指示视图间的投影关系。剖视图的标注有以下三个要素：

1）剖切线。指示剖切面位置的线，用细点画线表示，剖视图中通常省略不画此线。

2）剖切符号。指示剖切面起讫和转折位置（用粗实线的短画表示）及投射方向（用箭头表示）的符号。

3）字母。表示剖视图的名称，用大写拉丁字母注写在剖视图的上方。

剖视图的标注方法可分为三种情况，即全标、不标和省标。

①全标是指上述三要素全部标出，这是基本规定，如图 4—2—6 中的 A—A 所示。

②不标是指上述三要素均不必标注。

③省标是指仅满足不标条件中的后两个条件，则可省略表示投射方向的箭头，如图 4—2—6 中的 *B—B* 所示。

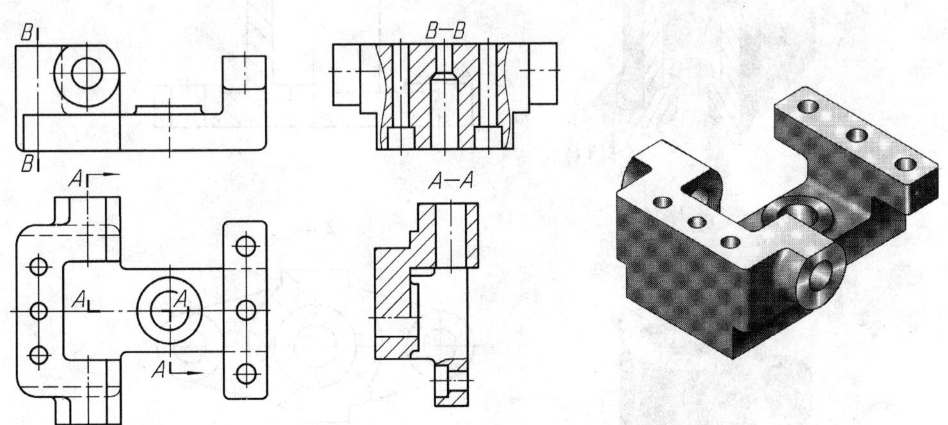

图 4—2—6　剖视图的配置和标注

（5）剖视图的配置

剖视图应首先考虑配置在基本视图的方位，如图 4—2—6 中的 *B—B*；当难以按基本视图的方位配置时，也可按投影关系配置在相应位置上，如图 4—2—6 中的 *A—A*；必要时才考虑配置在其他适当位置。

2. 剖视图的种类

根据剖切范围的大小，剖视图可分为全剖视图、半剖视图和局部剖视图。

(1) 全剖视图

用剖切面完全地剖开机件所得的剖视图称为全剖视图。全剖视图一般适用于外形比较简单、内部结构较为复杂的机件，如图 4—2—7 所示。

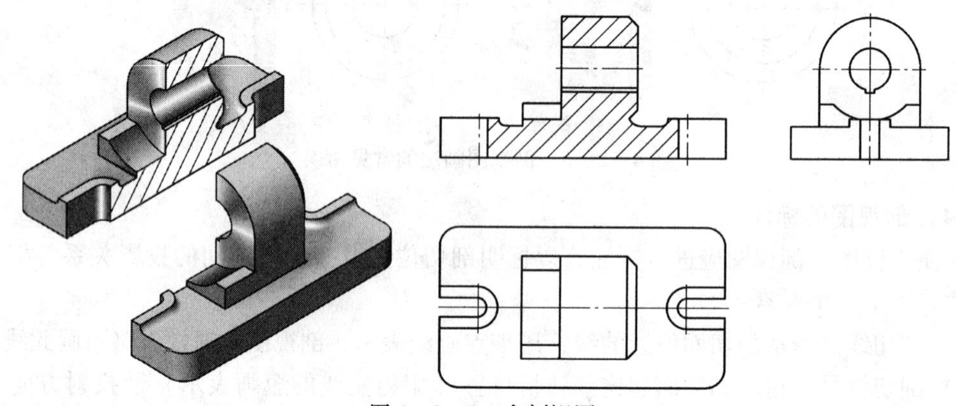

图 4—2—7　全剖视图

(2) 半剖视图

当机件具有对称平面时，以对称平面为界，用剖切面剖开机件的一半所得的剖视图称为半剖视图，如图 4—2—8 所示。

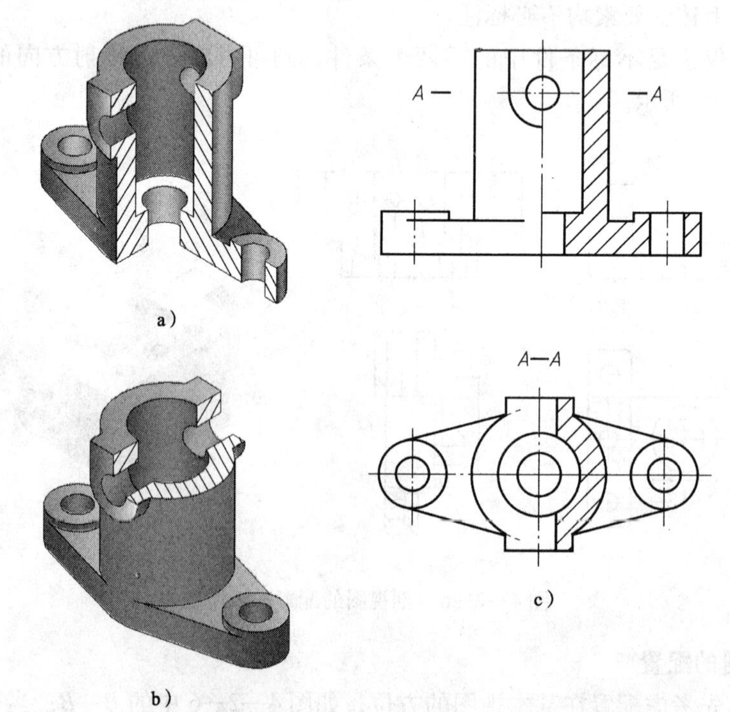

图 4—2—8　半剖视图（一）

当机件的形状接近对称且不对称部分已另有图形表达清楚时，也可以画成半剖视图，如图 4—2—9 所示。

画半剖视图时应注意以下问题：

1）半个视图与半个剖视图的分界线用细点画线表示，而不能画成粗实线。

2）机件的内部形状已在半剖视图中表达清楚，在另一半表达外形的视图中一般不再画出细虚线。

（3）局部剖视图

用剖切面局部地剖开机件所得的剖视图称为局部剖视图。如图 4—2—10 所示的机件，虽然上下、前后都对称，但由于主视图中的方孔轮廓线与对称线重合，所以不宜采用半剖视，这时应采用局部剖视。这样，既可以表达中间方孔内部的轮廓线，又保留了机件的部分外形。

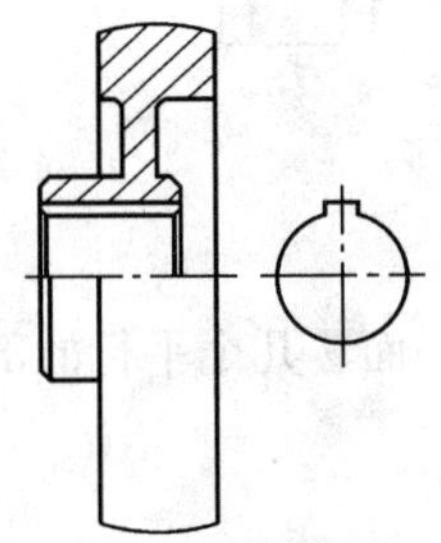

图 4—2—9　半剖视图（二）

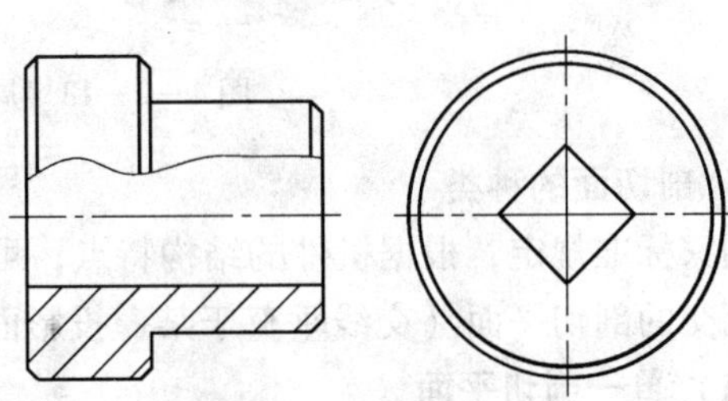

图 4—2—10　局部剖视图（一）

画局部剖视图时应注意以下问题：

1）局部剖视图可用波浪线分界，波浪线应画在机件实体上，不能超出实体轮廓线，也不能画在机件的中空处，如图 4—2—11 所示。局部剖视图也可用双折线分界，如图 4—2—12 所示。

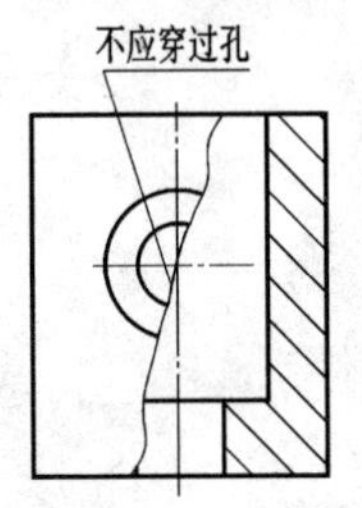

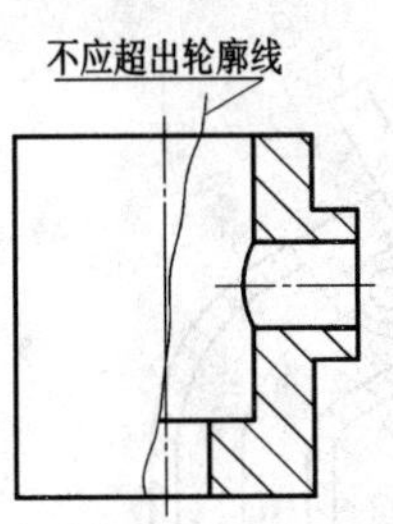

图 4—2—11　局部剖视图（二）

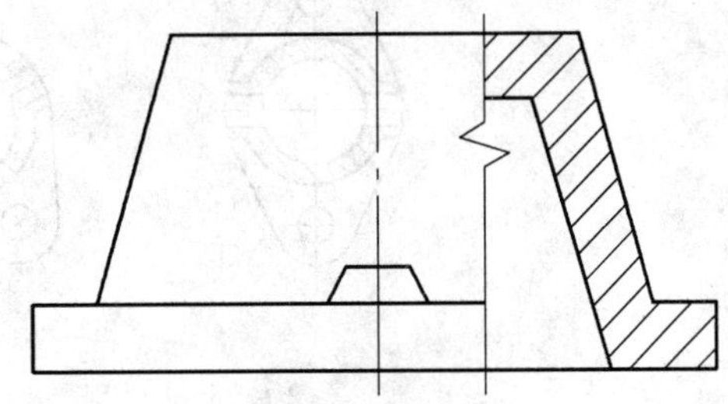

图 4—2—12　局部剖视图（三）

2）一个视图中，局部剖视的数量不宜过多，在不影响外形表达的情况下，可在较大范围内画成局部剖视，以减少局部剖视的数量。如图 4—2—13 所示的机件，主、俯视图分别用两个和一个局部剖视表达其内部结构。

3）波浪线不应画在轮廓线的延长线上，也不能用轮廓线代替，或与图样上其他图线重合。

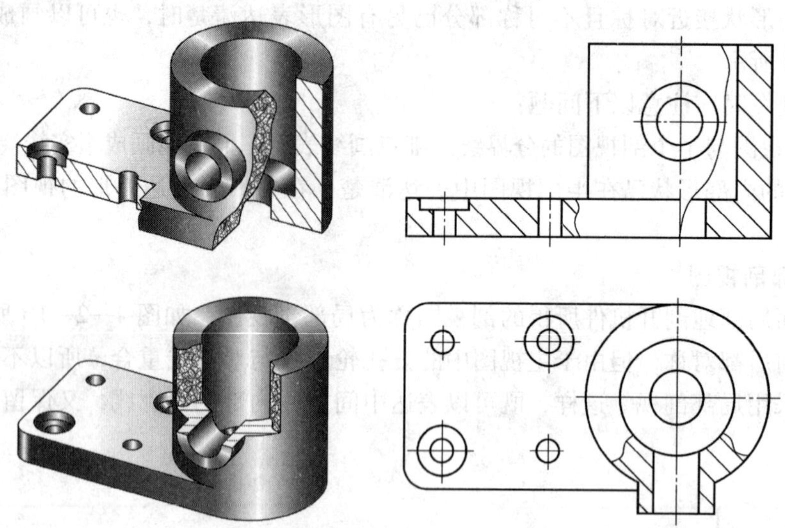

图 4—2—13 局部剖视图（四）

3. 剖切面的种类

国家标准规定，根据机件的结构特点，可以选择单一剖切平面、几个平行的剖切平面、几个相交的剖切平面（交线垂直于某一投影面）。

(1) 单一剖切平面

单一剖切平面可以是平行于基本投影面的剖切平面，如前所述的全剖视、半剖视和局部剖视。单一剖切平面也可以是不平行于基本投影面的斜剖切平面，如图 4—2—14 中的 *B—B*。这种剖视图一般应与倾斜部分保持投影关系，但也可配置在其他位置。为了画图和读图方便，可把视图转正，但必须按规定标注，如图 4—2—14 所示。

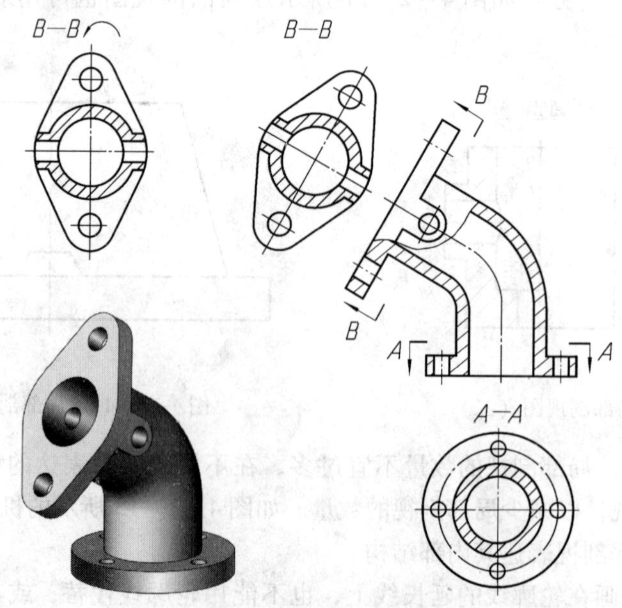

图 4—2—14 单一剖切平面

(2) 几个平行的剖切平面

这种剖切面可以用来剖切表达位于几个平行平面上的机件内部结构。如图 4—2—15 所示的轴承挂架，其结构左右对称，如果用单一剖切平面在机件的对称平面处剖开，则上部两个小圆孔不能剖到，若采用两个平行的剖切平面将机件剖开，可同时将机件上、下部分的内部结构表达清楚，如图 4—2—15 中的 *A*—*A* 剖视。

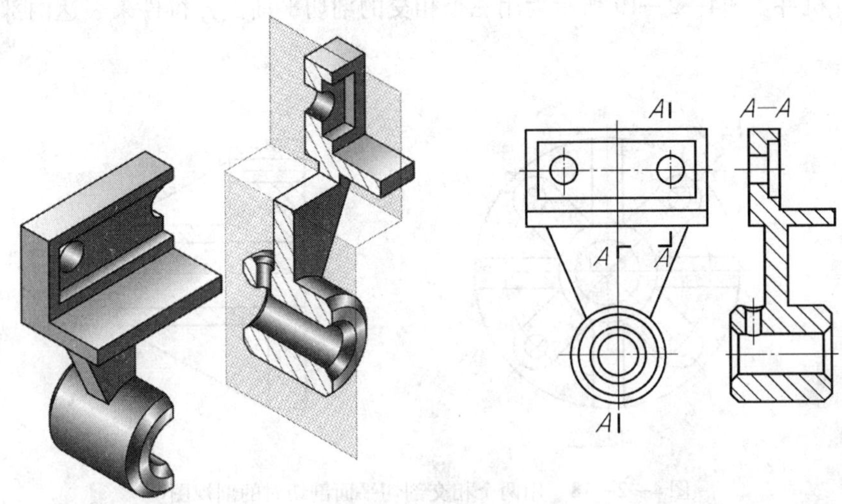

图 4—2—15　用平行剖切平面剖切时剖视图的画法

用这类剖切平面画剖视图时应注意以下问题：

1）因为剖切平面是假想的，所以不应画出剖切平面转折处的投影，如图 4—2—16 所示。

2）剖视图中不应出现不完整结构要素，如图 4—2—16 所示。但当两个要素在图形上具有公共对称中心线或轴线时，可各画一半，此时应以对称中心线或轴线为界，如图 4—2—17 所示。

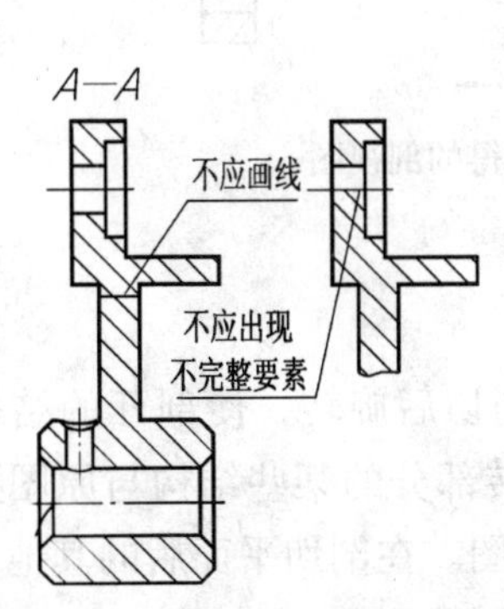

图 4—2—16　用两个平行的剖切平面剖切时剖视图的画法

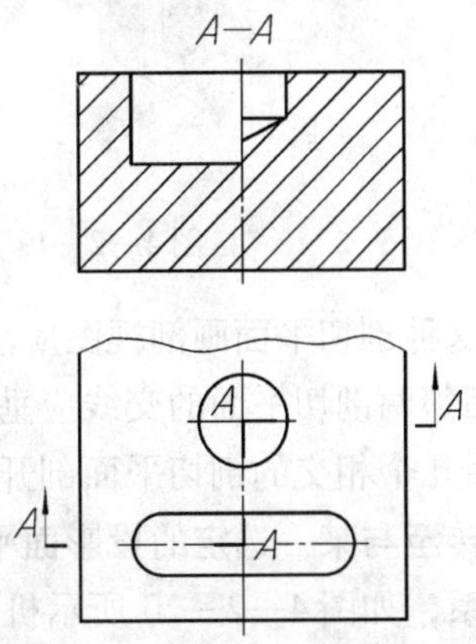

图 4—2—17　具有公共对称中心线要素的剖视图

3）必须在相应的视图上用剖切符号表示剖切位置，在剖切平面的起讫和转折处注写相同字母。

（3）几个相交的剖切平面

图4—2—18所示为一圆盘状机件，若采用单一剖切平面只能表达肋板的形状，不能反映45°方向小孔的形状。为了在左视图上同时表达机件的这些结构，只有用两个相交的剖切平面剖开机件。图4—2—19所示为用三个相交的剖切平面剖开机件来表达内部结构的实例。

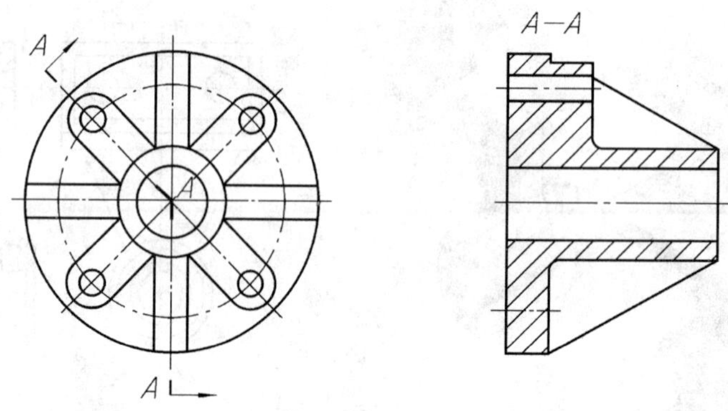

图4—2—18　用两个相交剖切平面剖切时的剖视图

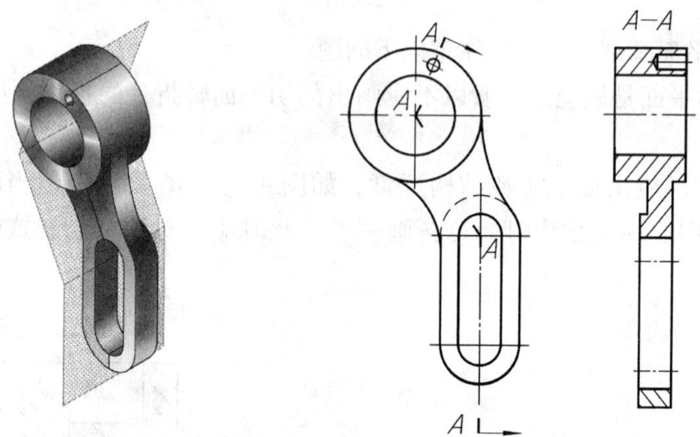

图4—2—19　用三个相交剖切平面获得的剖视图

采用这种剖切平面画剖视图应注意以下问题：

1）相邻两剖切平面的交线应垂直于某一投影面。

2）用几个相交的剖切平面剖开机件绘图时，应先剖切后旋转，使剖开的结构及其有关部分旋转至与某一选定的投影面平行再投射。此时旋转部分的某些结构与原图形不再保持投影关系，如图4—2—20所示机件中倾斜部分的剖视图。在剖切平面后的其他结构一般仍应按原来位置投影，如图4—2—20中剖切平面后的小圆孔。

3）采用这种剖切平面剖切后，应对剖视图加以标注。剖切符号的起讫及转折处用相同字母标出，但当转折处空间狭小又不致引起误解时，转折处允许省略字母。

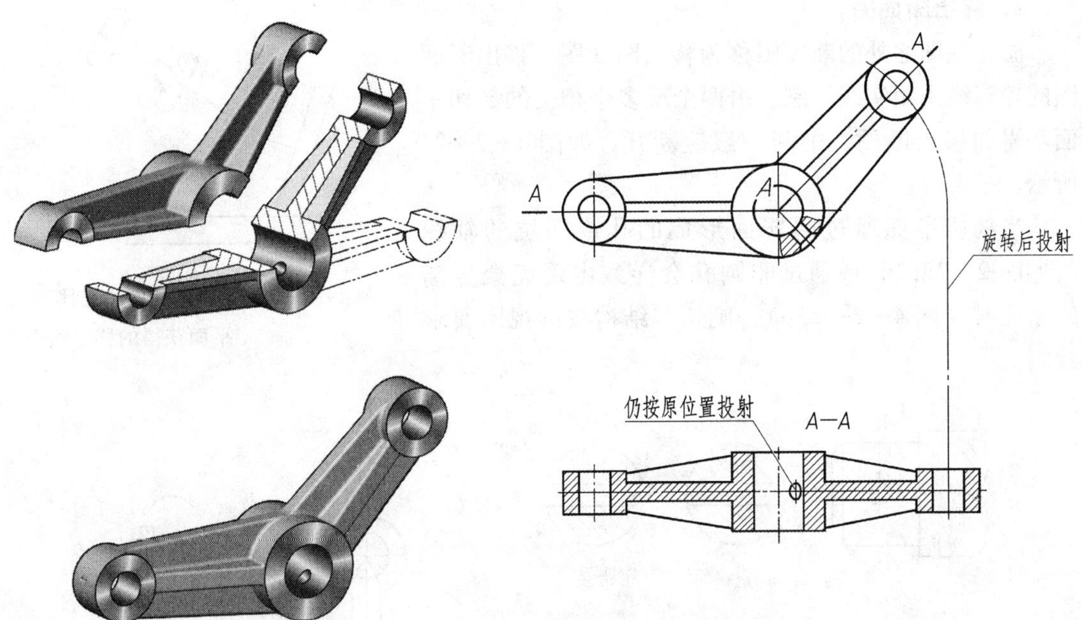

图 4—2—20　用相交剖切平面剖切时未剖到部分仍按原位置投射

应该指出，上述三种剖切平面可以根据机件内形特征的表达需要任意选用。

三、断面图

1. 断面图的概念

假想用剖切面将机件的某处切断，仅画出其断面的图形称为断面图，简称断面。

如图 4—2—21a 所示的轴，为了表示键槽的深度和宽度，假想在键槽处用垂直于轴线的剖切平面将轴切断，只画出断面的形状，并在断面上画出剖面线，如图 4—2—21b、c 所示。

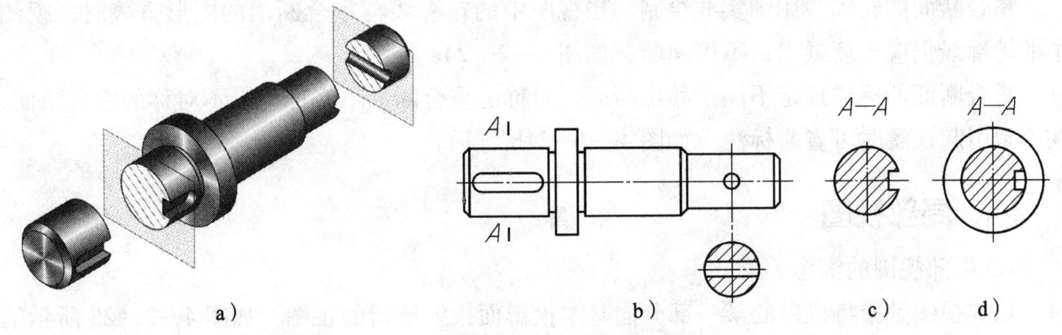

图 4—2—21　断面图与剖视图的比较

断面图与剖视图是两种不同的表示方法，两者虽然都是先假想剖开机件后再投射，但是，剖视图不仅要画出被剖切面切到的部分，一般还应画出剖切面后的可见部分，如图 4—2—21d 所示，而断面图仅画出被剖切的断面形状，如图 4—2—21c 所示。

2. 移出断面图

画在视图之外的断面图称为移出断面图。移出断面图的轮廓线用粗实线绘制。由两个或多个相交的剖切平面获得的移出断面，中间一般应断开，如图 4—2—22 所示。

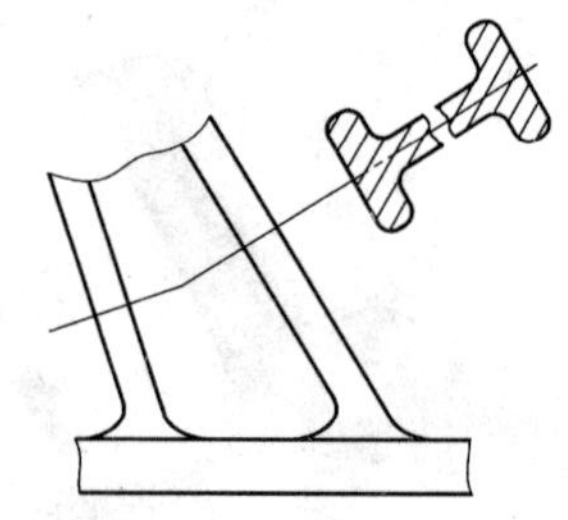

图 4—2—22　由两个相交的剖切平面获得的移出断面

当剖切平面通过回转面形成的孔或凹坑的轴线（图 4—2—23a），或通过非圆孔会导致出现完全分离的断面时（图 4—2—23b），则这些结构按剖视图要求绘制。

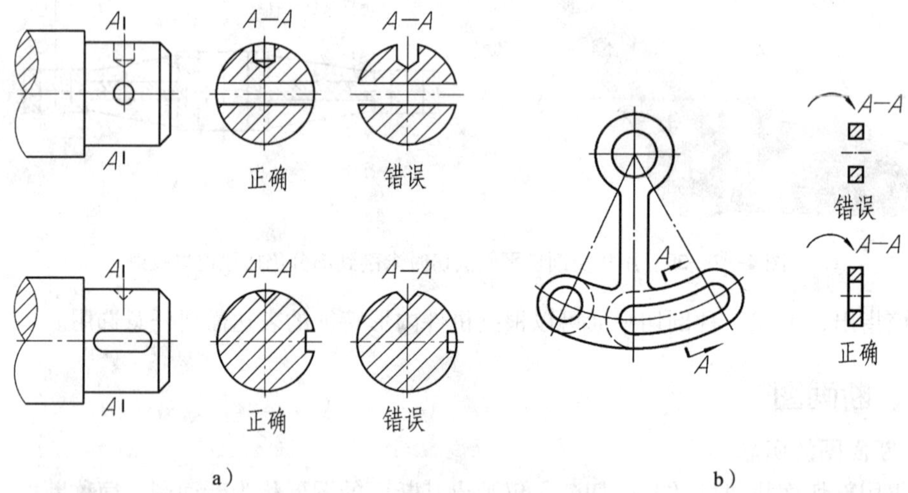

图 4—2—23　断面图的特殊画法

3. 重合断面图

将断面图形画在视图之内的断面图称为重合断面图。

重合断面的轮廓线用细实线绘制。当视图中的轮廓线与重合断面的图形重叠时，视图中的轮廓线仍应连续画出，不可间断，如图 4—2—24a 所示。

重合断面的标注规定不同于移出断面。对称的重合断面不必标注；不对称的重合断面，在不致引起误解时可省略标注，如图 4—2—24b 所示。

四、局部视图

1. 局部视图的概念

局部视图是指将机件的某一部分向基本投影面投射所得的视图。如图 4—2—25 所示的机件，用主、俯两个基本视图表达了主体形状，但左、右两边凸缘形状如用左视图和右视图表达，则显得烦琐和重复。采用 *A* 和 *B* 两个局部视图来表达这两个凸缘的形状，既简练又突出重点。

2. 局部视图的配置、标注及画法

（1）局部视图按基本视图位置配置，中间若没有其他图形隔开时，则不必标注，如

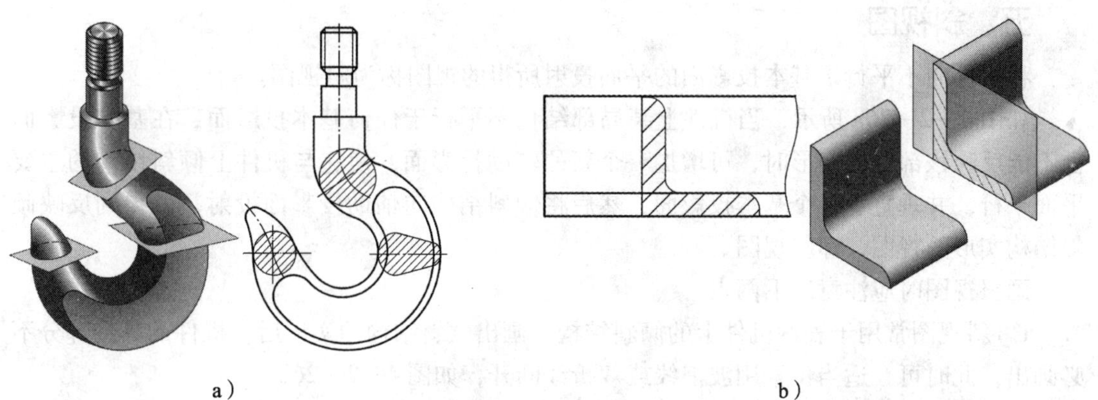
a）　b）

图 4—2—24　重合断面图

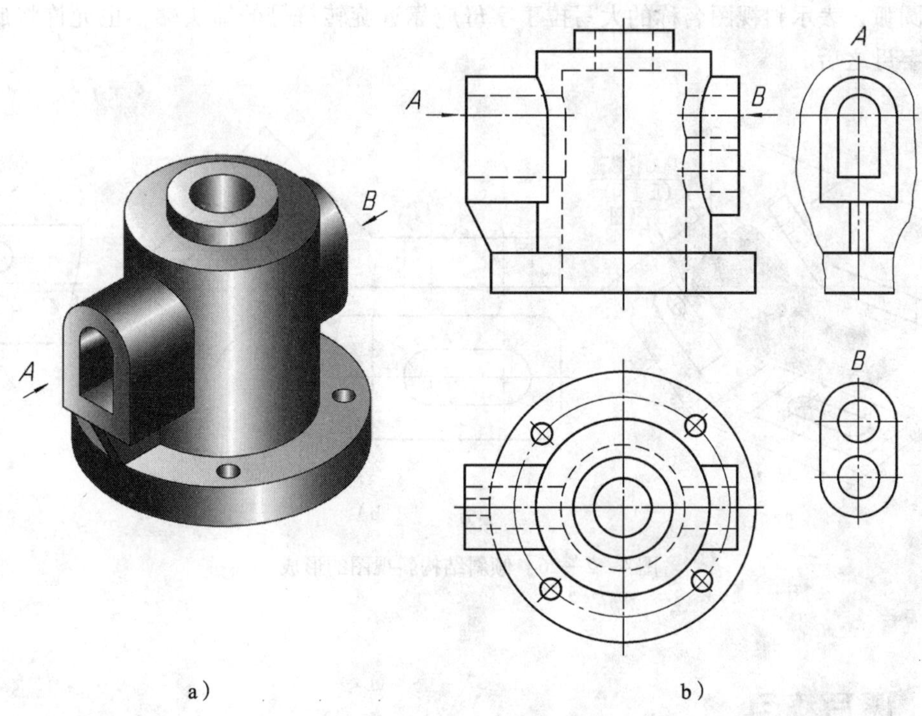

a）　b）

图 4—2—25　局部视图

图 4—2—25 中的局部视图 *A*，图中的字母 *A* 和相应的箭头均不必注出。

（2）局部视图也可按向视图的配置形式配置在适当的位置，如图 4—2—25 中的局部视图 *B*。

（3）局部视图的断裂边界用波浪线或双折线表示，如图 4—2—25 中的 *A* 向局部视图。但当所表示的局部结构是完整的，其图形的外轮廓线呈封闭时，波浪线可省略不画，如图 4—2—25 中的局部视图 *B*。

五、斜视图

将机件向不平行于基本投影面的平面投射所得的视图称为斜视图。

如图 4—2—26a 所示，当机件上某局部结构不平行于任何基本投影面，在基本投影面上不能反映该部分的实形时，可增加一个新的辅助投影面，使它与机件上倾斜结构的主要平面平行，并垂直于一个基本投影面，然后将倾斜结构向辅助投影面投射，就得到反映倾斜结构实形的视图，即斜视图。

画斜视图时应注意以下两点：

1. 斜视图常用于表达机件上的倾斜结构。画出倾斜结构的实形后，机件的其余部分不必画出，此时可在适当位置用波浪线或双折线断开，如图 4—2—26b 所示。

2. 斜视图的配置和标注一般按向视图相应的规定，必要时允许将斜视图旋转配置。此时应按向视图标注，且加注旋转符号，如图 4—2—26c 所示。旋转符号为半径等于字体高度的半圆弧，表示斜视图名称的大写拉丁字母应靠近旋转符号的箭头端，也允许将旋转角度标在字母之后。

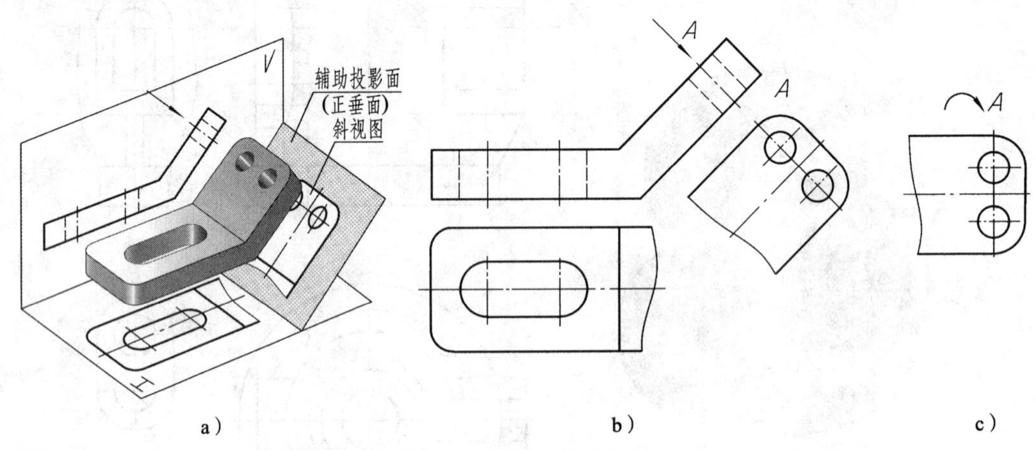

图 4—2—26　倾斜结构斜视图的形成

课后练习

1. 基本视图一共有________个，包括________、________、________、________、________、________。

2. 表达形体外部形状的方法，除基本视图外，还有________、________、________、________四种视图。

3. 按剖切范围的大小来分，剖视图可分为________、________、________。

4. 移出断面和重合断面的主要区别如下：移出断面图画在________之外，轮廓线用________绘制；重合断面图画在________，轮廓线用________绘制。

5. 如图 4—2—27 所示，根据主、俯视图，补画左、右、仰视图。

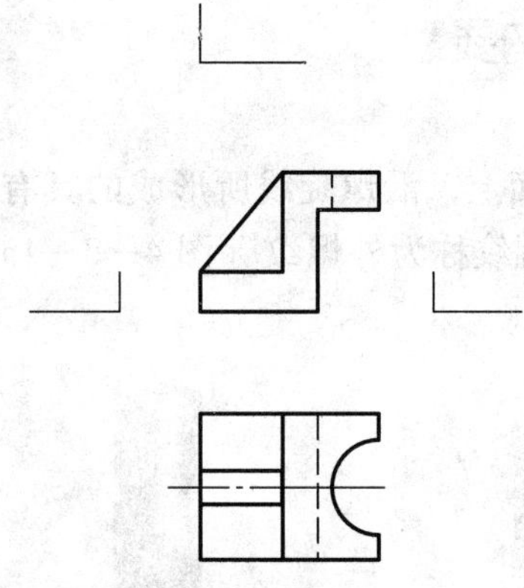

图 4—2—27　课后练习 1

6. 如图 4—2—28 所示，在指定的位置画出断面图。

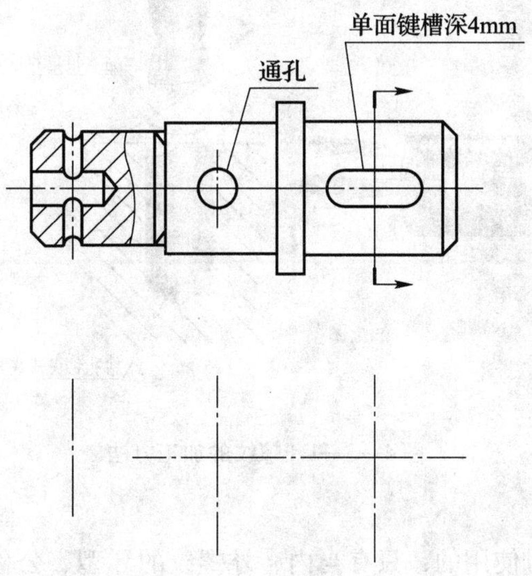

图 4—2—28　课后练习 2

第三节　常用零件的规定画法及代号

学习目标

1. 了解螺纹的用途。
2. 熟悉螺纹的结构要素。
3. 掌握螺纹的画法规定。
4. 能够正确识读螺纹的图样标注。

一、螺纹的形成和结构要素

1. 螺纹的形成

螺纹是在圆柱或圆锥的表面上，沿螺旋线所形成的具有规定牙型的连续凸起和沟槽。在圆柱或圆锥外表面上形成的螺纹称为外螺纹（图 4—3—1a），在内表面上形成的螺纹称为内螺纹（图 4—3—1b）。

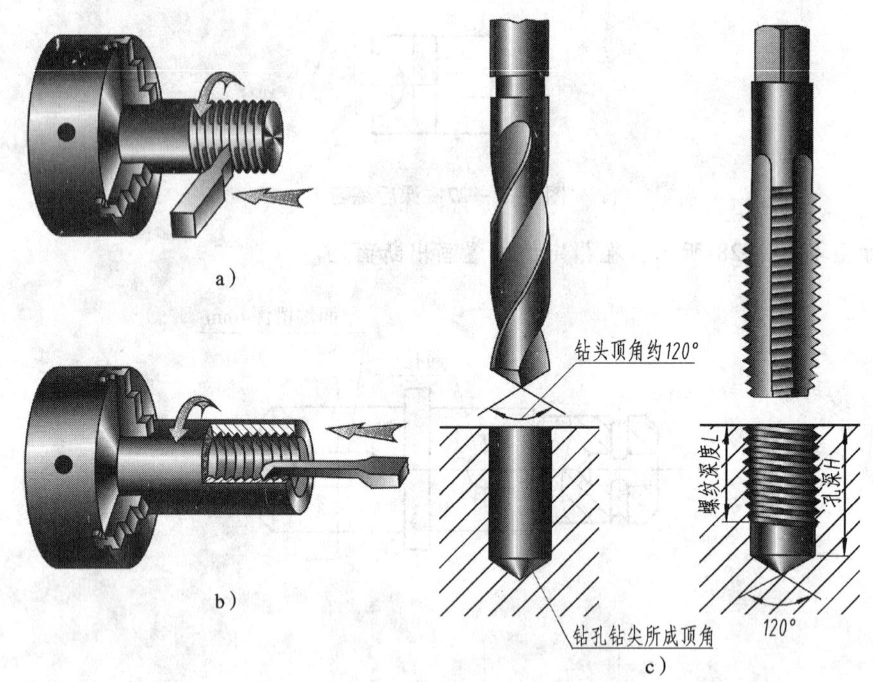

图 4—3—1　螺纹的加工方法

2. 螺纹的结构要素

内、外螺纹总是成对使用的，只有当内、外螺纹的牙型、公称直径、螺距、线数和旋向五个要素完全一致时，才能正常地旋合。

（1）牙型

通过螺纹轴线断面上的螺纹轮廓形状称为螺纹牙型。常见的螺纹牙型有三角形、梯形、锯齿形和矩形。其中，矩形螺纹尚未标准化，其余牙型的螺纹均为标准螺纹。

（2）直径

螺纹的直径有大径、小径和中径（图 4—3—2）。

大径是指与外螺纹牙顶或内螺纹牙底相切的假想圆柱或圆锥的直径（即螺纹的最大直径），内、外螺纹的大径分别用 D 和 d 表示，是螺纹的公称直径。

小径是指与外螺纹牙底或内螺纹牙顶相切的假想圆柱或圆锥的直径。内、外螺纹的小径分别用 D_1 和 d_1 表示。

中径是指母线通过牙型上沟槽和凸起宽度相等处的假想圆柱或圆锥的直径。内、外螺纹的中径分别用 D_2 和 d_2 表示。

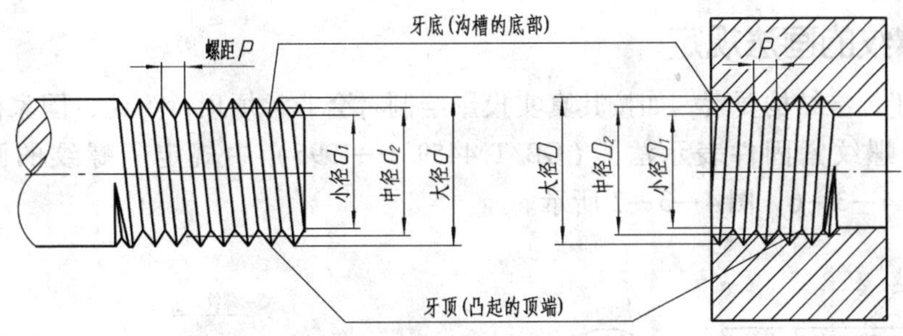

图4—3—2　螺纹各部分名称

(3）线数

螺纹有单线和多线之分。沿一条螺旋线形成的螺纹为单线螺纹；沿两条或两条以上螺旋线形成的螺纹为双线或多线螺纹。

(4）螺距和导程

螺纹上相邻两牙在中径线上对应两点间的轴向距离称为螺距（P）；沿同一条螺旋线形成的螺纹，相邻两牙在中径线上对应两点间的轴向距离称为导程（P_h），如图4—3—3所示。对于单线螺纹，导程等于螺距；对于线数为n的多线螺纹，导程等于螺距的n倍。

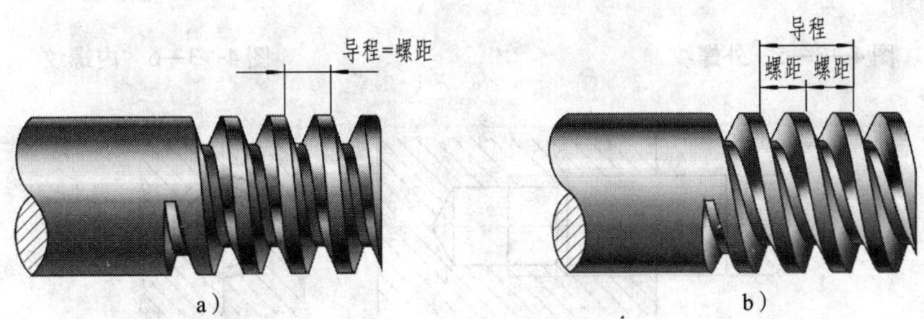

图4—3—3　螺纹导程和螺距

a）单线螺纹　b）双线螺纹

(5）旋向

螺纹有右旋和左旋两种，判别方法如图4—3—4所示。工程上常用右旋螺纹。

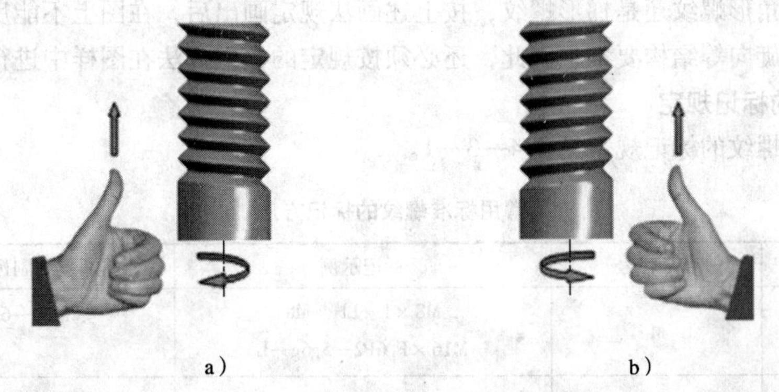

图4—3—4　螺纹的旋向

a）左旋　b）右旋

二、螺纹的画法规定

螺纹属于标准结构要素，如按其真实投影绘制将会非常烦琐，为此，国家标准《机械制图 螺纹及螺纹紧固件表示法》（GB/T 4459. 1—1995）中规定了螺纹的画法，如图4—3—5、图4—3—6、图4—3—7所示。

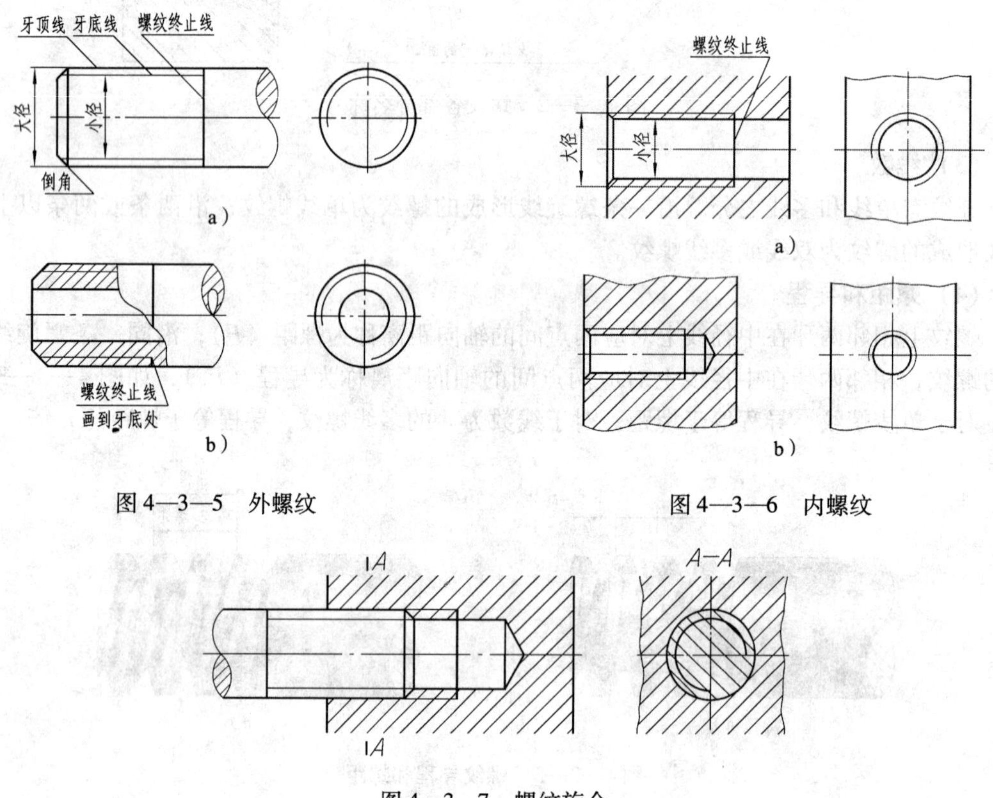

图4—3—5　外螺纹

图4—3—6　内螺纹

图4—3—7　螺纹旋合

三、螺纹的图样标注

无论是三角形螺纹还是梯形螺纹，按上述画法规定画出后，在图上不能反映它的牙型、螺距、线数和旋向等结构要素，因此，还必须按规定的标记方法在图样中进行标注。

1. 螺纹的标记规定

常用标准螺纹的标记规定见表4—3—1。

表4—3—1　常用标准螺纹的标记方法

螺纹类别	特征代号	标记示例	螺纹副标记示例
普通螺纹	M	M8×1—LH　M8 M16×P_h6P2—5g6g—L	M20—6H/5g6g
小螺纹	S	S0. 8 4H5 S1. 2LH 5h3	S0. 9 4H5/5h3

续表

<table>
<tr><th colspan="2">螺纹类别</th><th>特征代号</th><th>标记示例</th><th>螺纹副标记示例</th></tr>
<tr><td colspan="2">梯形螺纹</td><td>Tr</td><td>Tr40×7—7H
Tr40×14（P7）LH—7e</td><td>Tr36×6—7H/7e</td></tr>
<tr><td colspan="2">锯齿形螺纹</td><td>B</td><td>B40×7—7a
B40×14（P7）LH—8c—L</td><td>B40×7—7A/7c</td></tr>
<tr><td colspan="2">55°非密封管螺纹</td><td>G</td><td>$G1\frac{1}{2}A$
$G\frac{1}{2}$—LH</td><td>$G1\frac{1}{2}A$</td></tr>
<tr><td rowspan="4">55°密封管螺纹</td><td>圆锥外螺纹</td><td>R_1</td><td>$R_1 3$</td><td rowspan="2">$R_p\ R_1 3$</td></tr>
<tr><td>圆柱内螺纹</td><td>R_p</td><td>$R_p\frac{1}{2}$</td></tr>
<tr><td>圆锥外螺纹</td><td>R_2</td><td>$R_2\frac{3}{4}$</td><td rowspan="2">$R_c/R_2 3/4$</td></tr>
<tr><td>圆锥内螺纹</td><td>R_c</td><td>$R_c1\frac{1}{2}$—LH</td></tr>
</table>

由表可见，标准规定的各螺纹的标记方法不尽相同。现仅介绍应用最广泛的普通螺纹的标记规定。

根据国家标准《普通螺纹　公差》（GB/T 197—2003）规定，普通螺纹的完整标记由螺纹特征代号、尺寸代号、公差带代号、旋合长度代号和旋向代号组成。现以一多线的左旋普通螺纹为例，说明其标记中各部分代号的含义及注写规定。

普通螺纹标记示例：

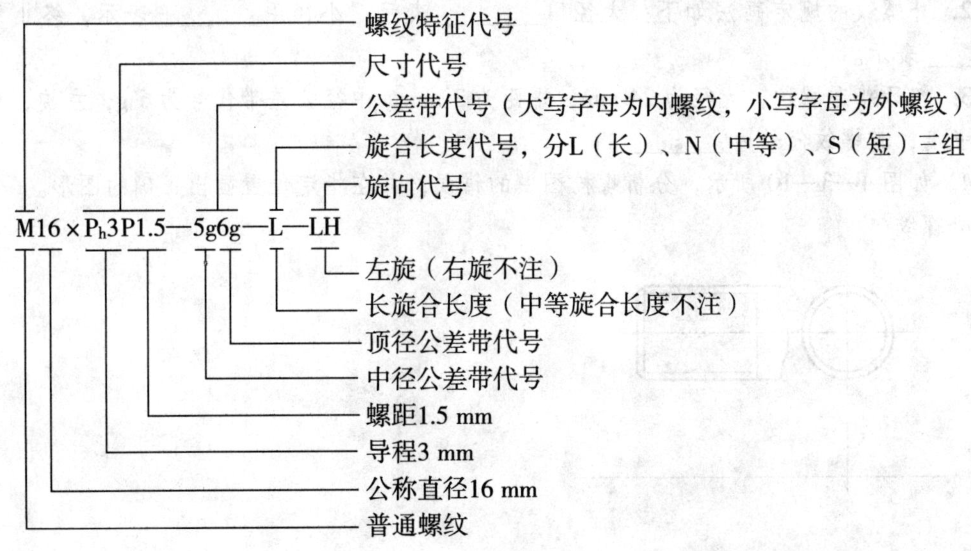

2. 螺纹标记的图样标注

标准螺纹的上述标记，在图样上进行标注时必须遵循 GB/T 4459. 1—1995 的规定。

(1) 公称直径以毫米（mm）为单位的螺纹，其标记应直接注在大径的尺寸线上（图 4—3—8a、b）或其引出线上（图 4—3—8c）。

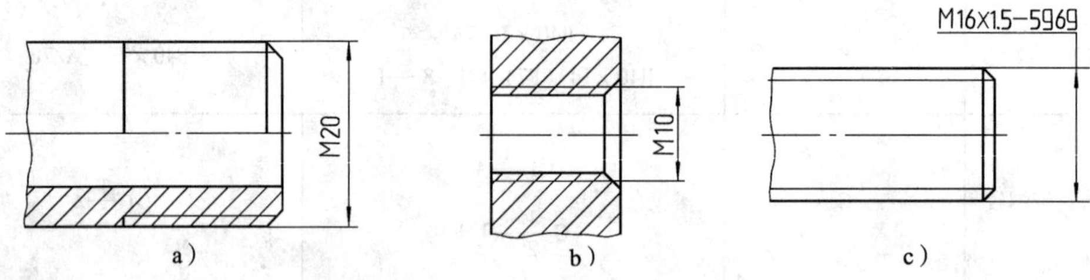

图 4—3—8　螺纹标记的图样标注（一）

(2) 管螺纹的标记一律注在引出线上，引出线应由大径处引出（图 4—3—9），或由对称中心处引出。

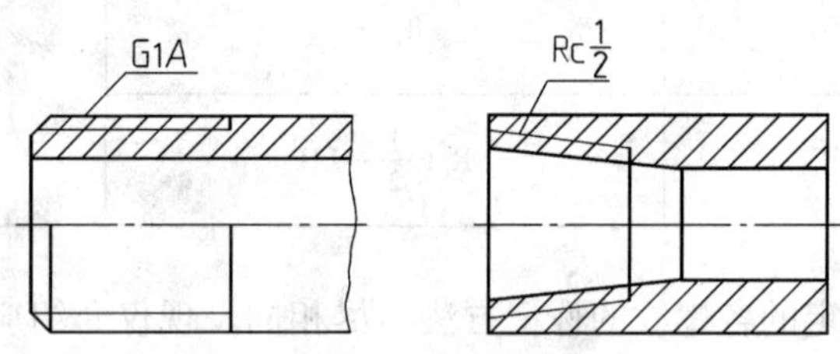

图 4—3—9　螺纹标记的图样标注（二）

课后练习

1. 螺纹的五要素是________、________、________、________、________。

2. 外螺纹的规定画法如下：大径用________表示，小径用________表示，终止线用________表示。

3. 粗牙普通螺纹，大径为 24 mm，螺距为 3 mm，中径公差带代号为 6 g，左旋，中等旋合长度，其螺纹代号为________。

4. 如图 4—3—10 所示，分析螺栓图中的错误，并在指定位置画出正确的图形。

外螺纹

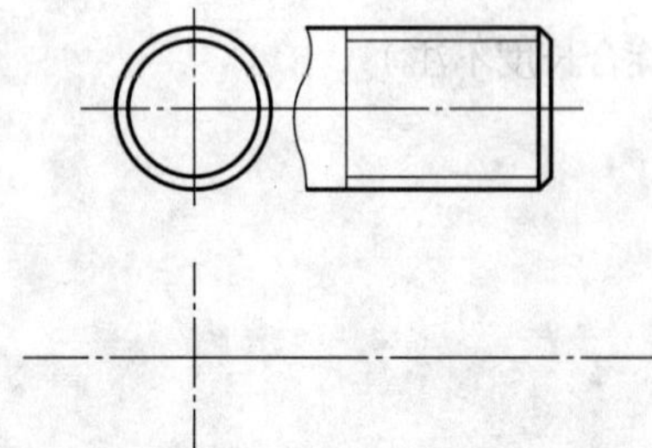

螺纹旋合

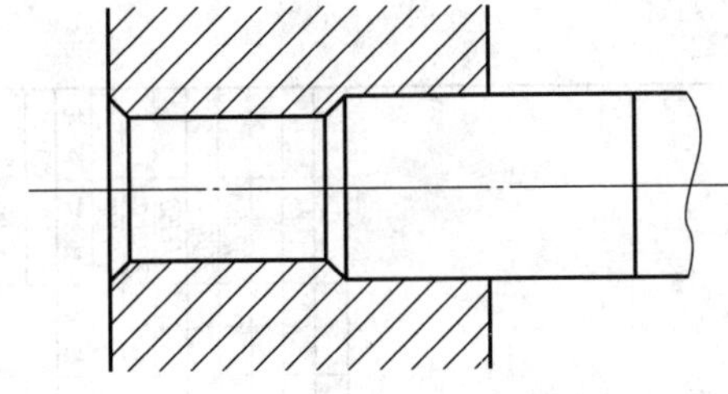

图 4—3—10 课后练习

第四节 简单装配图的识读

学习目标

1. 熟悉装配图的内容和画法规定。
2. 了解读装配图的方法与步骤。
3. 能读懂中等复杂程度的装配图，明确各零件之间的装配关系、连接方式。

一、装配图的内容和画法

1. 装配图的内容

从图 4—4—1 所示滑动轴承装配图可以看出，一张完整的装配图包括以下几项基本内容。

（1）一组图形

装配图中的一组图形用来表达机器（或部件）的工作原理、装配关系和结构特点。前面所述机件的表达方法可以用来表达装配图，但由于装配图表达重点不同，还需要一些规定的表示法和特殊的表示法。

（2）必要的尺寸

装配图上应标注出反映机器（或部件）的规格（性能）、安装尺寸，零件之间的装配尺寸及外形尺寸等。

（3）技术要求

用文字或符号注写机器（或部件）的质量、装配、检验、使用等方面的要求。

（4）标题栏、零件序号和明细栏

根据生产组织和管理的需要，在装配图上对每个零件编注序号，并填写明细栏。在标题栏中写明装配体名称、图号、绘图比例及有关人员的责任签字等。

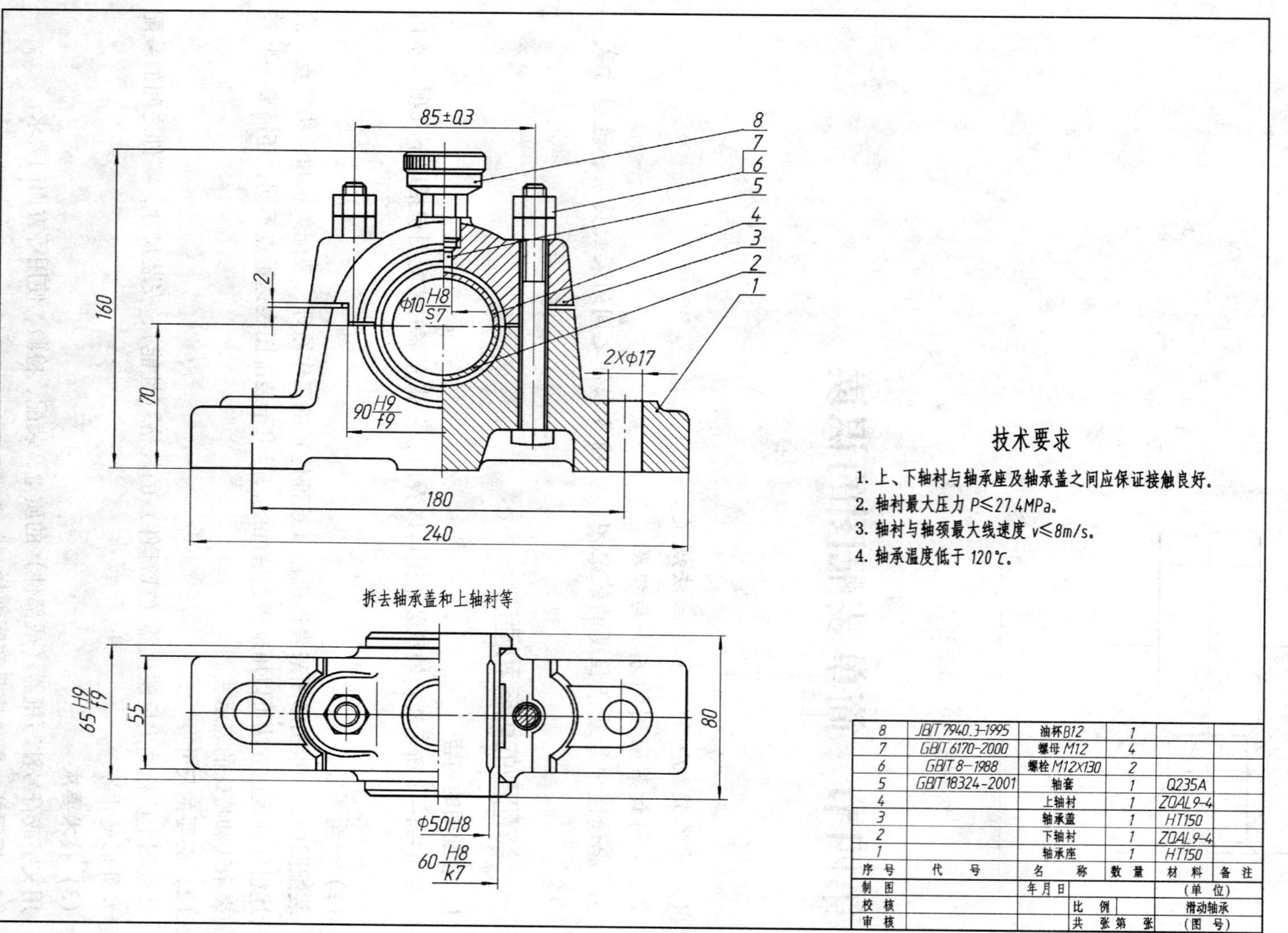

图 4—4—1 滑动轴承装配图

2. 装配图画法规定

根据国家标准，并综合前面章节中的有关表述，装配图画法有以下几条规定（图4—4—2）。

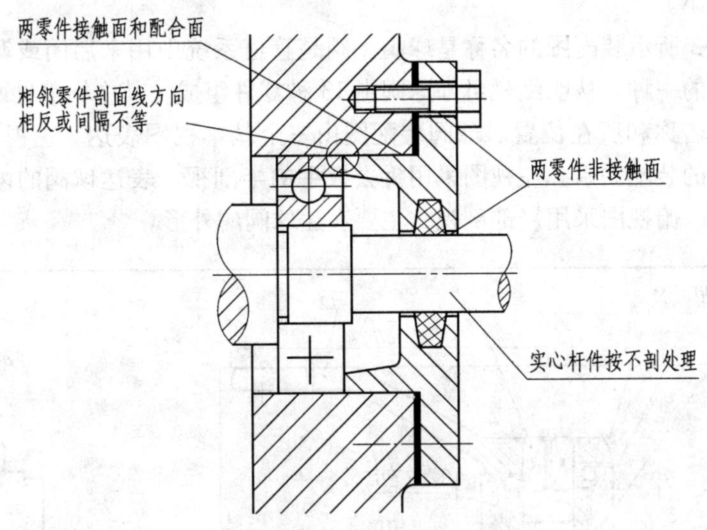

图 4—4—2　装配图的规定画法

(1) 实心零件画法

在装配图中，对于紧固件以及轴、键、销等实心零件，若按纵向剖切，且剖切平面通过其对称平面或轴线时，这些零件均按不剖绘制，如轴、螺钉等。

(2) 相邻零件的轮廓线画法

两个零件的接触表面（或基本尺寸相同的配合面）只用一条共有的轮廓线表示；非接触面画两条轮廓线。

(3) 相邻零件的剖面线画法

在剖视图中，相接触两零件的剖面线方向应相反或间隔不等。三个或三个以上零件相接触时，除其中两个零件的剖面线倾斜方向不同外，第三个零件应采用不同的剖面线间隔或者与同方向的剖面线位置错开。必须注意，在各视图中，同一零件的剖面线方向与间隔必须一致。

二、读装配图的方法与步骤

在机械行业中，组装、检验、使用和维修机器，或进行技术交流、技术革新，都会用到装配图。因此，必须具备识读装配图的能力。

读装配图的要求如下：

第一，了解装配体的名称、用途、性能、结构和工作原理。

第二，读懂各主要零件的结构、形状及其在装配体中的功用。

第三，明确各零件之间的装配关系、连接方式，了解装拆的先后顺序。下面以图 4—4—3 所示球阀装配图为例来说明识读装配图的方法与步骤。

1. 概括了解

从标题栏中了解装配体的名称和用途。从明细栏和序号可知零件的数量和种类，从而略知其大致的组成情况及复杂程度。从视图的配置、标注的尺寸和技术要求可知该装配体的结构特点和大小。

如图 4—4—3 所示装配图的名称是球阀。阀是管道系统中用来启闭或调节流体流量的部件，球阀是阀的一种。从明细栏可知球阀由 13 种零件组成，其中标准件两种。按序号依次查明各零件的名称和所在位置。球阀装配图由三个基本视图表达。主视图采用全剖视，表达各零件之间的装配关系。左视图采用拆去扳手的半剖视，表达球阀的内部结构及阀盖方形凸缘的外形。俯视图采用局部剖视，主要表达球阀的外形。

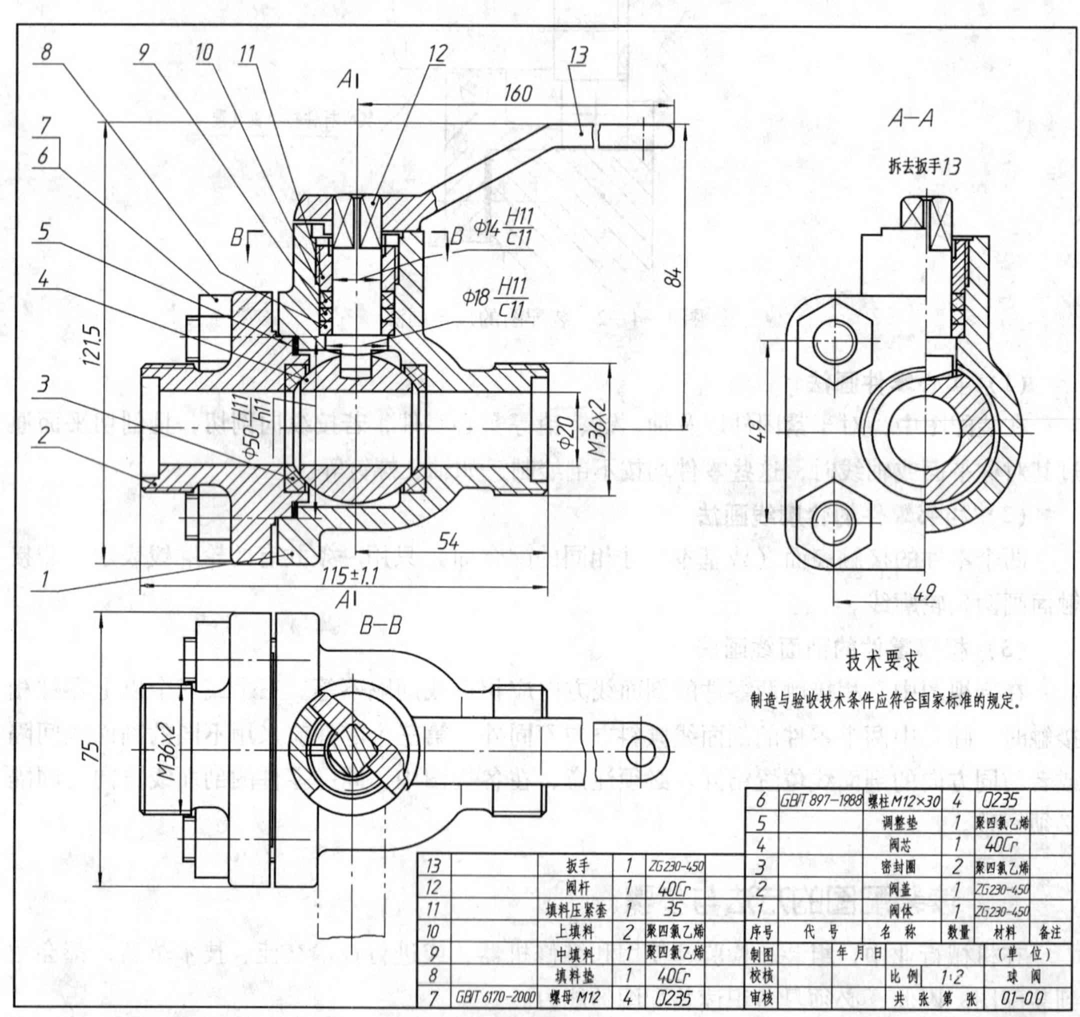

图 4—4—3 球阀装配图

2. 了解装配关系和工作原理

分析部件中各零件之间的装配关系，并读懂部件的工作原理，是读装配图的重要环节。球阀的工作原理比较简单，装配图所示阀芯的位置为阀门全部开启，管道畅通。当扳手按顺时针方向旋转 90°时（图中细双点画线为扳手转动的极限位置），阀门全部关闭，管道断流。所以，阀芯是球阀的关键零件。下面针对阀芯与有关零件之间的包容关系和密封关系做进一步分析。

（1）包容关系

阀体 1 和阀盖 2 都带有方形凸缘，它们之间用四个双头螺柱 6 和螺母 7 连接，阀芯 4 通过两个密封圈定位于阀体空腔内，并用合适的调整垫 5 调节阀芯与密封圈之间的松紧程度。通过填料压紧套 11 与阀体内的螺纹旋合将零件 8、9、10 固定于阀体中。

（2）密封关系

两个密封圈 3 和调整垫 5 形成第一道密封。阀体与阀杆之间的填料垫 8 及中填料 9、上填料 10 用填料压紧套 11 压紧，形成第二道密封。

3. 分析零件，读懂零件结构及形状

利用装配图特有的表达方法和投影关系，将零件的投影从重叠的视图中分离出来，从而读懂零件的基本结构、形状和作用。

如球阀的阀芯，从装配图的主、左视图中根据相同的剖面线方向和间隔，将阀芯的投影轮廓分离出来，结合球阀的工作原理以及阀芯与阀杆的装配关系，从而完整想象出阀芯是一个左、右两边截成平面的球体，中间是通孔，上部是圆弧形凹槽，如图 4—4—4 所示。

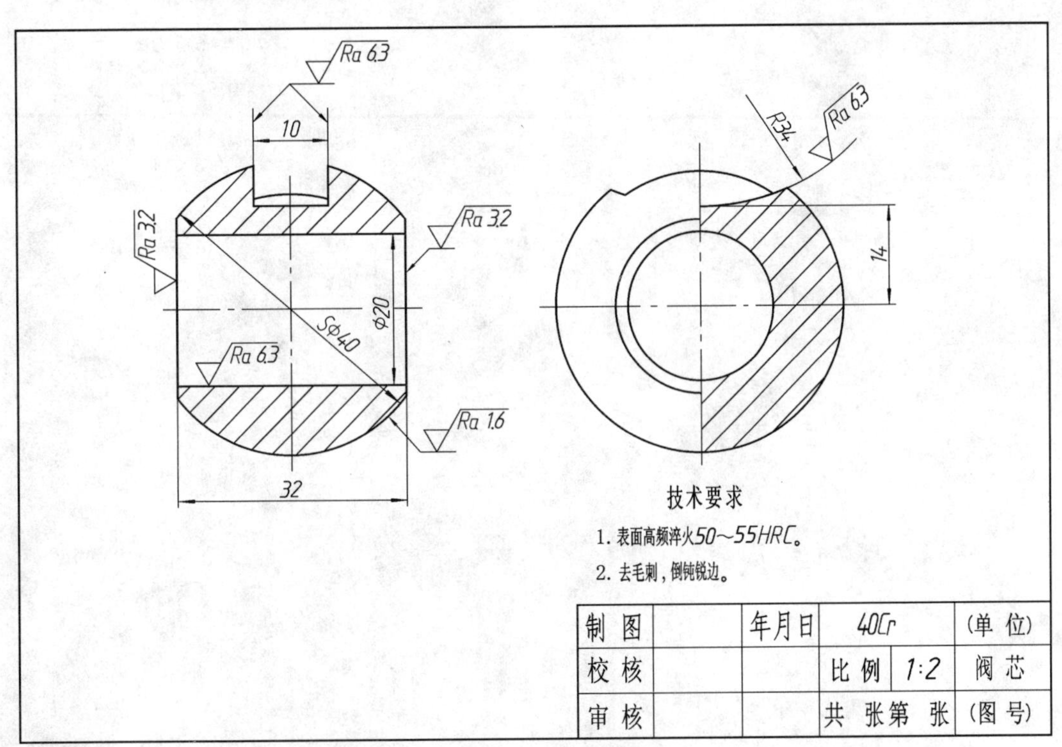

图 4—4—4　球阀阀芯零件图

4. 分析尺寸，了解技术要求

装配图中标注必要的尺寸，包括规格（性能）尺寸、装配尺寸、安装尺寸和总体尺寸。其中装配尺寸与技术要求有密切关系，应仔细分析。

例如，球阀装配图中标注的装配尺寸有三处：ϕ50H11/h11 是阀体与阀盖的配合尺寸；ϕ14H11/c11 是阀杆与填料压紧套的配合尺寸；ϕ18H11/c11 是阀杆下部凸缘与阀体的配合尺寸。为了便于拆装，三处均采用基孔制间隙配合。此外，技术要求还包括部件在装配过程中或装配后必须达到的技术指标（如装配的工艺和精度要求），以及对部件的工作性能、调试与实验方法、外观等的要求。

课后练习

读图 4—4—3 完成下列问题：

（1）本装配图名称为________，比例为________，共用________个图形表达，主视图采用________剖，左视图采用________剖。

（2）图 4—4—3 共由________个零件组成，标准零件共有________种。

（3）ϕ50H11/h11 表示件________与件________之间的配合，是________制________配合，H 表示________，11 表示________；ϕ14H11/c11 表示件________与件________之间的配合，是________制________配合；ϕ18H11/c11 表示件________与件________之间的配合，是________制________配合。

第五章 工程材料及金属热处理

纵观人类的文明史，从某种意义上说就是一部人类认识材料和使用材料的发展史。其中，金属材料更是现代工业、农业、国防及科学技术等领域中使用最广泛的材料。

第一节　金属材料的性能和铁碳合金

学习目标

1. 能识别金属材料的五大力学性能指标——强度、硬度、塑性、韧性、疲劳强度。

2. 能分辨各类碳素钢的牌号，了解各类碳素钢的特性和用途。

3. 了解常见合金钢和铸铁的分类及特性。

金属材料广泛地应用于制造生产资料和生活用品，金属材料品种繁多，工程上常用的金属材料有钢铁、有色金属及其合金等。各种材料成分不同，性能各异，它们具有加工过程和使用过程所需的各种性能。热处理是一种重要的工艺操作，它借助于一定的热作用，人为地改变金属或合金内部组织和结构，改善或提高金属材料的力学性能。

一、金属材料的性能

金属材料的性能包含使用性能和加工性能两个方面。它们的含义及分类见表5—1—1。金属材料的力学性能包含强度、塑性、硬度、冲击韧性、疲劳强度等。

表5—1—1　　金属材料使用性能和加工性能的含义及分类

性能	含义	分类	指标
使用性能	金属材料在使用条件下所表现出来的性能	物理性能	密度、熔点、导热性、导电性、热膨胀性、磁性等
		化学性能	耐腐蚀性、抗氧化性、化学稳定性等
		力学性能	强度、塑性、硬度、冲击韧性、疲劳强度等

续表

性能	含义	分类	指标
加工性能	金属材料是否易于加工成形的性能	铸造性能	流动性、收缩性等
		锻造性能	锻造性
		焊接性能	焊接性
		切削加工性能	切削后工件表面粗糙度、刀具寿命
		热处理性能	淬透性、淬硬性等

1. 强度

材料在静载荷作用下抵抗塑性变形或断裂的能力称为强度。

一段金属材料，对它施加各种外力，其变形情况如图 5—1—1 所示。从图中可以看出它们出现了拉伸、压缩、弯曲、剪切、扭曲等变形。

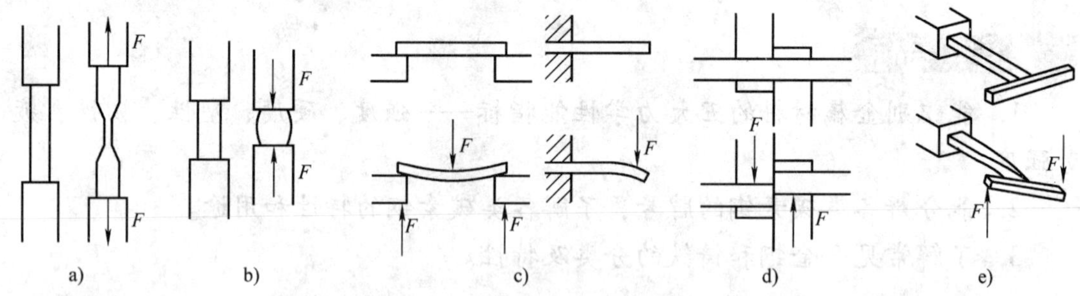

图 5—1—1 载荷的作用形式

a）拉伸载荷 b）压缩载荷 c）弯曲载荷 d）剪切载荷 e）扭转载荷

根据载荷作用方式不同，强度可分为抗拉强度、抗压强度、抗弯强度、抗剪强度和抗扭强度五种。一般情况下以抗拉强度作为判别金属材料强度高低的指标。

2. 塑性

有些材料，如铝、铜等，在被拉断之前可以被拉得很长，因而可以做成细丝，压成薄板；又有些材料，如铸铁等，直到拉断也几乎不变形。金属材料产生永久变形而不断裂的能力称为塑性。

塑性的性能指标有断后伸长率和断面收缩率。

3. 硬度

常说铁很硬，铝很软，这就是两者存在硬度上的差异。把材料抵抗局部变形特别是塑性变形、压痕或划痕的能力称为硬度。在制造刀具、量具、模具时，金属材料应具有足够的硬度，才能保证使用性能和使用寿命。硬度是金属材料重要的力学性能之一。

硬度试验与拉伸试验相比，简单易行，而且硬度值又可以间接反映出强度和热处理工艺上的差异，因而硬度试验应用十分广泛。硬度常见的有布氏硬度和洛氏硬度。

(1) 布氏硬度

1）布氏硬度测试原理。生活中一般是用力按压物体，感受物体在手的压力下变形的程度来估计硬度大小。布氏硬度就是根据这一原理，使用一定直径的硬质合金球，以规定的试验压力压入试样表面，并保持压力一定时间，然后通过测量表面压痕直径来计算硬度，如图 5—1—2 所示。

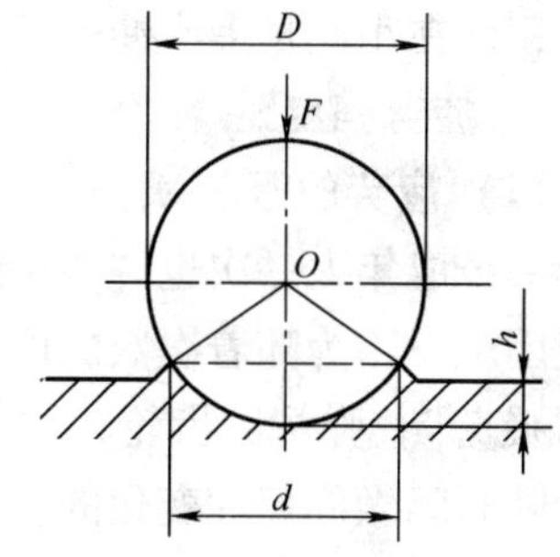

图 5—1—2　布氏硬度试验原理

2）布氏硬度表示方法。符号 HBW 之前的数字为硬度值。例如，250HBW 即表示用硬质合金球做压头时测得的布氏硬度值为 250。

在进行高硬度材料试验时，由于球体本身的变形会使测量结果不准确。因此，用硬质合金球做压头时，材料硬度值必须小于等于 650。

3）应用范围特点。布氏硬度主要适用于测定灰铸铁、有色金属、各种软钢等硬度不是很高的材料。

布氏硬度能较准确地反映出金属材料的平均性能。另外，由于布氏硬度与其他力学性能（如抗拉强度）之间存在着一定的近似关系，因而在工程上得到广泛应用。但这种方法不适用于高硬度材料，也不宜用于测量成品及薄件。

（2）洛氏硬度

1）洛氏硬度测试原理。洛氏硬度测试原理是采用金刚石圆锥体或淬火钢球压头压入金属表面后，经规定保持时间后卸除主试验力，以测量的压痕深度来计算洛氏硬度值。

2）洛氏硬度表示方法。洛氏硬度符号为 HR，为了用一台硬度计测定从软到硬不同金属材料的硬度，可采用不同的压头和总试验力组成几种不同的洛氏硬度标尺。常用的硬度标尺是 A、B、C 三种，也就是说有 HRA、HRB、HRC 三种洛氏硬度，在它前面用数值表示硬度值。

例如，62HRC 就表示用 C 标尺测定的洛氏硬度值为 62。

3）洛氏硬度测试的优缺点。洛氏硬度测试的优点是操作简单、迅速，能直接从刻度盘上读出硬度值，且压痕小，可以测定成品及较薄的工件；测试的硬度值范围大，可测试很软到很硬的金属材料。其缺点是压痕较小，单个测量值代表性差。通常需要在不同的部位测试数次，取平均值来代表金属材料的硬度。

4. 冲击韧性

很多零件在工作中往往承受的不是单纯的静载荷，如活塞销、锤杆、冲模等，它们受到的是冲击载荷，这一类材料在设计应用中必须考虑材料抵抗冲击载荷的能力。金属材料抵抗冲击载荷作用而不破坏的能力称为冲击韧性。冲击韧性越好，表示材料的抵抗冲击的能力越强。

机械零件其实很少是因一次大能量冲击而遭破坏的，绝大多数是在小能量多次冲击作用下而破坏的，如凿岩机风镐上的活塞、冲模的冲头等。它们的破坏是多次冲击损伤的积累，导致裂纹的产生与扩展的结果，不同于一次冲击的破坏过程。这样的零件一般用小能量多次冲击测试，即试样在小能量的冲头下多次冲击断裂，经受的冲击次数越多，表明金属的抗冲击能力越强。

实践证明，金属材料受大能量的冲击载荷作用时，其冲击抗力主要取决于冲击韧性的好坏，而在小能量多次冲击条件下，其冲击抗力主要取决于材料的强度和塑性。

5. 疲劳强度

（1）疲劳的概念

一个成年人一次也许能举起 30 kg 的重物，可是如果请他举 5 kg 的物体 300 次，可能就很困难，因为随着次数的增加，他会因为极度疲劳而再也无法举起重物来。机械零件也会“疲劳”，弹簧、齿轮、轴承等零件在工作过程中各点的应力随时间做周期性的变化，这种随时间做周期性变化的应力被称为交变应力。在交变应力作用下，虽然零件承受的应力低于材料的屈服强度，但经过较长时间的工作后产生裂纹或突然发生完全断裂的现象称为金属的疲劳。据统计，机械零件大约 80% 以上失效的原因属于疲劳破坏。

（2）疲劳破坏的特征

疲劳破坏通常具有以下共同特点：

1）疲劳断裂时并没有明显的宏观塑性变形，断裂前没有预兆，而是突然的。

2）引起疲劳断裂的应力很低，常常低于材料的屈服强度。

3）疲劳破坏的宏观断口由两部分组成，即光滑部分（疲劳裂纹的策源地及扩展区）和粗糙部分（最后的断裂区）。

机械零件之所以产生疲劳断裂，是由于材料表面或内部有缺陷，如夹杂、划痕、微裂纹等，这些地方局部应力大于屈服强度，从而产生开裂，这些微裂纹随应力循环次数增加而逐渐扩展，直到最后承载的截面减小到不能承受所加载荷而突然断裂。

（3）疲劳极限

金属材料试样如果受到很小的交变载荷，那么它可以承受无数周期循环而不破坏，当交变载荷达到一定的程度后，会随着应力的增加而能承受的循环次数逐渐变少。

金属材料在无限次交变应力作用下而不破坏的最大应力称为疲劳极限，用符号 R_{-1} 表示。一般钢铁采用 10^7 循环次数而不断裂的最大应力来确定其疲劳极限，单位是 MPa，疲劳极限的数值越大，材料抵抗疲劳破坏的能力越强。

改善零件的结构形式、降低零件表面粗糙度值及采取各种表面强化的方法都能提高零件的疲劳极限。

二、碳素钢

钢材并不是只有单一的型号，造房子和造汽车所用的钢材是有一定区别的。因此，在工业加工中弄清钢材的分类和牌号有极大的用处。

1. 钢中常存元素及其影响

含碳量大于 0.028%、小于 2.11% 且不含有特意加入合金元素的铁碳合金称为碳素钢，简称碳钢。

纯金属是指只含一种元素的金属材料，如铁、铜、铝等。

合金是指一种金属元素与其他金属元素或非金属元素通过熔炼或其他方法结合而成的具有金属特性的材料。如普通黄铜是由铜和锌两种金属元素组成的合金。

碳素钢中除铁和碳两种元素外，还含有少量的硅、锰、硫、磷等元素，这些元素有的是从炉料中带来的，有的是在冶炼过程中不可避免地带入的，它们的存在对钢的性能会产生较大的影响。

(1) 硅

硅是炼钢后期以硅铁作为脱氧剂进行脱氧反应后残留在钢中的元素，可提高钢的强度和硬度，所以硅是钢中的有益元素。由于其含量小，故其强化作用不大。钢中的硅在碳素镇静钢中一般控制在0.17%～0.37%之间。

(2) 锰

锰主要来自炼钢时使用的脱氧剂。锰可使钢的强度和硬度提高。此外，锰能与硫形成MnS，从而减轻硫对钢的危害，所以锰也是钢中的有益元素。钢中锰的含量一般为0.25%～0.80%。

(3) 硫

硫主要是由生铁带入钢中的有害元素，它在钢中与铁生成化合物FeS。其熔点较低，当钢材加热到1 000～1 200℃进行轧制或锻造时，容易导致钢材开裂，这种现象称为热脆。因此，钢的含硫量不得超过0.05%。钢中加入锰，可消除硫的有害影响，在钢材轧制时不熔化，故能有效地避免钢的热脆性。因此，钢中锰、硫含量常有定比。

(4) 磷

磷也是由生铁带入的有害元素，部分磷会形成脆性很大的化合物（Fe_3P），使钢在室温下的塑性和韧性急剧下降，这种现象称为冷脆。一般钢中含磷量达到0.10%时，冷脆性就很严重了。

钢中硫和磷是有害元素，应严格控制它们的含量，一般钢中含磷量限制在0.04%以下。

2. 碳素钢的分类

(1) 按钢的含碳量分类

由于碳元素在钢中起着重要作用，所以按钢的含碳量可分为：

1）低碳钢：$w_C \leqslant 0.25\%$。

2）中碳钢：$0.25\% < w_C < 0.60\%$。

3）高碳钢：$w_C \geqslant 0.60\%$。

(2) 按钢的含杂质多少分类

由于钢中存有一些硫、磷元素对钢的性能影响较大，所以按钢中这些杂质的含量可分为普通钢、优质钢和高级优质钢。它们的硫和磷含量依次降低。

(3) 按钢的用途分类

按钢的用途不同可分为普通碳素结构钢、优质碳素结构钢和工具钢。

3. 碳素钢的牌号及用途

(1) 碳素结构钢的表示方法

普通碳素结构钢的杂质较多，但由于冶炼容易，工艺性好，价格低廉，在性能上也能满足一般工程结构及普通零件的要求，因而应用普遍。碳素结构钢通常轧制成钢板和各种型材，如圆钢、方钢、角钢、工字钢、钢筋等，用于厂房、桥梁等建筑结构或一些受力不大的机械零件，如螺钉、螺母等。

碳素结构钢的牌号由字母“Q”、屈服强度数值、质量等级符号、脱氧方法符号四部分组成。

最前面的字母“Q”是屈服强度的“屈”字汉语拼音第一个字母。它是屈服强度的含义，后面是屈服强度的数值。质量等级符号用字母 A、B、C、D 表示，其中 A 级的硫、磷含量最高，B、C、D 级则依次降低。脱氧方法符号用 F、B、Z、TZ 表示，F 是沸腾钢，B 是半镇静钢，Z 是镇静钢，TZ 是特殊镇静钢。Z 和 TZ 可以省略。

例如，Q195A F 表示屈服强度为 195 MPa 的 A 级沸腾钢；Q235B 表示屈服强度为 235 MPa 的 B 级半镇静钢。

(2) 优质碳素结构钢

优质碳素结构钢中所含的硫、磷及非金属杂物量较少，常用来制造较重要的机械零件。使用前一般都要经过热处理来改善力学性能。

优质碳素结构钢的牌号用该钢平均含碳量的万分数来表示，如果钢中的含锰量较高（$w_{Mn}=0.7\%\sim1.2\%$），要在牌号后面标出元素符号“Mn”。

例如，45 表示含碳量为 0.45% 的优质碳素结构钢，65Mn 表示含碳量为 0.65% 的高锰优质碳素结构钢。

优质碳素结构钢有低、中、高碳钢之分。它们的牌号范围及特点、应用见表 5—1—2。

表 5—1—2　优质碳素结构钢的牌号范围及特点、应用

牌号范围	分类	特点	应用
08 ~ 25	低碳钢	强度、硬度高，塑性、韧性及焊接性良好	主要用于制作冲压件、焊接结构件及强度要求不高的机械零件和渗碳件，如小轴、销子、法兰盘、螺钉、垫圈及深冲器件等
30 ~ 55	中碳钢	具有较高的强度和硬度，其塑性和韧性随含碳量的增加而逐步降低，它们的切削性能很好，常用调质处理，能够获得较好的综合力学性能	主要用来制作受力较大的机械零件，如连杆、曲轴、齿轮等，在切削加工时中碳钢最常见
60 以上	高碳钢	由于含碳量高，所以往往具有较高的强度、硬度和弹性，但切削性能要稍差些，而且焊接性不好，冷变形塑性差	主要用来制造具有较高强度、耐磨性和弹性的零件，如各种弹簧和耐磨零件等

(3) 碳素工具钢

碳素工具钢是用于制造刀具、模具和量具的钢。由于大多数工具都要求高硬度和高耐磨性，故碳素工具钢的含碳量均在 0.70% 以上，都是优质钢或高级优质钢。

碳素工具钢的牌号以汉字“碳”的汉语拼音字母“T”及后面含碳量的千分数表示。

例如，T8 表示的是平均含碳量为 0.80% 的碳素工具钢。

若是高级优质碳素工具钢，在钢的牌号后面标注一字母“A”，如 T12A 表示平均含碳量为 1.2% 的高级优质碳素工具钢。

三、合金钢及铸铁

1. 合金钢

(1) 合金钢的性能特点

碳钢价格较低，便于获得，容易加工，碳钢通过含碳量的增减和不同的热处理，它的性能可以得到改善，能满足很多生产上的要求，但是碳钢淬透性低，回火抗力差，力学性能还不够高，在高温下强度和硬度急剧降低，容易腐蚀和生锈等，使它的应用受到一定限制。因此，在很多要求较高的场合下常使用合金钢。常用的合金元素有铬、镍、钼、钨、钒、钴、硼、铝、钛及稀土等。

合金钢与碳素钢相比具有以下特点：

1）合金钢具有更高的力学性能。例如，用作结构材料的中碳钢，在保持一定的塑性、韧性条件下，其抗拉强度不超过 1 000 MPa，而某些合金钢却可以达到 1 800 MPa。

2）合金钢具有更高的淬透性。工件淬火时如果不能完全淬透，在淬火、回火后的力学性能就会降低，尤其是韧性降低更为显著。合金钢与碳素钢相比，在相同的冷却介质中冷却，其淬透的深度要大得多，淬火、回火后的力学性能也要好，故合金钢适用于制造大截面的零件。

3）合金钢具有较高的热硬性。碳素钢在 250℃以上工作时硬度很快下降，不能保持高的耐磨性和好的切削加工性能。而高速钢在 600℃还能保持 60 HRC 以上的硬度，仍能继续切削，因而适用于较高速度的切削。

4）某些合金钢的高温力学性能比碳素钢高。例如，45 钢在 550℃时抗拉强度不超过 300 MPa，而 30CrMnSi 在相同的温度下抗拉强度为 540 MPa。

5）某些合金钢具有特殊的物理、化学性能。例如，不锈钢能耐腐蚀，耐热钢能在高温下不起氧化皮。仪表工业中则需要特殊的磁性材料。

合金钢除了上述优点外，也有一些不足之处，如冶炼困难，价格较高，而且工艺性能不如碳素钢好。

(2) 合金钢的分类

合金钢最常用的分类方法是按用途分类和按合金元素总含量分类。

1）按用途不同，合金钢可分为合金结构钢、合金工具钢和特殊性能钢。合金结构钢是用于制造机械零件和工程结构的钢。合金工具钢是用于制造各种工具的钢。特殊性能钢是具有某种特殊物理、化学性能的钢，如不锈钢、耐热钢、耐磨钢等。

2）按合金元素总含量不同，合金钢可分为低合金钢、中合金钢和高合金钢。

低合金钢，合金元素总含量 $<5\%$。中合金钢，合金元素总含量为 $5\% \sim 10\%$。高合金钢，合金元素总含量 $>10\%$。

(3) 合金钢的牌号

我国合金钢牌号采用含碳量 + 合金元素的种类及含量 + 质量级别来编号。

1）合金结构钢。其采用两位数字（含碳量）+ 元素（或汉字）+ 数字表示，如 60Si2Mn。

前面两位数字为钢含碳量的万分数。元素符号（或汉字）表明钢中含有的主要合金元素，后面的数字表明该元素的含量。合金元素含量小于1.5%时不标。

60Si2Mn表示平均含碳量为0.6%，主要合金元素锰含量小于1.5%，平均含硅量为2%的合金结构钢。

40Cr表示平均含碳量为0.4%，主要合金元素铬含量小于1.5%的合金结构钢。

2）合金工具钢。其采用一位数字+元素符号+数字表示，如9SiCr。

合金工具钢的牌号与合金结构钢的区别在于含碳量的表示方法，它用一位数表示含碳量的千分数。当含碳量大于1.0%时则不标出（高速钢含碳量小于1.0%时也不标出）。

9SiCr表示含碳量为0.9%，主要合金元素为Si、Cr，含量均小于1.5%的合金工具钢。

Cr12MoV表示含碳量大于等于1.0%，主要合金元素铬含量为12%，钼和钒的含量均小于1.5%的合金工具钢。

3）特殊性能钢。其特殊性能钢的牌号与合金工具钢的表示方法相同，如不锈钢2Cr13，其含碳量为0.20%，含铬量为13%。

当含碳量小于0.03%时，含碳量用00表示，当含碳量为0.03%～0.10%时，含碳量用0表示，如0Cr18Ni9、00Cr30Mo2。

还有一些特殊专用钢，为表示钢的用途，在钢牌号前冠以汉语拼音字母字头，而不标示含碳量，合金元素的含量也用千分数表示。如滚动轴承钢前面标“G”，例如，GGr15表示含铬量为1.5%的滚动轴承钢。

2. 铸铁

钢的含碳量小于2.11%。如果是含碳量大于2.11%的铁碳合金，则不能称为钢，应该称为铸铁。实际生产中铸铁的含碳量一般在2.5%～4.0%之间，除了铁和碳外，铸铁中还含有一定量的硅及少量的锰、磷、硫等杂质，其含量比钢要高一些。铸铁制造方便，价格低廉，在机床和重型机械制造业中占到了总质量的60%～90%，应用十分广泛。

（1）铸铁的分类

铸铁的强度、塑性和韧性较差，不能进行锻造，但它却具有优良的铸造性、减摩性（减小摩擦）、消振性（降低振动）和切削加工性，并且它的生产设备和工艺简单，成本低。近年来，稀土镁球墨铸铁的发展更进一步打破了钢和铸铁的使用界限，不少过去使用碳素钢和合金钢制造的重要零件，如曲轴、连杆、齿轮等，如今大部分可以采用球墨铸铁来制造，“以铁代钢”及“以铁代锻”不仅可以节约大量的钢材，而且还大大减少了机械加工的工时，降低了产品的成本。

铸铁组织中含碳量较高，使得它的熔点低、流动性好，碳大部分以石墨状态存在，石墨有润滑作用，因而使铸铁有良好的减摩性和切削加工性。

常见的铸铁有以下几种：

1）白口铸铁。断口呈银白色，这类铸铁性能既硬又脆，难以进行切削加工，所以很少直接用来制造零件，主要用作炼钢的原料。

2）灰铸铁。断口呈暗灰色。石墨以片状存在于铸铁中，是工业生产中应用最广泛的一种铸铁。

3）可锻铸铁。石墨以团絮状存在于铸铁中，有较高的塑性和韧性。

4）球墨铸铁。石墨以球状存在于铸铁中，力学性能比普通灰铸铁高得多。

5）合金铸铁。按需要加入镍、铬、锰、铜等元素，以得到不同的用途。

（2）灰铸铁

1）灰铸铁的优点。灰铸铁的组织可看作“钢的基体”加上片状石墨的夹层。因为石墨的强度极低，故又可近似地把它看作一些“微裂缝”，从而可把灰铸铁看作“含有许多微裂纹的钢”。由于这些“微裂纹”的存在，不仅割断了基体的连续性，而且在其尖端处还会引起应力集中，所以灰铸铁的抗拉强度、塑性和韧性远不如钢。但“微裂纹”对抗压强度的影响不大。

灰铸铁中的石墨虽然降低了抗拉强度和塑性，但也给灰铸铁带来了一系列其他优越性能：

①优良的铸造性。石墨具有较高的流动性，且能减小冷却时的收缩率。

②良好的切削加工性。石墨具有割裂基体连续性的作用，在切削加工时切屑易脆断。

③优良的减摩性。石墨本身有润滑作用，而且从铸铁表面掉下来时所遗留的孔洞有存油能力。

④良好的消振性。石墨组织松软，能够吸收振动。

⑤较低的缺口敏感性。石墨片本身就相当于许多微缺口。

由于灰铸铁具有以上一系列优点，因而被广泛地用来制造各种承受压力和要求消振的床身、机架，结构复杂的箱体、壳体和经受摩擦的导轨、缸体。

2）灰铸铁的牌号。灰铸铁的牌号由“HT”＋数字表示。

“HT”就是“灰铁”的汉语拼音字母字头。数字表示最低抗拉强度。

例如，HT300 表示最低抗拉强度为 300 MPa 的灰铸铁。

灰铸铁的牌号和应用举例见表 5—1—3。

表 5—1—3　　灰铸铁的牌号和应用举例

牌号	最低抗拉强度 R_m（MPa）	铸铁级别	应用举例
HT100	100	低强度铸件	适用于负荷小，对摩擦、磨损无特殊要求的零件，如盖、油盘、支架、手轮等
HT150	150	中等强度铸件	适用于机床支柱、底座、刀架、齿轮箱、轴承座等承受中等负荷的零件
HT200	200	较高强度铸件	适用于机床床身、立柱、汽车缸体、联轴器、齿轮、飞轮等承受较大负荷的零件
HT250	250		
HT300	300	高强度、高耐磨性铸件	适用于齿轮、凸轮、曲轴、缸体、阀体、泵体等承受高负荷的重要零件

（3）可锻铸铁

1）可锻铸铁的性能。可锻铸铁俗称玛钢、马铁。它是白口铸铁通过石墨化退火，以获得团絮状石墨的铸铁。由于石墨呈团絮状，减轻了石墨对金属基体的割裂作用和应力集中，因而可锻铸铁相对灰铸铁有较高的强度，塑性和韧性也有很大的提高。

因其具有一定的塑性变形的能力，故得名可锻铸铁，实际上可锻铸铁并不能锻造。

可锻铸铁的生产过程包括两个步骤：首先铸造白口铸铁件，然后进行长时间的石墨化退火。

根据白口铸铁退火的工艺不同，可形成黑心可锻铸铁（断口呈灰黑色，表层呈灰白色）和珠光体可锻铸铁。黑心可锻铸铁具有一定的强度和韧性，而珠光体可锻铸铁则具有较高的强度、硬度和耐磨性，塑性与韧性则较低。

2）可锻铸铁的牌号及用途。可锻铸铁的牌号由“KT + 字母 + 两组数字”组成。

“KT”是“可铁”的汉语拼音第一个字母。后面的字母表示可锻铸铁的类别。如黑心可锻铸铁用“H”表示，珠光体可锻铸铁用“Z”表示。

后面的两组数字分别代表最低抗拉强度和断后伸长率的数值。

例如，KTH300—06 表示黑心可锻铸铁，最低抗拉强度为 300 MPa，最低断后伸长率为 6%。

可锻铸铁主要用来制作一些形状复杂而在工作中又经受振动的薄壁小型铸件。因为这些铸件如用灰铸铁制造，则韧性不足，若用铸钢制造，则又铸造性不良，质量均难保证。

常见的可锻铸铁零件有管道配件、机床用扳手、钢丝绳接头，以及汽车上的差速器壳、制动器、曲轴、活塞环等。

（4）球墨铸铁

1）球墨铸铁的性能。铁液经过球化处理而使石墨大部分或全部成球状的铸铁称为球墨铸铁。球墨铸铁中的石墨呈球状，其割裂基体的作用及应力集中现象大为减小，可以充分发挥金属基体的性能。因此，球墨铸铁不仅具有远远超过灰铸铁的强度和塑性，而且同样具有灰铸铁的一系列优点，如良好的减摩性、铸造性、切削加工性等。甚至某些方面可与锻钢相媲美，如疲劳强度大致与中碳钢接近，耐磨性优于表面淬火钢等。

2）球墨铸铁的牌号及应用。球墨铸铁的牌号用“QT + 两组数字”组成。

“QT”就是“球铁”两字汉语拼音的第一个字母。两组数字分别代表其最低抗拉强度和断后伸长率。

例如，QT600—3 表示球墨铸铁，其最低抗拉强度为 600 MPa，最低断后伸长率为 3%；QT900—2 表示球墨铸铁，其最低抗拉强度为 900 MPa，最低断后伸长率为 2%。

球墨铸铁具有很好的力学性能和工艺性能，通过热处理，其性能还可在较大范围内变化。常用的热处理工艺有退火、正火、调质、等温淬火等。

因此，球墨铸铁可以部分代替碳素钢、合金钢和可锻铸铁，制造一些受力复杂，强度、硬度、韧性和耐磨性要求较高的零件，如内燃机曲轴、凸轮轴、连杆、减速箱齿轮及轧钢机轧辊等。

课后练习

1. 做拉伸试验时，载荷不增加，试样仍继续伸长时的应力称为（　　）。

A. 抗拉强度　　B. 缩颈　　C. 屈服强度

2. 工件受到一次大能量冲击而被破坏，主要是由于（　　）不够。

A. 硬度　　B. 疲劳强度　　C. 冲击韧度

3. 做压力试验时，通过测量压痕深度计算出来的硬度是（　　）。

A. 布氏硬度　　B. 洛氏硬度　　C. 维氏硬度

4. 机械零件失效中多数是因为（　　）。

A. 疲劳破坏　　B. 强度不够　　C. 韧性不足

4. 低碳钢、中碳钢和高碳钢是怎样划分的？

5. 35 钢、T12 钢的含碳量有什么不同？按含碳量和用途区分它们各属于哪一类钢？

6. 说明下列牌号属于哪类材料，并说明符号和数字的含义。

Q195A F　　45　　65Mn　　W18Cr4V　　HT250

7. 简述洛氏硬度的测试原理。

第二节　钢的热处理

学习目标

1. 了解热处理基础知识。

2. 了解退火、正火、淬火、回火、表面热处理等工艺过程，知道各种热处理的作用，能合理安排热处理工艺。

即使同一种金属材料，如果经过了加热—保温—冷却等过程，只要加热温度和冷却速度不同，最后金属材料的力学性能如强度、硬度等差异就会很大。所以热处理是机械加工中十分重要的一道工序。

一、热处理基础知识

1. 热处理工艺曲线

随着社会和科学技术的发展，对钢材的性能要求越来越严格，目前提高钢材性能的方法主要有以下两点：

（1）在钢中特意加入一些合金元素，也就是用合金化的手段提高钢材的性能。

（2）对钢进行热处理。金属热处理是指将金属工件放在一定的介质中加热到适宜的温度，并在此温度中保持一定时间后，又以不同速度冷却的一种工艺。

也就是说热处理工艺是由加热、保温、冷却三个阶段组成的。因此，热处理工艺过程可用在温度—时间坐标系中的曲线图表示，如图 5—2—1 所示，这种曲线就称为热处理工艺曲线。

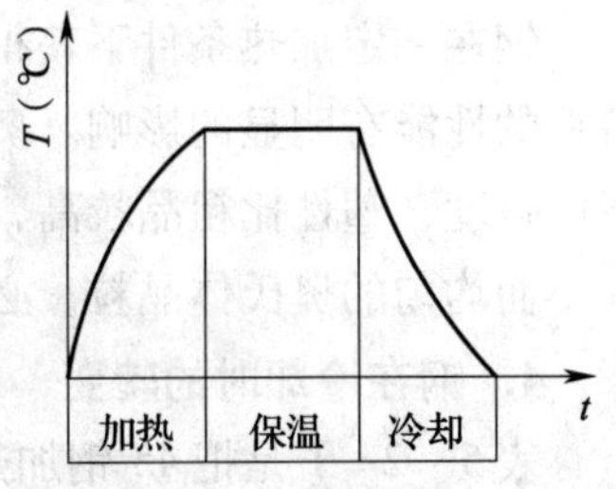

图 5—2—1　热处理工艺曲线

2. 热处理工艺分类

钢的热处理工艺发展到今天有了很多种方法，可划分如下：

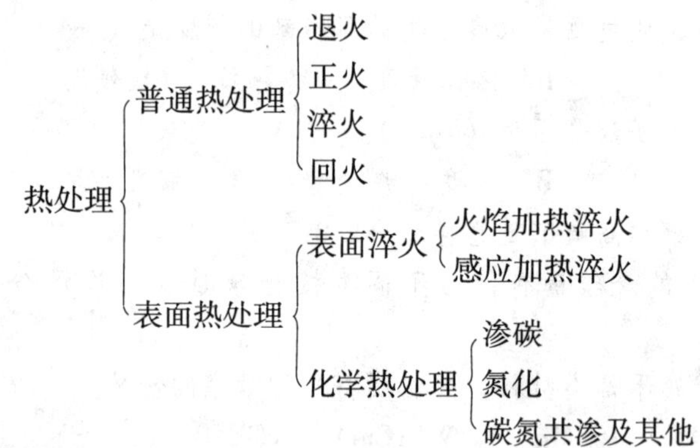

3. 钢在加热时的转变

金属材料中成分、结构及性能相同的组成部分称为相。在显微镜下可以观察到，钢在加热或冷却时内部会发生组织改变。在热处理工艺中，首先是要把材料加热。加热的目的是获取一种称为奥氏体的相，奥氏体是钢在高温状态时的组织，这种组织的晶粒大小、成分及其均匀程度对钢冷却后的组织和性能有重要影响。

钢在加热到一定的温度后，内部组织才开始发生改变，通常把发生组织改变时的温度叫作临界温度。热处理时须将钢加热到临界温度以上，使其组织全部或部分转变为奥氏体，这个过程叫作奥氏体化。

奥氏体的形成有个过程，一般要经过形核—长大—残余渗碳体溶解—均匀化这几个阶段，如图 5—2—2 所示。

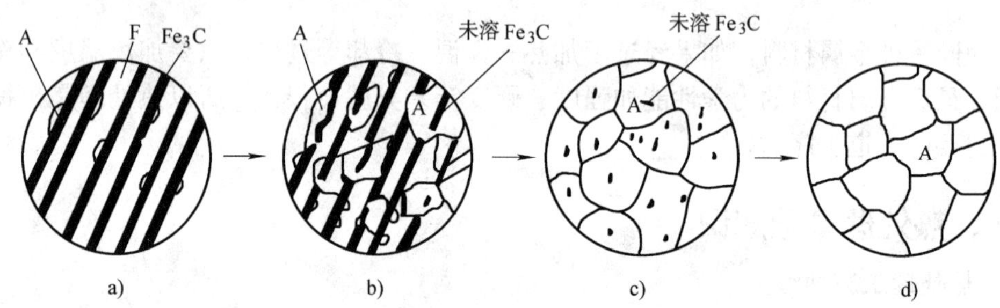

图 5—2—2　奥氏体形成过程

a）奥氏体形核　b）奥氏体晶核长大　c）残余 Fe_3C 的溶解　d）奥氏体均匀化

钢在一定加热条件下获得的奥氏体晶粒称为奥氏体的实际晶粒，它的大小对冷却转变后钢的性能有明显的影响。奥氏体晶粒细小，冷却后产物组织的晶粒也细小，细晶粒组织不仅强度、塑性比粗晶粒高，而且冲击韧度也有明显提高。因此，钢在加热时，为了得到细小而均匀的奥氏体晶粒，必须严格控制加热温度和保温时间。

4. 钢在冷却时的转变

表 5—2—1 是把 45 钢加热到奥氏体状态的钢，以不同的冷却速度（空冷、随炉冷、油冷、水冷）连续冷却到室温状态时所测得的强度和硬度值。

表 5—2—1　　45 钢经 840℃加热，不同条件冷却后的力学性能

冷却方法	R_m（MPa）	R_{eL}（MPa）	A（%）	HRC
随炉冷却	530	280	32.5	5 ~ 18
空气冷却	670 ~ 720	340	15 ~ 18	18 ~ 24
油中冷却	900	620	18 ~ 20	45 ~ 60
水中冷却	1 100	720	7 ~ 8	52 ~ 62

从表 5—2—1 中可知，同一种钢，加热条件相同，但由于采用不同的冷却条件，钢所获得的力学性能明显不同。这就是由于钢的内部组织随冷却速度的不同而发生了不同的变化，导致性能上的差别。冷却后产生的常见组织有珠光体、马氏体和贝氏体等。

在热处理工艺中，常用的冷却方式有以下两种：

（1）等温冷却

等温冷却是指把加热到奥氏体状态的钢快速冷却到某一温度，等温一段时间，使奥氏体发生转变，然后再冷却到室温。常用的有等温退火、等温淬火等。

（2）连续冷却

连续冷却是指将奥氏体化的钢从高温冷却到室温，让奥氏体在连续冷却条件下发生组织转变，如退火（炉冷）、正火（空冷）、普通淬火（油冷、水冷）等。

等温冷却和连续冷却的温度—时间曲线如图 5—2—3 所示。

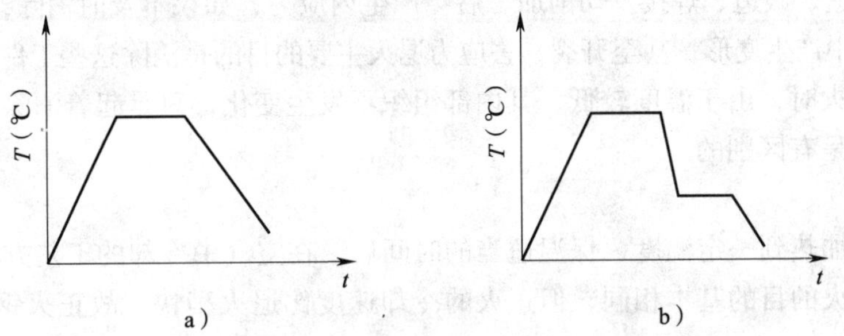

图 5—2—3　连续冷却和等温冷却

a）连续冷却　b）等温冷却

二、退火和正火

1. 退火

将钢加热到适当的温度，保持一定时间，然后缓慢冷却（一般随炉冷却）的热处理工艺就是退火。

退火的主要目的是降低钢的硬度，提高塑性，以利于切削加工及冷变形加工，消除钢中的残余内应力，以防止变形和开裂。

常见的退火主要是完全退火和去应力退火。

（1）完全退火

完全退火是指将钢加热到较高温度，随后缓慢冷却，以获得接近平衡状态组织的工艺方法。碳钢完全退火的温度和最后得到的硬度见表 5—2—2。

表 5—2—2　　碳钢完全退火的温度和最后得到的硬度

含碳量（%）	退火温度（℃）	硬度（HBW）
0.2	860～900	111～149
0.25	860～900	111～187
0.30	840～880	126～197
0.40	840～880	137～207
0.45	790～870	137～207
0.50	790～870	156～217
0.60	790～870	156～217
0.70	790～840	156～217
0.80	790～840	167～229
0.90	790～830	167～229
0.95	790～830	167～229

完全退火主要用于中碳钢及低碳、中碳合金结构钢的锻件、铸件、热轧型材等，有时也用于焊接结构件。

（2）去应力退火

去应力退火是指将钢加热到略低的温度，一般取 500～650℃，保温一段时间后缓慢冷却的工艺方法。

工件在铸造、锻造、焊接及切削加工后会产生内应力，如果不及时消除，会在后面的加工和使用过程中产生变形，甚至开裂，去应力退火主要的目的是消除这些工件的残余应力。

去应力退火时，由于温度较低，其内部组织不发生变化，只是起着消除内应力的作用，这与完全退火是有区别的。

2. 正火

如果把钢加热到一定温度，保温适当的时间后，在空气中冷却的工艺方法就是正火。

正火与退火的目的基本相同，但正火的冷却速度比退火稍快，故正火钢的强度和硬度比退火钢要高。

在金属切削加工中，并不是材料硬度越低越好，一般认为硬度在 160～230HBW 范围内的钢材切削加工性最好。而从退火的结果可以看出来，低碳钢退火后的硬度在 160HBW 以下，在切削时容易"粘刀"，使刀具发热而磨损，而且工件的表面质量较低。而正火能适当提高其硬度，改善切削加工性。所以正火的主要作用就是改善低碳钢和低碳合金钢的切削加工性。

另外，正火可以细化晶粒，其组织的力学性能较高，所以当力学性能要求不太高时，正火可作为最终热处理，也能满足普通结构零件的性能要求。

正火比退火生产周期短，成本低，操作方便，故在可能的条件下应优先采用正火。但在零件形状复杂时，由于正火的冷却速度较快，有引起开裂的危险，还是采用退火为宜。

三、淬火与回火

1. 淬火

把钢加热到某一较高的温度，保温一定时间后，以较快的速度冷却，从而提高钢的强度和硬度的热处理工艺称为淬火。

淬火的主要目的是提高钢的强度和硬度，在工业生产中应用十分广泛。

在淬火时，先要把钢加热到合适的温度，温度值要根据钢的含碳量来确定，一般可以从图 5—2—4 中查到某一钢的淬火温度。例如，含碳量超过 0.8% 的钢淬火温度一般就是 760～790℃。

加热时如果温度太高，会引起晶粒粗化，使钢脆化。如果加热温度过低，则淬火组织中有未熔铁素体，会降低淬火钢的强度和硬度。

（1）淬火时的冷却

淬火是为了使钢得到一种被称为马氏体的组织，要获得马氏体，淬火的冷却速度必须大于临界冷却速度，但冷却过快，工件的体积收缩及组织转变剧烈，从而引起很大的内应力，容易造成工件变形及开裂。

一般情况下就是淬火时“高温下快冷，低温下慢冷”。

为了得到合适的淬火硬度和强度，并保证工件不会产生较大的变形，防止开裂，淬火介质的选择是个很重要的问题。常用淬火冷却介质有油、水、盐水、碱水等，市场上也有专门的淬火油出售。

一般来说，水、盐水、碱水类的水冷剂冷却能力很强，能使工件在高温下迅速冷却，获得较高的强度和硬度，但是工件在低温下冷却速度过快，会产生很大的应力，容易引起开裂和变形。所以常用作形状简单的碳钢零件的淬火。

油类冷却介质正好相反，由于它的导热性差，所以在低温下的冷却速度较慢，工件不易变形，适合体积大、较复杂类型的零件，但在高温下的冷却速度不是很理想，容易产生硬度不足的现象。

（2）钢的淬透性和淬硬性

淬火时，工件截面上各处的冷却速度是不同的，表面的冷却速度最大，越到中心，冷却速度越小。如果工件表面及中心的冷却速度都大于材料的临界冷却速度，钢就被完全淬透了；如果中心部分的冷却速度低于临界冷却速度，则只有表面得到马氏体组织（图 5—2—5），心部则获得非马氏体组织，也就是未被淬透。

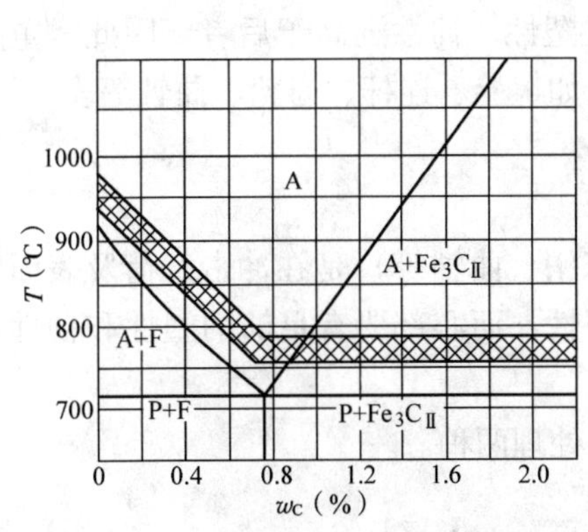

图 5—2—4　碳素钢淬火温度范围

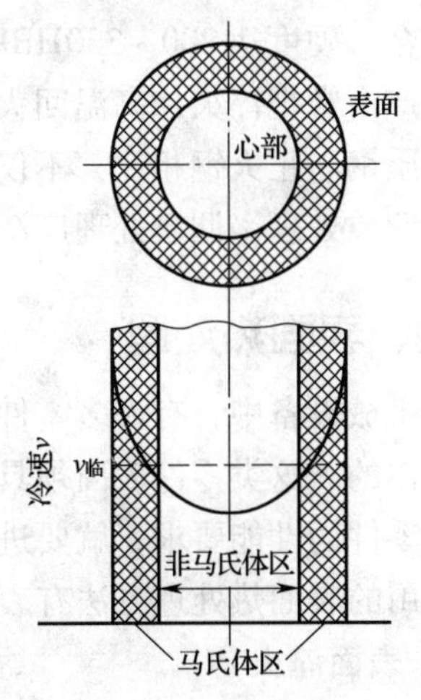

图 5—2—5　未被淬透的钢

显然，淬透性好的钢较淬透性差的钢易于整体淬硬。

淬透性是钢重要的热处理要求，其主要表现在两个方面：一是淬透性好的钢，经淬火、回火后，截面上组织均匀、一致，综合力学性能好，因此，钢的淬透性对提高大截面零件的力学性能及发挥材料潜力具有重要的意义。二是淬透性好的钢，在淬火冷却时可采用比较缓和的淬火介质，减小工件淬火的变形、开裂倾向。

淬硬性是指钢在理想条件下淬火成马氏体后能达到的最高硬度。钢的淬硬性主要取决于钢的含碳量。低碳钢淬火的最高硬度值低，淬硬性差；高碳钢淬火的最高硬度值高，淬硬性好。

2. 回火

把淬火后的钢再加热到某一较低的温度，保温一定时间，然后冷却到室温的热处理工艺称为回火。

（1）回火的主要目的

1）消除内应力。通过回火减小或消除工件在淬火时产生的内应力，防止工件在使用过程中的变形和开裂。

2）获得所需要的力学性能。通过回火可提高钢的韧性，适当调整钢的强度和硬度，使工件具有较好的综合力学性能。

3）稳定组织和尺寸。回火可使钢的组织稳定，从而保证工件在使用过程中尺寸稳定。

一般来说，回火钢的性能只与加热的温度有关，与冷却速度无关。

淬火后的钢在回火时组织会发生变化。钢的性能也随之发生改变，基本趋势是随着回火温度的升高，钢的强度、硬度下降，而塑性、韧性提高。

（2）回火的种类

1）低温回火（150～250℃）。其性能是具有高的硬度（58～64HRC）、高的耐磨性和一定的韧性。低温回火主要用于刀具、量具、冷冲压模及其他要求硬而耐磨的零件。

2）中温回火（350～500℃）。其性能是具有高的弹性极限、屈服强度和适当的韧性，硬度可达35～50HRC。中温回火主要用于弹性零件及热锻模具等。

3）高温回火（500～650℃）。其性能是具有良好的综合力学性能，足够的强度与高韧性相配合，硬度达200～330HBW。

生产中常把淬火加高温回火的复合热处理工艺称为调质处理。

调质钢与正火钢相比，不仅强度较高，而且塑性、韧性远高于后者。因此，重要零件均采用调质处理。调质处理广泛用于受力构件，如螺栓、连杆、齿轮、曲轴等。

四、表面热处理

在机械设备中，有许多零件（如齿轮、活塞销、曲轴等）是在冲击载荷及表面摩擦条件下工作的。这类零件表面须具有高硬度和耐磨性，而心部要有足够的塑性和韧性。为满足这类零件的性能要求，就要进行表面热处理。

常用的表面热处理方法有表面淬火及化学热处理两种。

1. 表面淬火

仅对工件表面进行淬火的工艺称为表面淬火。根据淬火加热方法的不同，常用的有火焰加热表面淬火和感应加热表面淬火。火焰加热表面淬火就是用氧—乙炔焰对零件表面进行快速加热，随之快速冷却的工艺，如图 5—2—6 所示。

火焰淬火的淬硬层深度一般为 2 ~ 6 mm。这种淬火方法的加热温度及淬硬层深度不易控制，但不需要特殊设备。一般适用于单件、小批量生产。

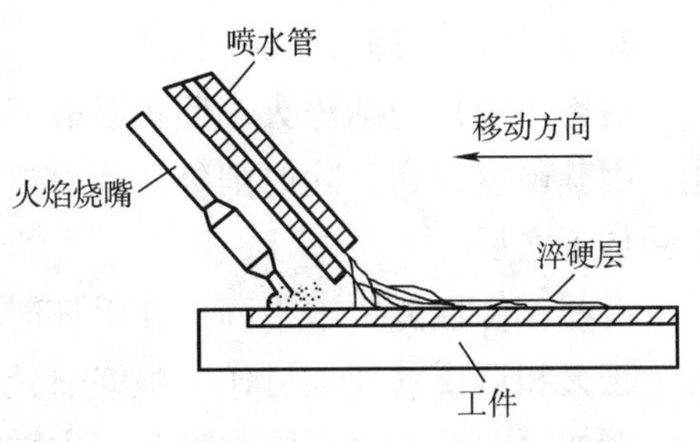

图 5—2—6　火焰加热表面淬火

而感应加热表面淬火则是利用感应电流通过工件所产生的热效应，使工件表面局部加热，然后快速冷却的淬火工艺。这种方法加热迅速，淬硬层深度易于控制，易实现机械化和自动化，适用于大批量生产，但设备复杂。

2. 化学热处理

将工件置于一定温度的碳、氮等介质中，使一种或几种元素渗入它的表层，以改变其化学成分、组织和性能的热处理工艺称为化学热处理。

化学热处理与其他热处理相比，不仅改变了钢的组织，而且钢表层的化学成分也发生了变化。

最常见的化学热处理方法就是渗碳，也就是把低碳钢或低碳合金钢置于碳介质中加热并保温，使碳原子渗入工件表层，从而提高工件表层的含碳量。渗碳后，经淬火及低温回火，使零件表面获得高硬度和耐磨性，而心部仍能保持一定强度及较高的塑性和韧性。

五、合理安排热处理工艺

热处理是机械制造过程中的重要工序，正确理解热处理的技术条件，合理安排热处理工艺在整个加工过程中的位置，对于改善钢的切削加工性能，保证零件的质量，满足使用要求，具有重要的意义。工件在热处理后组织应当达到的力学性能、精度和工艺性能等的要求统称为热处理技术条件。热处理技术条件是根据零件工作特性提出的。一般零件均以硬度作为热处理技术条件。

标注热处理技术条件时，可用文字在零件图样上简要说明，也可以用规定的热处理工艺代号来表示。

零件的加工是沿一定的工艺路线进行的，所以要合理安排热处理的工序位置。根据热处理的目的和工序位置的不同，热处理可分为预备热处理和最终热处理两大类，两者工序位置安排的一般规律如下：

1. 预备热处理

预备热处理包括退火、正火、调质等。退火、正火的工序位置通常安排在毛坯生产之后、切削加工之前，以消除毛坯的内应力，均匀组织，改善切削加工性，并为以后的热处理做组织准备。对于精密零件，为了消除切削加工的残余应力，在半精加工以后还安排去应力退火。调质工序一般安排在粗加工之后、精加工或半精加工之前，目的是获得良好的综合力学性能，为以后的热处理做组织准备。调质处理一般不安排在粗加工之前，以免表面调质层在粗加工时大部分被切削掉，失去调质处理的作用。这一点对于淬透性差的碳钢零件尤为重要。

2. 最终热处理

最终热处理包括淬火、回火及表面热处理等。零件经这类热处理后获得所需的使用性能。因其硬度较高，除磨削外，不宜进行其他形式的切削加工，故其工序位置一般安排在半精加工之后。

有些零件性能要求不高，在毛坯时进行退火、正火或调质处理即可满足要求，这时退火、正火和调质处理也可作为最终热处理。

例如，图 5—2—7 所示为车床主轴零件图。

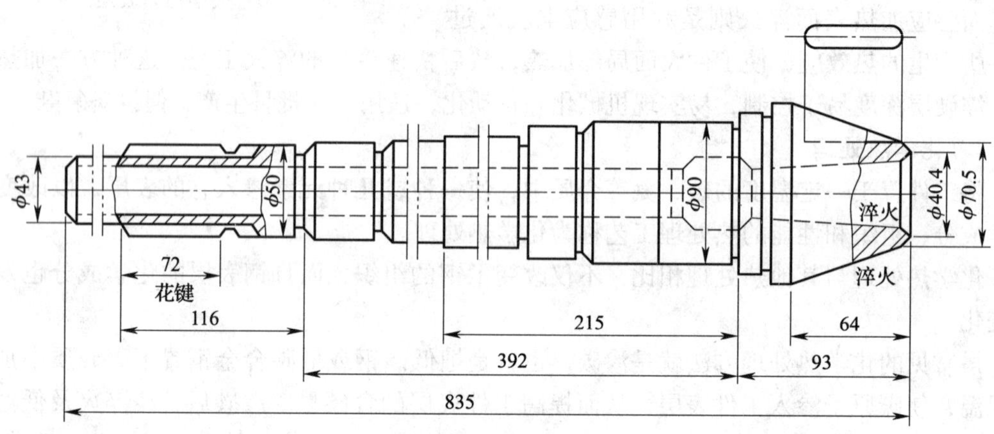

图 5—2—7 车床主轴

该轴选用 45 钢的锻件毛坯，热处理技术条件：整体调质后硬度为 220 ~ 250HBW；内锥孔和外锥体硬度为 45 ~ 48HRC；花键齿廓部分硬度为 48 ~ 53HRC。

在生产时，拟定的加工工艺路线如下：备料→锻造→机械粗加工→调质→机械半精加工→锥孔及外锥体的局部淬火、回火→粗磨（外圆、锥孔、外锥体）→铣花键、花键淬火、回火→精磨（外圆、锥孔、外锥体）。

从它的加工工艺可以分析出，正火、调质属于预备热处理，锥孔及外锥体的局部淬火、回火属于最终热处理。它们的作用如下：

（1）正火

正火主要是为了消除毛坯的锻造应力，降低硬度，以改善切削加工性能，同时均匀组织，细化晶粒，为以后的热处理做准备。

（2）调质

调质主要是使主轴具有高的综合力学性能，经淬火和高温回火后，使其硬度达到 220 ~ 250HBW。

（3）淬火

锥孔、外锥体及花键部分的淬火是为了获得所要求的表面硬度。锥孔和外锥体可采用盐浴快速加热并水淬，经回火后，其硬度应达到 45 ~ 48HRC。花键部分可采用感应加热表面淬火，经回火后，表面硬度应达到 48 ~ 53HRC。为了减少变形，锥部淬火和花键淬火分开进行。锥部淬火及回火后，用粗磨纠正淬火变形，然后再进行花键的加工与淬火。最后用精磨消除总的变形，从而保证主轴的装配质量。

课后练习

1. 热处理工艺由______、______、______三个阶段组成。

2. 普通热处理主要有______、______、______、______等。

3. 一般情况下就是淬火时"高温下______，低温下______"。

4. 形状简单的碳钢零件的淬火常用______作为淬火介质，而体积大、较复杂类型的零件淬火常用______作为淬火介质。

5. 常用的冷却方式有______和______。

6. 判断题

(1) 钢材只要质量好，它的硬度和强度就一定高。(　　)

(2) 用热处理的方法可以使钢的硬度提高，也可以使它的硬度降低。(　　)

(3) 钢在热处理时，加热后保温时间越长越好。(　　)

(4) 控制好加热温度和时间，是为了得到细小的奥氏体组织。(　　)

(5) 钢热处理后的硬度大小与热处理时的冷却速度关系最大。(　　)

7. 退火与正火有什么区别？各有什么优缺点？

8. 什么是调质处理？调质钢有什么特点？

9. 图5—2—8所示为汽车连杆的退火工艺实例，根据图分析该零件热处理时的加热温度、冷却方式和冷却步骤。

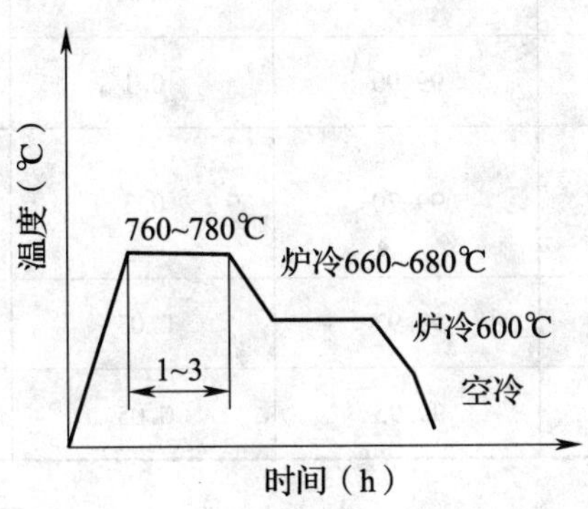

图5—2—8　汽车连杆退火工艺

第三节　有色金属材料及非金属材料

学习目标

1. 认识常见有色金属（如铜及其合金、铝及其合金）及硬质合金，熟悉其牌号和性能特点。

2. 了解非金属材料（如塑料、橡胶、陶瓷）的组成、分类及用途。

其他金属材料是指除钢、铁金属外的金属材料，主要包括有色金属材料、高温合金、磁性合金、硬质合金及粉末冶金材料等。除了金属材料外，生产、生活中还大量应用了非金属材料。

一、有色金属

常见的有色金属有铜及其合金、铝及其合金、钛及其合金和轴承合金等。

1. 铜及其合金

（1）铜

铜是人类最早发现的古老金属之一，早在三千多年前人类就开始使用铜。

纯铜是玫瑰红色金属，表面形成氧化铜膜后呈紫色，故工业纯铜常称紫铜或电解铜。纯铜导电性很好，大量用于制造电线、电缆、电刷等；导热性好，常用来制造须防磁性干扰的磁学仪器、仪表，如罗盘、航空仪表等。

加工产品的纯铜的牌号有 T1、T2、T3 三种，无氧铜有 TU1、TU2 两种。

表 5—3—1 所列为铜加工产品的牌号、化学成分和用途。

表 5—3—1　　铜加工产品的牌号、化学成分和用途

组别	牌号	含铜量（不小于）（%）	杂质总量（%）	用途
纯铜	T1	99.95	0.05	导电、导热、耐腐蚀器具和材料，如电线、蒸发器、雷管、储藏器等
	T2	99.90	0.1	
	T3	99.70	0.3	一般用铜材，如电气开关、管道、铆钉等
无氧铜	TU1	99.97	0.03	电真空器件、高导电性导线等
	TU2	99.95	0.05	

（2）铜合金

工业上广泛采用的是铜合金，常用铜合金可分为黄铜、青铜和白铜三类。

1）黄铜。黄铜是铜与锌的合金。黄铜按加工方法可分为铸造和压力加工两类产品。按照化学成分的不同，黄铜可分为普通黄铜和特殊黄铜。

普通黄铜的牌号用“H + 数字”表示。其中“H”表示普通黄铜的“黄”字汉语拼音字母的字头，数字表示平均含铜量的百分数。例如，H90 表示含铜量约 90%，含锌量约 10% 的普通黄铜。

特殊黄铜的代号由“H + 主加元素符号（锌除外）+ 铜含量的百分比 + 主加元素含量的百分数”组成。例如，HPb59—1 表示铜含量为 59%，铅含量为 1% 的铅黄铜。

如果是铸造黄铜，则代号表示方法由“ZCu” + 主加元素的元素符号 + 主加元素的含量+其他加入元素的元素符号及含量组成。例如，ZCuZn40Mn2 表示含 40% 锌、2% 锰的铸造黄铜。

2）青铜。除了黄铜和白铜（铜和镍的合金）外，所有的铜基合金都称为青铜。按主加元素的不同，青铜可分为锡青铜、铝青铜、硅青铜和铍青铜。

青铜的代号由“Q”+主加元素符号及含量+其他加入元素的含量组成。例如，QSn5—3 表示含锡 4%，含锌 3%，其余为铜的锡青铜；QAl7 表示含铝 7%，其余为铜的铝青铜。

铸造青铜的牌号表示方法和铸造黄铜的牌号表示方法相同。

2. 铝及其合金

（1）纯铝

纯铝是银白色的金属，是自然界储量最丰富的金属元素。铝及铝合金具有很多优良的性能：密度为 2.72×10^{3} kg/m^{3}，仅为铁的 1/3，是一种轻型金属；熔点低（66.4℃），导电性好，仅次于铜、银；纯铝的表面总形成致密的氧化膜，因此有较好的抗大气腐蚀能力；具有较好的加工工艺性能，它的塑性好，可以热变形加工，还可以通过热处理强化提高铝的强度。

（2）铝合金

纯铝的强度很低（$R_{m}=80\sim100$ MPa），但加入适量的硅、铜、锌、锰等合金元素，形成铝合金，再经过冷变形和热处理后，强度可以明显提高（$R_{m}=500\sim600$ MPa），因此，铝合金可用于制造承受较大载荷的机械零件或构件，成为工业中广泛应用的有色金属材料。由于铝合金密度较小而强度较高，所以又成为飞机的主要结构材料。

铝合金按其成分和工艺特点不同可分为变形铝合金和铸造铝合金。

（3）铝合金的热处理

将溶质含量在某一范围之间的铝合金加热到适当温度，经保温后迅速水冷，这种淬火称为固溶处理，在室温下得到不稳定的过饱和组织。这种组织在室温下放置或低温加热时，会有过渡到稳定状态的倾向，而使强度和硬度明显提高，这种现象称为时效。在室温下进行的时效称为自然时效，在加热条件下进行的时效称为人工时效。

（4）铝合金的牌号

铝合金目前存在着新旧牌号混用的情况，国家标准《变形铝及铝合金牌号表示方法》（GB/T 16474—2011）规定铝及铝合金的牌号由四位数组成，如 1050、7A04 等，其中第一位数中的 1~9 中，1 表示纯铝、2~9 分别表示以铜、锰、硅、镁、镁和硅、锌等合金元素为主要合金元素的铝合金。牌号的第二位数字或字母表示原始纯铝或铝合金的改型情况，数字 0 或字母 A 表示原始纯铝和原始合金，如果是 1~9 或 B~Y 中的一个，则表示为改型情况，化学成分略有不同；最后两位数字用于标识同一组中不同的铝合金，纯铝则表示铝的最低质量分数中小数点后面的两位。

铸造铝合金代号用“ZL”+三位数字表示，第一位表示铝合金的类别（1 为铝硅合金，2 为铝铜合金，3 为铝镁合金，4 为铝锌合金）；后两位数字表示合金的顺序号。

铝及铝合金的新旧标准及用途见表 5—3—2。

表5—3—2　　铝及铝合金的新旧标准及用途

类别	旧牌号	新牌号	用途
纯铝	1060	L2	垫片、电容、电缆、导电体和装饰体
防锈铝合金	3A21	LF21	要求高的可塑性和良好的焊接性，在液体或气体介质中工作的低载荷零件，如油箱、油管、液体容器、饮料罐等
硬铝合金	2A12	LY12	用量最大。用作各种要求高载荷的零件和构件，如飞机上的骨架零件、蒙皮、翼梁、铆钉等150℃以下工作的零件
超硬铝合金	7A04	LC4	用作承力构件和高载荷零件，如飞机上大梁、桁条、加强框、蒙皮、冀肋、起落架等
锻铝合金	2A50	LD5	用作形状复杂和中等强度的锻件、冲压件，内燃机活塞、叶轮及其他在高温下工作的复杂锻件
铸造铝合金	ZL105		形状复杂、在低于225℃下工作的零件，如风冷发动机的气缸头、油泵壳体、机匣等

二、硬质合金

在切削加工中，由于切削速度不断提高，不少刀具的刃部工作温度已超过700℃，这时一般高速钢已不再适应，通常就要采用硬质合金刀具。

1. 硬质合金的制造

硬质合金是将一种或多种难熔金属的碳化物和黏结剂金属，用粉末冶金方法制成的金属材料。即将难熔的高硬度的WC、TiC、TAC（碳化钽）和钴、镍等金属（黏结剂）粉末经混合、压制成形，再在高温下烧结制成。

2. 硬质合金的性能特点

（1）硬度高、热硬性高、耐磨性好。硬质合金在室温下的硬度可达86～93HRA，在900～1 000℃下仍然有较高的硬度，故硬质合金刀具在使用时，其切削速度、耐磨性及使用寿命均比高速钢显著提高。

（2）抗压强度比高速钢高，但抗弯强度只有高速钢的1/3～1/2，韧性差（为淬火钢的30%～50%）。

3. 常用硬质合金

按成分与性能特点不同，常用的硬质合金有以下三类：

（1）钨钴类硬质合金

主要成分为碳化钨及钴。其代号用“YG”+钴含量的百分数表示。“YG”是“硬”“钴”两字的汉语拼音字母字头。

例如，YG8表示钨钴类硬质合金，含钴量为8%。

（2）钨钴钛类硬质合金

它的主要成分为碳化钨、碳化钛及钴。其代号用“YT”+碳化钛的百分数表示。

例如，YT5 表示钨钴钛类硬质合金，含碳化钛 5%。

硬质合金中，碳化物含量越多，钴含量越少，则合金的硬度、热硬性及耐磨性越高，合金强度和韧性越低。含钴量相同时，YT 类硬质合金由于碳化钛的加入，具有较高的硬度及耐磨性；切削时不易粘刀，但强度和韧性比 YG 类硬质合金低。

因此，YG 类硬质合金刀具适合加工脆性材料（如铸铁等），而 YT 类硬质合金刀具适合加工塑性材料（如钢等）。

(3) 通用硬质合金

以碳化钽或碳化铌取代 YT 类硬质合金中的一部分碳化钛制成。显著提高了合金的热硬性，常用来加工不锈钢、耐热钢、高锰钢等难加工的材料，所以又称为万能硬质合金。

万能硬质合金代号用“YW”+顺序号表示，如 YW1、YW2 等。

由于硬质合金的硬度高、脆性大，除磨削外，不能进行切削加工，一般不能制成形状复杂的整体刀具，故一般将硬质合金制成一定规格的刀片，使用前将其紧固（用焊接、粘接或机械紧固）在刀体或模具上。

三、非金属材料

长期以来，机械工程材料一直是以金属材料为主，但有些场合里，金属材料是无法使用的，如电气开关的绝缘部分、仪表外壳、电视机屏幕等。它们用的是非金属材料，常用的非金属材料有塑料、橡胶和陶瓷。很多以前用金属材料制造的元件现在也用非金属材料制造了。

1. 塑料

(1) 塑料的组成

塑料是以树脂为基础，再加入添加剂制成的。

树脂是塑料的主要成分，用于粘接塑料的其他成分，并使其具有成形性能。由于树脂种类、性质、加入量对塑料的性能有很大作用，因此有很多塑料就是以所用树脂来命名的。例如，聚氯乙烯塑料就是以聚氯乙烯为主要成分的。

根据塑料的使用要求，在塑料中掺入一些其他物质，以改善塑料的性能。如加入增塑剂可以提高塑料的可塑性和柔软性；加入云母、石棉粉可以改善塑料的电绝缘性；加入 Al_2O_3、TiO_2、SiO_2 可以提高塑料的硬度和耐磨性；加入铝可以提高塑料对光的反射能力并防止老化；加入稳定剂可以提高塑料在光和热的作用下的稳定性。

(2) 塑料的分类及用途

1）按使用范围的不同可以把塑料分为通用塑料、工程塑料和耐热塑料。

通用塑料是指产量大、用途广、价格低而受力不大的塑料产品。主要有聚乙烯、聚苯乙烯、聚氯乙烯等。是一般工农业生产和日常生活不可缺少的塑料。

工程塑料是指力学性能较好，耐热、耐寒、耐腐蚀和电绝缘性能良好的塑料。它们可以取代金属材料制造机械零件和工程结构。主要有聚酰胺（即尼龙）、聚甲醛、ABS 等。

耐热塑料是指在较高温度下工作的各种塑料，如聚四氟乙烯、环氧塑料等，能在100 ~ 2 000℃下工作。

2）按塑料的热性能不同可以分为热塑性塑料和热固性塑料。

热塑性塑料在加热时软化，可塑成形，冷却后变硬，再次加热又软化，冷却又变硬，可多次变化。它的变化是一种物理变化。常用的热塑性塑料有聚乙烯、聚氯乙烯、聚苯乙烯、ABS、聚丙烯等。

热固性塑料在加热时软化，可塑成形，但固化后不再受热软化，只能塑制一次。常用的热固性塑料有酚醛塑料、环氧塑料等。

近年来，塑料的生产和应用有很大的发展，越来越多地应用于各类工程中。

2. 橡胶

橡胶是一种高分子材料，它的伸长率很高（100% ~1 000%），具有优良的拉伸性能和储能性能。此外，还有优良的耐磨性、隔音和绝缘性。机械零件中，广泛用于制造密封件、减振件、传动件、轮胎和电线等。

橡胶是以生胶为基础再加入适量的配合剂制成的。

橡胶最重要的特性是高弹性，因此，在使用和储存过程中要特别注意保护其弹性。氧化、光照（特别是紫外线照射）均会促使橡胶老化、龟裂或变脆，从而丧失其弹性。表5—3—3 所列为几种工业中常用橡胶的种类、特点和用途。

表 5—3—3　　工业中常用橡胶的种类、特点和用途

种类	代号	主要特点	用途
天然橡胶	NR	耐磨、抗撕裂、加工性能良好，但不耐高温，耐油和耐溶剂性差，易老化	用于制造轮胎、胶带、胶管及通用橡胶制品等
丁苯橡胶	SBR	耐磨性、耐老化和耐热性优良，比天然橡胶好，但加工性能较差	
氯丁橡胶	CR	力学性能、耐腐蚀、耐油性较好，但密度大、电绝缘性差。加工时易粘辊、粘模	用于制造胶管、胶带、电缆制品，如各种管道系统的接头、垫片、O 形密封圈等

3. 陶瓷

陶瓷材料在传统上是指陶器和瓷器，也包括玻璃、水泥、石灰、石膏和搪瓷等。随着科学技术的发展，使陶瓷材料的性能也有了很大的发展，除应用于传统的陶瓷制品外，还广泛应用在国防、宇航和电气等工业部门。在切削加工中，陶瓷刀具也逐步获得了广泛应用。

陶瓷材料的共同特点是硬度高，抗压强度大，耐高温、耐磨损、耐腐蚀及抗氧化性能好。但是陶瓷性脆，没有延展性，经不起碰撞和急冷、急热。表 5—3—4 列举了几种常用工业陶瓷的性能和用途。

表 5—3—4　　几种常用工业陶瓷的性能和用途

种类	名称	性能	用途
普通陶瓷（黏土类陶瓷）	日用陶瓷、绝缘用陶瓷、耐酸瓷	质地坚硬、耐腐蚀、不导电、成本低	用于电气、化工、建筑、纺织等行业，如电气工业中作为绝缘和机械支持的构件，如绝缘子等

续表

种类	名称	性能	用途
氧化铝陶瓷	刚玉瓷、刚玉—莫来石瓷	强度比普通陶瓷高 2~3 倍，硬度很高，耐高温，电绝缘性和耐腐蚀性优良。缺点是脆性大，抗急冷、急热性差	用作高温容器和盛熔融的铁、钴等的坩埚，耐高温的绝缘套管、切削高硬材料的刀具等
氮化硼	立方氮化硼陶瓷	具有良好的耐热性和抗急冷、急热性，热稳定性好，绝缘性、化学稳定性良好	用作磨料和刀具

课后练习

1. 淬火加时效处理是（　　）强化的主要途径。

A. 变形铝合金　　B. 铸造铝合金　　C. 黄铜　　D. 青铜

2. 纯铜也称（　　）。

A. 青铜　　B. 白铜　　C. 黄铜　　D. 紫铜

3. 铜中如果加锡，则成了（　　）。

A. 青铜　　B. 白铜　　C. 黄铜　　D. 紫铜

4. 2A12 是一种（　　）铝合金。

A. 防锈　　B. 硬　　C. 锻　　D. 铸

5. YT5 指的是（　　）硬质合金。

A. 钨钴类　　B. 钨钴钛类　　C. 通用　　D. 万能

6. 聚乙烯是制造（　　）的材料。

A. 塑料　　B. 橡胶　　C. 陶瓷

7. 通过加热和冷却能使塑料反复软硬变化的塑料属于（　　）。

A. 通用塑料　　B. 热塑性塑料　　C. 耐热塑料

8. 机械中用到的 O 形密封圈用（　　）制造较好。

A. 塑料　　B. 橡胶　　C. 陶瓷

9. 在户外，用橡胶管做了连接件，为了防止橡胶管老化，要采取一些什么防护措施？

10. 钨钴类硬质合金与钨钴钛类硬质合金有什么区别？这两类硬质合金刀具各适合切削什么材料？

11. 有三种材料需要切削加工，它们分别是铸铁、碳钢、不锈钢。如果用硬质合金刀具，你将会分别选取哪一类硬质合金刀具？请简要说明理由。

第六章 机械传动、液压传动与气压传动

第一节 机械传动

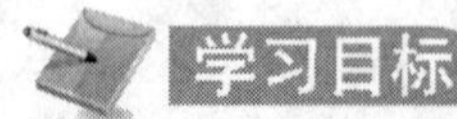

1. 了解带传动、齿轮传动和螺旋传动的类型、特点及应用。
2. 掌握螺纹的基本参数及螺旋传动的特点。

任何工作机，如机床、汽车等都要靠原动机供给能量才能工作。用来把能量从原动机传给工作机的中间装置称为传动装置，简称传动。在金属切削机床上最常用的就是机械传动。

一、带传动与齿轮传动

1. 带传动的类型和特点

带传动由主动带轮 1、从动带轮 2 和挠性带 3 组成，借助带与带轮之间的摩擦或啮合，将主动带轮 1 的运动传给从动带轮 2，如图 6—1—1 所示。根据工作原理不同，带传动可分为摩擦带传动和啮合带传动两类。

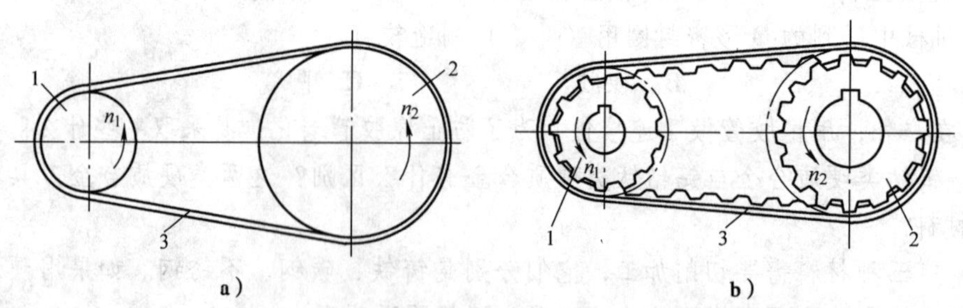

图 6—1—1 带传动

a）摩擦带传动 b）啮合带传动

1—主动带轮 2—从动带轮 3—挠性带

（1）摩擦带传动

摩擦带传动是依靠带与带轮之间的摩擦力传递运动的。

1）摩擦带传动的分类。按带的横截面形状不同可分为四种类型，如图 6—1—2 所示。

①平带传动。平带的横截面为扁平矩形（图 6—1—2a），内表面与轮缘接触为工作面。常用的平带有普通平带（胶帆布带）、皮革平带和棉布带等，在高速传动中常使用麻织带和丝织带。其中以普通平带应用最广。平带可适用于平行轴交叉传动和交错轴的半交叉传动。

②V 带传动。V 带的横截面为梯形，两侧面为工作面（图 6—1—2b），工作时 V 带与带轮槽两侧面接触，在同样压力的作用下，V 带传动的摩擦力约为平带传动的 3 倍，故能传递较大的载荷。

③多楔带传动。多楔带是若干 V 带的组合（图 6—1—2c），可避免多根 V 带长度不等、传力不均匀的缺点。

④圆形带传动。圆形带的横截面为圆形（图 6—1—2d），常用皮革或棉绳制成，只用于小功率传动。

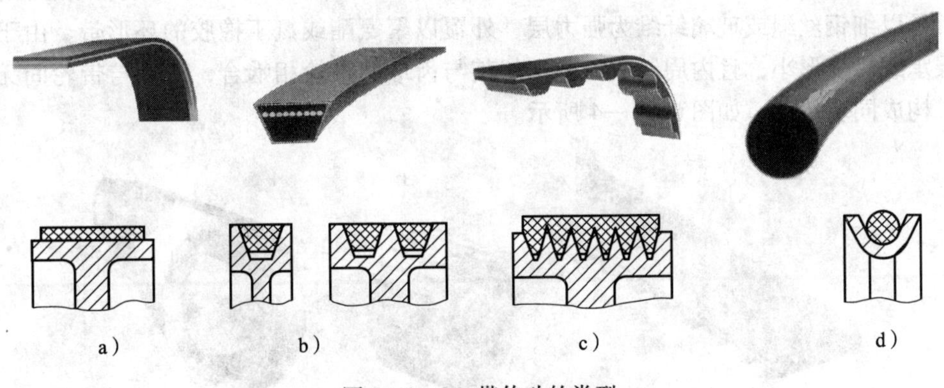

图 6—1—2　带传动的类型
a）平带　b）V 带　c）多楔带　d）圆形带

2）摩擦带传动的特点

①结构简单，适用于两轴中心距较大的场合。

②胶带富有弹性，能缓冲吸振，传动平稳、无噪声。

③过载时可产生打滑，能防止薄弱零件的损坏，起安全保护作用。但不能保持准确的传动比。

④传动带需张紧在带轮上，对轴和轴承的压力较大。

⑤外廓尺寸大，传动效率低（一般为 0.94 ~ 0.96）。

根据上述特点，带传动多适用的场合如下：中、小功率传动（通常不大于 100 kW）；原动机输出轴的第一级传动（工作速度一般为 5 ~ 25 m/s）；对传动比没有十分准确要求的机械传动。

（2）啮合带传动

啮合带传动依靠带轮上的齿与带上的齿或孔啮合传递运动。如图 6—1—3 所示，啮合带传动有以下两种类型：

1）同步带传动。利用带的齿与带轮上的齿相啮合传递运动和动力，带与带轮间为啮合传动，没有相对滑动，可保持主动轮与从动轮线速度同步（图 6—1—3a）。

2）齿孔带传动。带上的孔与轮上的齿相啮合，同样可避免带与带轮之间的相对滑动，使主动轮与从动轮保持同步运动（图 6—1—3b）。

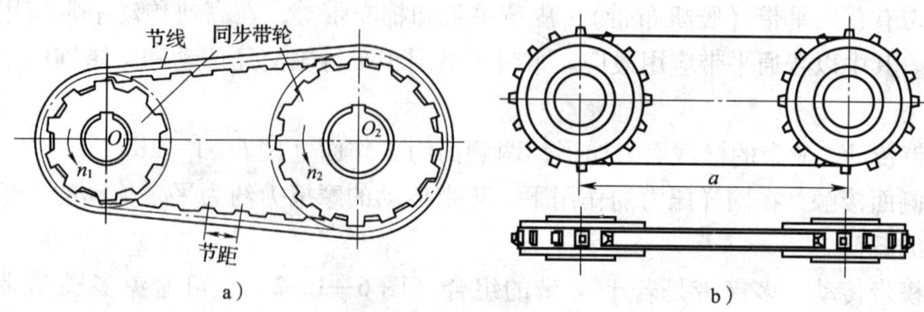

图 6—1—3　啮合带传动

a）同步带传动　b）齿孔带传动

带传动的两种类型中，同步带在数控机床中用得较多，同步带传动的特点和应用如下：同步带是以细钢丝绳或玻璃纤维为强力层，外覆以聚氨酯或氯丁橡胶的环形带。由于带的强力层承载后变形小，且内周制成齿状，使其与齿形的带轮相啮合，故带与带轮间无相对滑动，构成同步传动，如图 6—1—4 所示。

图 6—1—4　同步带传动

同步带传动具有传动比恒定、不打滑、效率高、初张力小、对轴及轴承的压力小、速度及功率范围广、不需润滑、耐油、耐磨损以及允许采用较小的带轮直径、较短的轴间距、较大的传动比，使传动系统结构紧凑的特点。一般参数如下：带速 $v \leqslant 50$ m/s，功率 $P \leqslant 100$ kW，传动比 $i \leqslant 10$，效率 $\eta = 0.92 \sim 0.98$，工作温度为 $-20 \sim 80$℃。

目前同步带传动主要用于中、小功率，要求传动比准确的传动中，如计算机、数控机床、纺织机械、烟草机械等。

2. 带传动的张紧与调整

带传动的张紧程度对其传动能力、使用寿命和轴压力都有很大的影响。带传动工作一段时间后会由于塑性变形而松弛，使初拉力减小，传动能力下降，需要重新张紧。常用张紧方法有调整中心距法和张紧轮法。

（1）调整中心距法

1）定期张紧。如图 6—1—5 所示，将装有带轮的电动机装在滑道上，旋转调节螺钉以增大或减小中心距，从而达到张紧或松开的目的。图 6—1—6 所示为把电动机装在一摆动底座上，通过调节螺钉调节中心距达到张紧的目的。

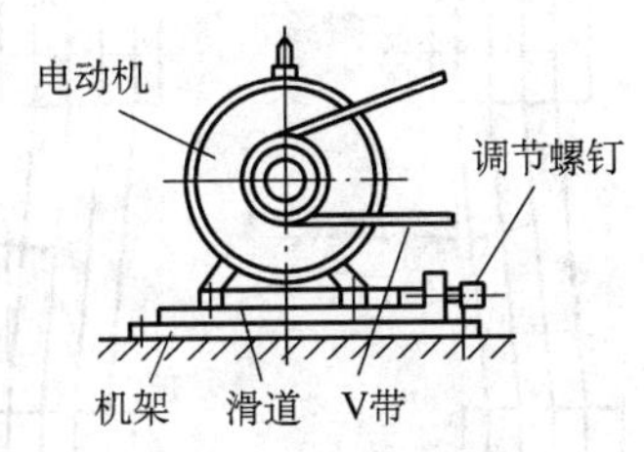

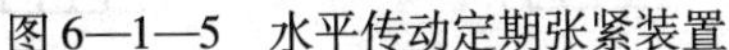

图 6—1—5　水平传动定期张紧装置

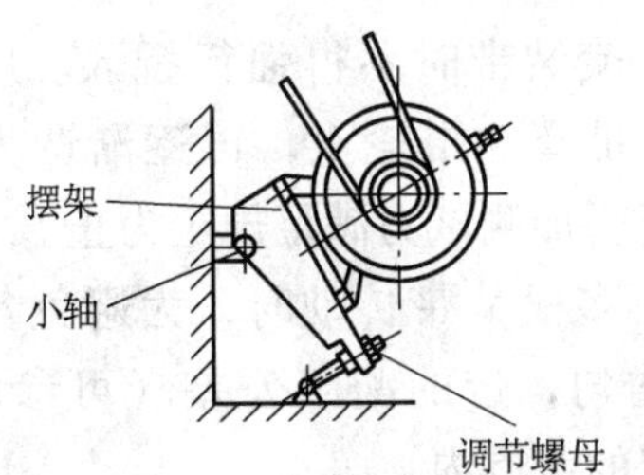

图 6—1—6　垂直传动定期张紧装置

2）自动张紧。把电动机装在如图 6—1—7 所示的摆架上，利用电动机的自重，使电动机轴线绕铰点 *A* 摆动，拉大中心距达到自动张紧的目的。

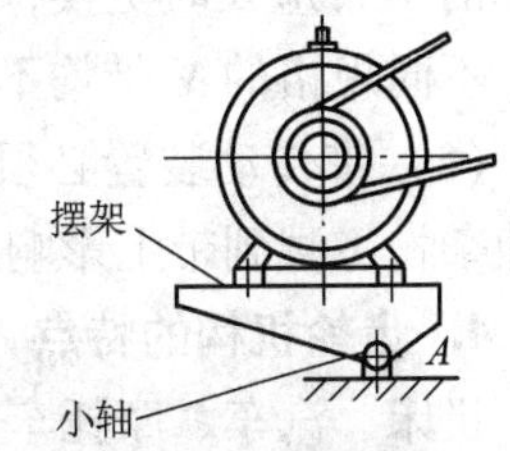

图 6—1—7　自动张紧装置

（2）张紧轮法

带传动的中心距不能调整时，可采用张紧轮法。图 6—1—8a 所示为定期张紧装置，定期调整张紧轮的位置可达到张紧的目的。图 6—1—8b 所示为摆锤式自动张紧装置，依靠摆锤重力可使张紧轮自动张紧。

如图 6—1—8a 所示的定期张紧装置适用于 V 带和同步带张紧时，张紧轮一般放在带的松边内侧并应尽量靠近大带轮一边，这样可使带只受单向弯曲，且小带轮的包角不致过分减小。

如图 6—1—8b 所示的摆锤式自动张紧装置适用于平带传动时，张紧轮一般应放在松边外侧，并要靠近小带轮处。这样小带轮包角可以增大，提高了平带的传动能力。

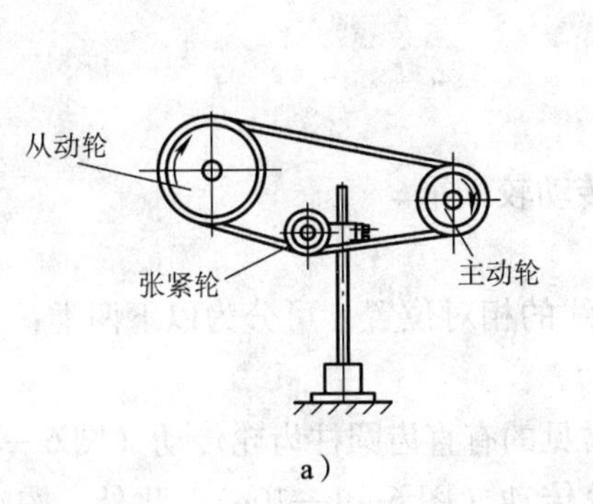

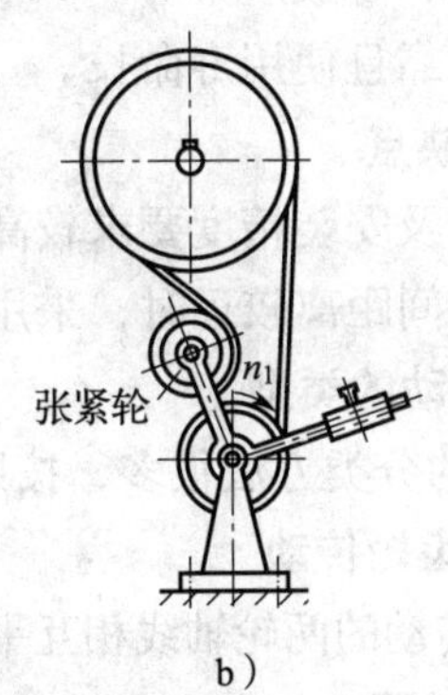

图 6—1—8　张紧轮的布置

a）定期张紧装置　b）摆锤式自动张紧装置

3．带传动的安装与维护

正确的安装和维护是保证带传动正常工作、延长胶带使用寿命的有效措施，一般应注意以下几点：

（1）平行轴传动时各带轮的轴线必须保持规定的平行度。V 带传动主动轮与从动轮轮槽必须调整在同一平面内，误差不得超过 20′；否则会引起 V 带的扭曲，使两侧面过早磨损，如图 6—1—9 所示。

（2）套装带时不得强行撬入。应先将中心距缩小，将带套在带轮上，再逐渐调大中心距拉紧带，直至所加测试力满足规定为止。

（3）多根V带传动时，为避免各根V带载荷分布不均匀，带的配组公差（可参阅有关手册）应在规定的范围内。

（4）对带传动应定期检查并及时调整，发现损坏的V带应及时更换，新旧带、普通V带和窄V带、不同规格的V带均不能混合使用。

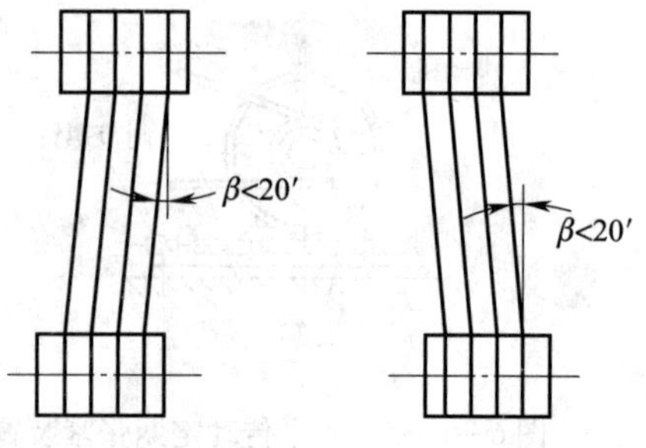

图6—1—9　带轮的安装位置

（5）带传动装置必须安装安全防护罩。这样既可防止绞伤人，又可以防止灰尘、油及其他杂物飞溅到带上影响传动。

4. 齿轮机构的特点

机床、汽车、摩托车、手表等仪器设备中广泛应用了齿轮传动，齿轮传动是近代机械传动中用得最多的传动形式之一。它不仅可用于传递运动，如各种仪表机构；而且可用于传递动力，如常见的各种减速装置、机床传动系统等。

（1）主要优点

1）能保证传动比恒定不变。

2）适用的载荷与速度范围很广，传递的功率可由很小到几万千瓦，圆周速度可达150 m/s。

3）结构紧凑。

4）效率高，一般效率 $\eta = 0.94 \sim 0.99$。

5）工作可靠且使用寿命长。

（2）主要缺点

1）对制造及安装精度要求较高。

2）当两轴间距离较远时，采用齿轮传动较笨重。

5. 齿轮传动的类型

齿轮传动的分类方法很多，按照两轴线的相对位置，可分为以下两类：

（1）平面齿轮传动

平面齿轮传动的两轮轴线相互平行，常见的有直齿圆柱齿轮传动（图6—1—10a）、斜齿圆柱齿轮传动（图6—1—10d）、人字齿轮传动（图6—1—10e）。此外，按啮合方式区分，前两种齿轮传动又可分为外啮合传动（图6—1—10a、d）、内啮合传动（图6—1—10b）和齿轮齿条传动（图6—1—10c）。

（2）空间齿轮传动

两轴线不平行的齿轮传动称为空间齿轮传动，如直齿锥齿轮传动（图6—1—11a）、交错轴斜齿轮传动（图6—1—11b）和蜗轮蜗杆传动（图6—1—11c）。

另外，齿轮传动按照齿轮的圆周速度可分为低速传动（$v < 3$ m/s）、中速传动（$v = 3 \sim 15$ m/s）和高速传动（$v > 15$ m/s）。

按齿轮的工作情况齿轮传动可以分为开式齿轮传动和闭式齿轮传动。

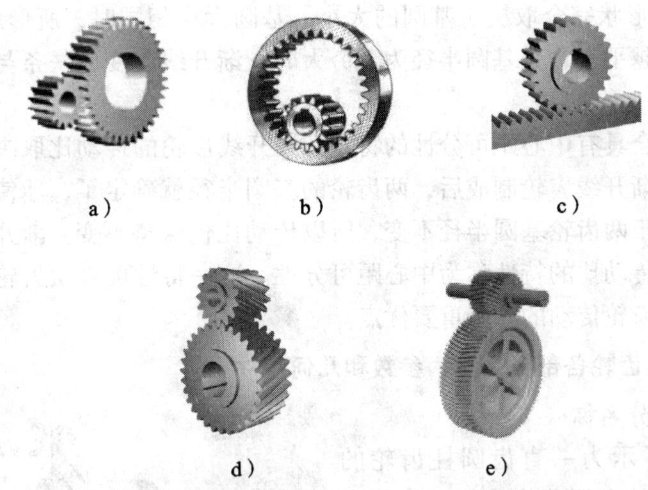

图 6—1—10　平面齿轮传动

a）直齿圆柱齿轮传动　b）内啮合传动

c）齿轮齿条传动　d）斜齿圆柱齿轮传动　e）人字齿轮传动

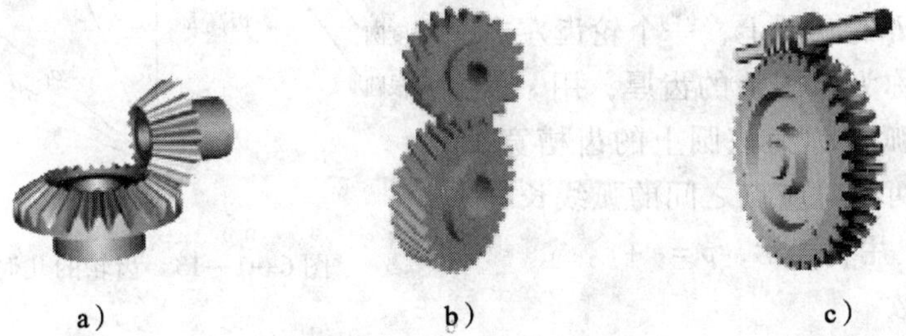

图 6—1—11　空间齿轮传动

a）直齿锥齿轮传动　b）交错轴斜齿轮传动　c）蜗轮蜗杆传动

6. 渐开线齿廓

齿轮齿廓形状一般为渐开线。当一条直线 AB 沿一圆周做纯滚动时，此直线上任一点 K 的轨迹即称为该圆的渐开线，如图 6—1—12 所示。该圆称为渐开线的基圆，基圆半径以 r_b 表示，该直线 AB 称为渐开线的发生线。

根据渐开线的形成过程可知它具有下列特性：

(1) 因发生线在基圆上做无滑动的纯滚动，故发生线所滚过的一段长度必等于基圆上被滚过的圆弧的长度。

(2) 当发生线沿基圆做纯滚动时，N 点为速度瞬心，K 点的速度垂直于 NK，且与渐开线 K 点的切线方向一致，所以发生线即渐开线在 K 点的法线。又因 NK 线切于基圆，所以渐开线上任一点的法线必与基圆相切。此外，N 点为渐开线上 K 点的曲率中心，线段 NK 为渐开线上 K 点的曲率半径。显然，渐开线越接近基圆部分，其曲率半径越小，即曲率越大。

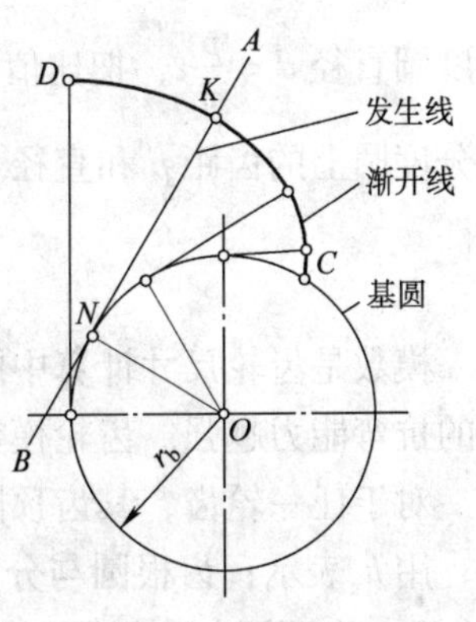

图 6—1—12　渐开线的形成

（3）渐开线的形状完全取决于基圆的大小。基圆大小相同时，所形成的渐开线相同。基圆越大，渐开线越平直，当基圆半径为无穷大时，渐开线就变成一条与发生线垂直的直线（齿条的齿廓）。

渐开线齿廓啮合具有中心距可分性的特点。渐开线齿轮的传动比取决于两齿轮基圆半径的大小，当一对渐开线齿轮制成后，两齿轮的基圆半径就确定了，即使安装后两齿轮中心距稍有变化，由于两齿轮基圆半径不变，所以传动比仍保持不变。渐开线齿轮这种不因中心距变化而改变传动比的特性称为中心距可分性。这一特性可补偿齿轮制造和安装方面的误差，是渐开线齿轮传动的一个重要优点。

7. 渐开线标准齿轮各部分名称、参数和几何尺寸

（1）齿轮各部分名称

图6—1—13所示为一直齿圆柱齿轮的一部分，相邻两齿的空间称为齿间。齿间底部连成的圆称为齿根圆，直径用 d_f 表示。连接齿轮各齿顶的圆称为齿顶圆，直径用 d_a 表示。

任意直径为 d_k 的圆周上，一个轮齿左右两侧齿廓的弧长称为该圆上的齿厚，用 s 表示；而一齿间的弧长称为该圆上的齿槽宽，用 e 表示；相邻两齿对应点之间的弧线长称为该圆上的齿距，用 p 表示，$p = e + s$。

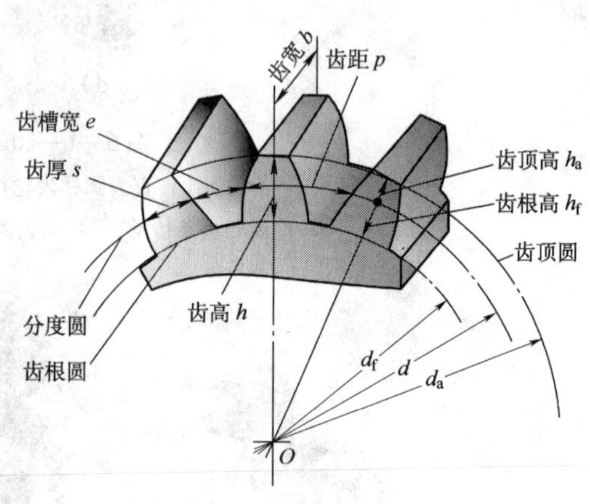

图6—1—13　齿轮的几何尺寸

（2）主要参数

设 d 为任意圆的直径，z 为齿数，根据齿距的定义可得：

$$p = \frac{\pi d}{z} \text{ 或 } d = \frac{p}{\pi}z$$

上式中含有无理数“π”，为了便于设计、制造及互换使用，在齿轮上取一基准圆，使该圆周上的 $\frac{p}{\pi}$ 比值等于一些较简单的数值，并使该圆上的压力角等于规定的某一数值，该圆称为分度圆，其直径用 d 表示，分度圆上的压力角以 α 表示，我国采用20°为标准值。分度圆直径 $d = \frac{p}{\pi}z$，把比值 p/π 规定为标准值，用 m 来表示，称为模数，单位为mm。于是分度圆上的齿距 p 和直径 d 分别为：

$$p = \pi m(\text{mm})$$
$$d = mz(\text{mm})$$

模数是齿轮尺寸计算中的一个基本参数，模数越大，则齿距越大，轮齿也就越大，轮齿的抗弯能力越强。齿轮模数已标准化，我国常用的标准模数见表6—1—1。

对于任一轮齿，其齿顶圆与分度圆间的部分称为齿顶，它沿半径方向的高度称为齿顶高，用 h_a 表示；齿根圆与分度圆间的部分称为齿根，它沿半径方向的高度称为齿根高，用 h_f 表示；齿顶圆与齿根圆间沿半径方向的高度称为全齿高，用 h 表示，因此：

表 6—1—1　　常用的标准模数 m（摘自 GB/T 1357—2008）

第一系列	1	1.25	1.5	2	2.5	3	4	5	6
	8	10	12	16	20	25	32	40	50
第二系列	1.125	1.375	1.75	2.25	2.75	3.5	4.5	5.5	(6.5) 7
	9	11	14	18	22	28	36	45	

注：1. 本表适用于渐开线圆柱齿轮。对斜齿轮是指法向模数。优先采用第一系列，括号内的数尽量不用。
2. 不适用于汽车齿轮。

$$h = h_a + h_f$$

设计中，将模数 m 作为齿轮各部分几何尺寸的计算基础，因此，齿顶高可表示为 $h_a = h_a^* m$，齿根高可表示为 $h_f = (h_a^* + c^*) m$，其中，h_a^* 称为齿顶高系数，c^* 称为顶隙系数。它们有两种标准数值：

正常齿　$h_a^* = 1$，$c^* = 0.25$

短齿　$h_a^* = 0.8$，$c^* = 0.3$

凡模数、压力角、齿顶高系数与顶隙系数等于标准数值，且分度圆上齿厚与齿槽宽相等的齿轮称为标准齿轮。因此，对于标准齿轮有：

$$s = e = \frac{p}{2} = \frac{\pi m}{2}$$

对于一对模数、压力角相等的标准齿轮，由于其分度圆上的齿厚与齿槽宽相等，因此，正确安装时分度圆与节圆重合，可看成两轮的分度圆相切做纯滚动。标准齿轮的这种安装称为标准安装，其中心距称为标准中心距。

对于单个齿轮而言，节圆、啮合角都是不存在的，只有当一对齿轮互相啮合时，节圆和啮合角才有意义。这时，节圆可能与分度圆重合，也可能不重合，须视两齿轮的安装是否正确而定。对于正确安装的一对齿轮，其啮合角 α' 等于分度圆上的压力角 α。

（3）标准直齿圆柱齿轮的几何尺寸

标准直齿圆柱齿轮的几何尺寸按表 6—1—2 进行计算。

表 6—1—2　　标准直齿圆柱齿轮各部分尺寸的几何关系

名称	符号	公式		
		外齿轮	内齿轮	齿条
模数	m	强度计算后获得		
分度圆直径	d	$d = mz$		
齿顶高	h_a	$h_a = h_a^* m$		
齿根高	h_f	$h_f = (h_a^* + c^*) m$		
全齿高	h	$h = (2h_a^* + c^*) m$		
齿顶圆直径	d_a	$d_a = (z + 2h_a^*) m$	$d_a = (z - 2h_a^*) m$	∞
齿根圆直径	d_f	$d_f = (z - 2h_a^* - 2c^*) m$	$d_f = (z + 2h_a^* + 2c^*) m$	∞
中心距	a	$a = (d_1 + d_2) / 2$	$a = (d_1 - d_2) / 2$	∞
基圆直径	d_b	$d_b = d\cos\alpha$		∞
齿距	p	$p = \pi m$		
齿厚	s	$s = \pi m/2$		
齿槽宽	e	$e = \pi m/2$		

例：已知一正常齿制的标准直齿圆柱齿轮，齿数 $z_1=20$，模数 $m=2$ mm，拟将该齿轮作为某外啮合传动的主动齿轮，现须配一从动齿轮，要求传动比 $i=3.5$，试计算从动齿轮的几何尺寸及两轮的中心距。

解：根据给定的传动比 i，可计算从动轮的齿数

$$z_2 = iz_1 = 3.5 \times 20 = 70$$

已知齿轮的齿数 z_2 及模数 m，由表 6—1—2 所列公式可以计算从动齿轮各部分尺寸。

分度圆直径 $d_2 = mz_2 = 2 \times 70 = 140$ mm

齿顶圆直径 $d_{a2} = (z_2 + 2h_a^*)\ m = (70 + 2 \times 1) \times 2 = 144$ mm

齿根圆直径 $d_f = (z_2 - 2h_a^* - 2c^*)\ m = (70 - 2 \times 1 - 2 \times 0.25) \times 2 = 135$ mm

全齿高 $h = (2h_a^* + c^*)\ m = (2 \times 1 + 0.25) \times 2 = 4.5$ mm

中心距 $a = \dfrac{d_1 + d_2}{2} = \dfrac{m}{2}(z_1 + z_2) = \dfrac{2}{2} \times (20 + 70) = 90$ mm

8. 渐开线标准直齿圆柱齿轮的正确啮合条件和标准中心距

（1）正确啮合条件

为保证齿轮传动时各对齿之间能平稳传递运动，在齿对交替过程中不发生冲击，必须符合正确啮合条件。

一对渐开线齿轮的正确啮合条件为：

1）两齿轮的模数必须相等。

2）两齿轮分度圆上的压力角必须相等。

这样，一对齿轮的传动比可写成

$$i = \frac{\omega_1}{\omega_2} = \frac{n_1}{n_2} = \frac{d_2'}{d_1'} = \frac{d_2}{d_1} = \frac{z_2}{z_1}$$

（2）标准中心距

正确安装的渐开线齿轮，理论上应为无齿侧间隙啮合，即一轮节圆上的齿槽宽与另一轮节圆齿厚相等。标准齿轮正确安装时齿轮的分度圆与节圆重合，啮合角 $\alpha' = \alpha = 20°$。

一对外啮合齿轮的中心距为：

$$a = \frac{d_1' + d_2'}{2} = \frac{d_1 + d_2}{2} = \frac{m}{2}(z_1 + z_2)$$

一对内啮合齿轮的中心距为：

$$a = \frac{d_2' - d_1'}{2} = \frac{d_2 - d_1}{2} = \frac{m}{2}(z_2 - z_1)$$

由于渐开线齿廓具有可分性，两轮中心距略大于正确安装中心距时仍能保持瞬时传动比恒定不变，但齿侧出现间隙，反转时会有冲击。

9. 齿轮的加工方法

齿轮的加工方法很多，如铸造法、冲压法、热轧法、切削法等。其中最常用的还是切削加工。按切削齿廓的原理不同，可分为仿形法和范成法。

(1) 仿形法

仿形法是指在铣床上用与齿槽形状相同的盘形铣刀（图 6—1—14a）或指形铣刀（图 6—1—14b）逐个切去齿槽，从而得到渐开线齿廓。

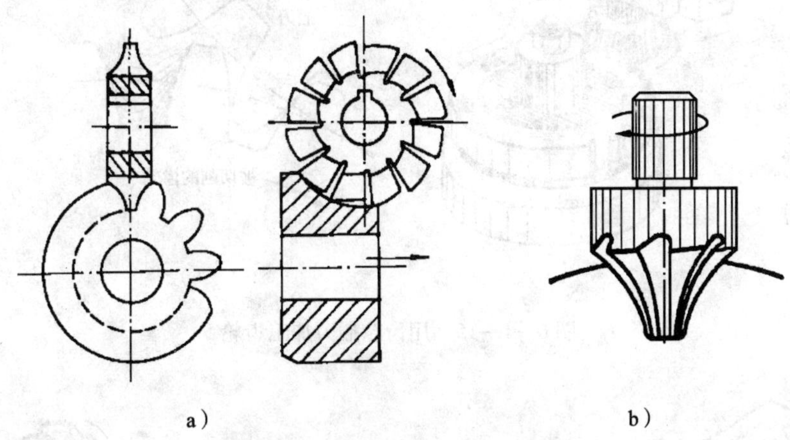

图 6—1—14　用仿形法加工齿轮

由于渐开线齿廓形状取决于基圆大小，而基圆直径 $d_b = mz\cos\alpha$，即模数 m、压力角 α 和齿数 z 决定齿廓形状。同一模数和压力角的齿轮，齿数不同，齿形就不同，这样加工不同齿数的齿轮就要制造许多刀具，显然这是不可能的。为了减少铣刀数量，对于同一模数和压力角的齿轮，按齿数范围分为 8 组，每组用一把刀具来加工，刀具形状按范围内最少齿形设计。

仿形法加工齿轮的方法简单，不需要专用的齿轮加工机床，但是，生产效率低，加工精度低，故只适合于精度要求不高，单件、小批量生产。

(2) 范成法

范成法是利用一对齿轮（或齿轮和齿条）互相啮合时，其共轭齿廓互为包络的原理来加工齿轮的。用范成法切齿的常用刀具有齿轮插刀、齿条插刀及齿轮滚刀三种。

图 6—1—15 所示为用齿轮插刀加工齿轮的情况，具有渐开线齿形的齿轮插刀和被切齿轮都按规定的传动比转动。根据正确啮合条件，被切齿轮的模数和压力角与插刀相同。插刀沿被切齿轮轴线方向做往复切削运动，同时模仿一对齿轮啮合传动，插刀在被切齿轮上切出一系列渐开线外形，这些渐开线包络即为被切齿轮的渐开线齿廓。切制相同模数和压力角、不同齿数的齿轮时，只需用同一把插刀即可。

图 6—1—16 所示为用齿条插刀加工齿轮的情况。当齿轮插刀的齿数增至无穷多时，其基圆半径变为无穷大，渐开线齿廓为直线齿廓，齿轮插刀便变为齿条插刀。其加工原理与齿轮插刀切削齿轮相同。用齿条插刀加工所得的轮齿齿廓也为切削刃在各个位置的包络线。由于齿条插刀的齿廓为直线，比齿轮插刀容易制造，精度高，但因为齿条插刀长度有限，每次移动全长后要求复位，所以生产效率低。

图 6—1—17 所示为用齿轮滚刀加工齿轮的情况。滚刀是蜗杆形状的铣刀，它的纵剖面为具有直线齿廓的齿条，当滚刀转动时，相当于齿条在移动，按范成法原理加工齿轮，它们的包络线形成被切齿轮的渐开线齿廓。

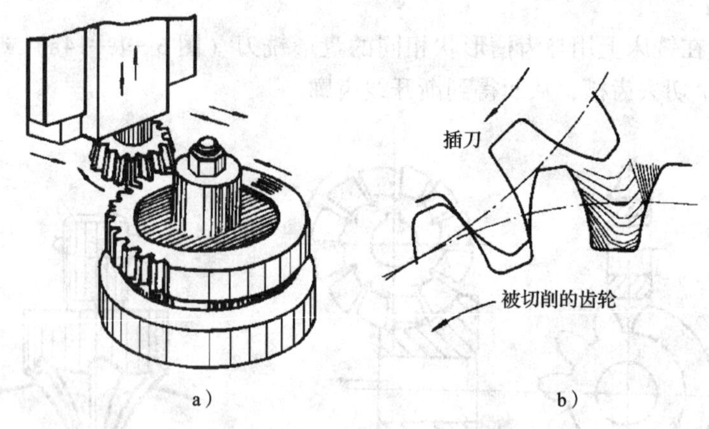

图 6—1—15　用齿轮插刀加工齿轮

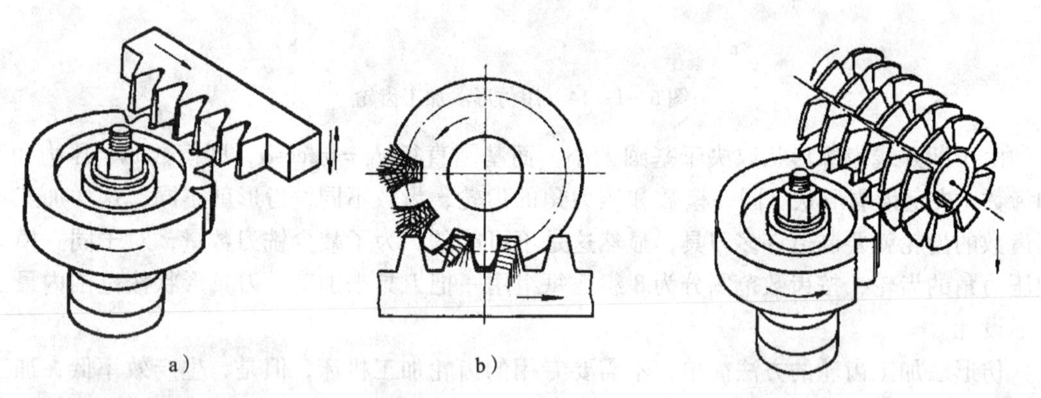

图 6—1—16　用齿条插刀加工齿轮

图 6—1—17　用齿轮滚刀加工齿轮

由于滚刀加工是连续切削，而插刀加工有进刀和退刀，是间断切削。所以，滚刀加工生产效率较高，是目前应用最为广泛的加工方法。但是在切削时被切齿廓略有误差，因此加工精度略低。

二、螺旋传动

1. 螺旋传动的特点

螺旋运动是构件的一种空间运动，它由具有一定制约关系的转动及沿转动轴线方向的移动两部分组成。组成运动副的两构件只能沿轴线做相对螺旋运动的运动副称为螺旋副。螺旋副是面接触的低副。

螺旋传动是利用螺旋副来传递运动和（或）动力的一种机械传动，可以方便地把主动件的回转运动转变为从动件的直线运动。

与其他将回转运动转变为直线运动的传动装置（如曲柄滑块机构）相比，螺旋传动具有结构简单，工作连续、平稳，承载能力大，传动精度高等优点，因此广泛应用于各种机械和仪器中。它的缺点是摩擦损失大，传动效率较低；但滚动螺旋传动的应用已使螺旋传动摩擦大、易磨损和效率低的缺点得到了很大程度的改善。

2. 螺旋传动的分类

常用的螺旋传动有普通螺旋传动、差动螺旋传动和滚珠螺旋传动等。

(1) 普通螺旋传动

由构件螺杆和螺母组成的简单螺旋副实现的传动是普通螺旋传动，常用的有以下几种形式：

1）螺母固定不动、螺杆回转并做直线运动。图 6—1—18 所示为螺杆回转并做直线运动的台虎钳。与活动钳口 2 组成转动副的螺杆 1 以右旋单线螺纹与螺母 4 啮合组成螺旋副。螺母 4 与固定钳口 3 连接。当螺杆按图示方向相对螺母 4 做回转运动时，螺杆连同活动钳口向右做直线运动（简称右移），与固定钳口实现对工件的夹紧；当螺杆反向回转时，活动钳口随螺杆左移，松开工件。通过螺旋传动，完成夹紧与松开工件的要求。

螺母不动、螺杆回转并移动的形式通常应用于螺旋压力机、千分尺等。

2）螺杆固定不动、螺母回转并做直线运动。图 6—1—19 所示为螺旋千斤顶中的一种结构形式，螺杆 4 连接于底座固定不动，转动手柄 3 使螺母 2 回转并做上升或下降的直线运动，从而举起或放下托盘 1。

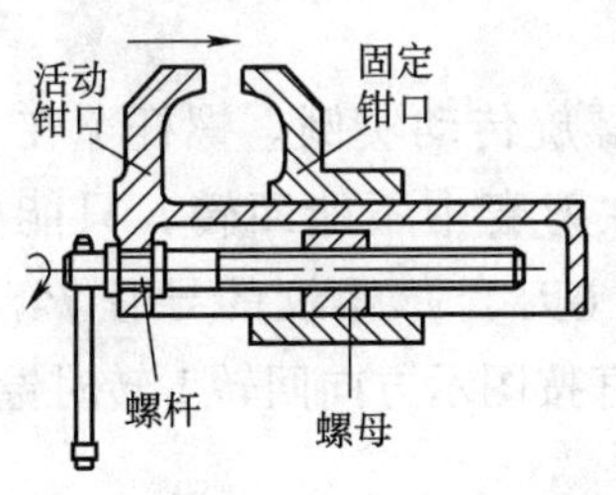

图 6—1—18　台虎钳

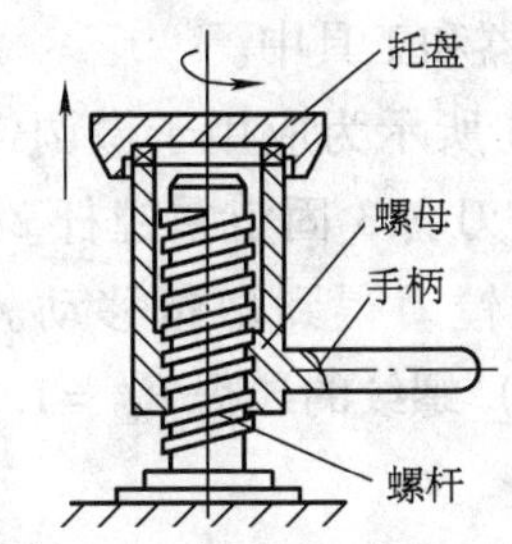

图 6—1—19　螺旋千斤顶

3）螺杆回转、螺母做直线运动。图 6—1—20 所示为螺杆回转、螺母做直线运动的传动结构。螺杆与机架组成转动副，螺母与螺杆以左旋螺纹啮合并与工作台连接。当转动手轮使螺杆按图示方向回转时，螺母带动工作台沿机架的导轨向右做直线运动。

螺杆回转、螺母做直线运动的形式应用较广，如车床横刀架等。

4）螺母回转、螺杆做直线运动。图 6—1—21 所示为应力试验机上的观察镜螺旋调整

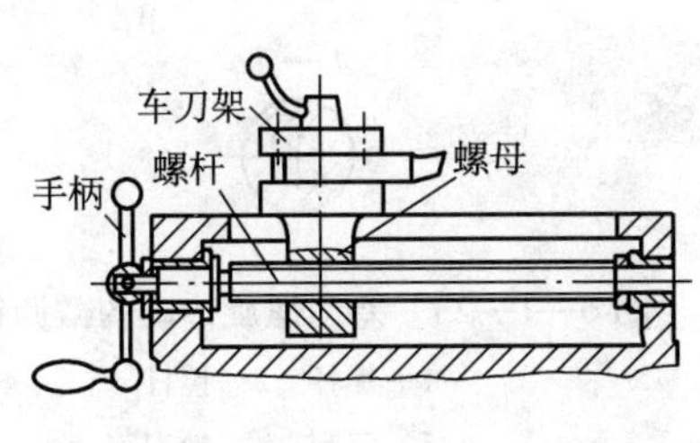

图 6—1—20　车床横刀架

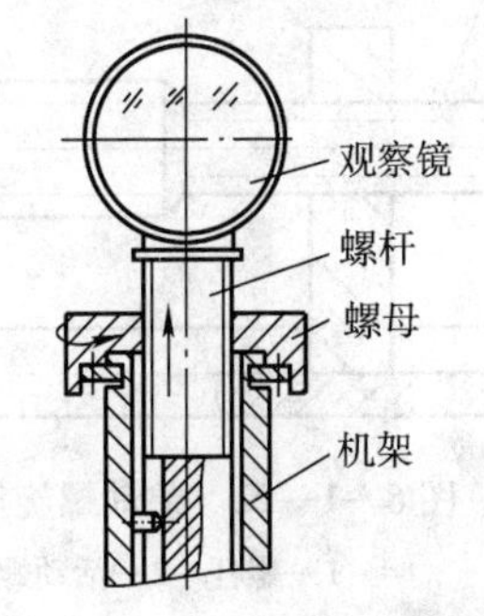

图 6—1—21　观察镜螺旋调整装置

装置。螺杆、螺母为左旋螺旋副。当螺母按图示方向回转时，螺杆带动观察镜向上移动；螺母反向回转时，螺杆连同观察镜向下移动。

（2）差动螺旋传动

由两个螺旋副组成的使活动的螺母与螺杆产生差动（即不一致）的螺旋传动称为差动螺旋传动。

1）差动螺旋传动原理。图6—1—22所示为一差动螺旋机构。螺杆1分别与活动螺母2和机架3组成两个螺旋副，机架上为固定螺母（不能移动），活动螺母不能回转而只能沿机架的导向槽移动。设机架和活动螺母的旋向同为右旋，当如图示方向回转螺杆时，螺杆相对机架向左移动，而活动螺母相对螺杆向右移动，这样活动螺母相对机架实现差动移动，螺杆每转1转，活动螺母实际移动距离为两段螺纹导程之差。如果机架上螺母的螺纹旋向仍为右旋，活动螺母的螺纹旋向为左旋，则如图6—1—22所示回转螺杆时，螺杆相对机架左移，活动螺母相对螺杆也左移，螺杆每转1转，活动螺母实际移动距离为两段螺纹的导程之和。

2）差动螺旋传动的应用实例。差动螺旋传动机构可以产生极小的位移，而其螺纹的导程并不需要很小，加工较容易。所以差动螺旋传动机构常用于测微器、分度机及诸多精密切削机床、仪器和工具中。

图6—1—23所示为应用于微调镗刀上的差动螺旋传动实例。螺杆1在Ⅰ和Ⅱ两处均为右旋螺纹，刀套3固定在镗杆2上，镗刀4在刀套中不能回转，只能移动。当螺杆回转时，可使镗刀得到微量移动。设固定螺母（刀套）螺纹的导程 $P_{h1}=1.5$ mm，活动螺母（镗刀）螺纹的导程 $P_{h2}=1.25$ mm，则螺杆按图示方向回转1转时镗刀移动距离为：

$$L = N(P_{h1} - P_{h2}) = 1 \times (1.5 - 1.25) = +0.25\ \text{mm}(\text{右移})$$

如果螺杆圆周按100等份刻线，螺杆每转过1格，镗刀的实际位移 $L=1/100\times(1.5-1.25)=+0.0025$ mm。

由该例可知，差动螺旋传动可以方便地实现微量调节。

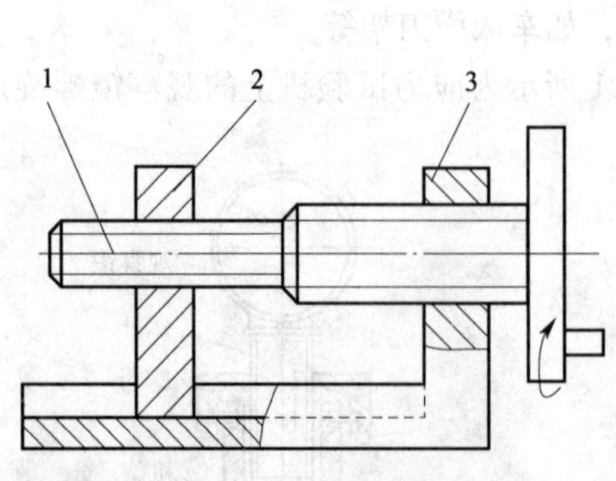

图6—1—22　差动螺旋传动原理

1—螺杆　2—活动螺母

3—机架

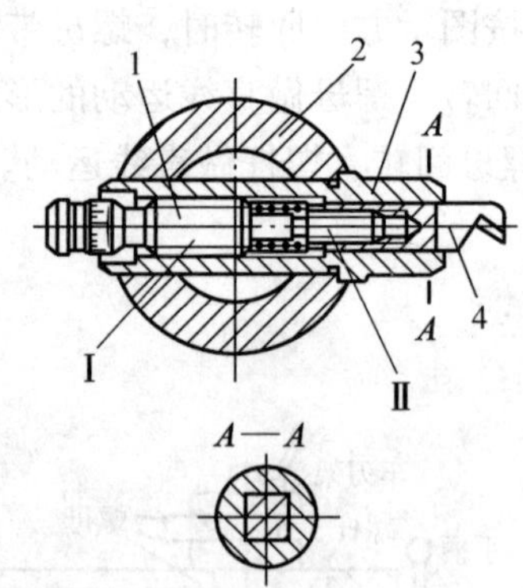

图6—1—23　差动螺旋传动的微调镗刀

1—螺杆　2—镗杆

3—刀套　4—镗刀

(3) 滚珠螺旋传动

在普通的螺旋传动中，由于螺杆与螺母牙侧表面之间的相对运动是滑动摩擦，因此，传动阻力大，摩擦损失严重，效率低。为了改善螺旋传动的功能，经常用滚珠螺旋传动新技术（图 6—1—24），用滚动摩擦来替代滑动摩擦。

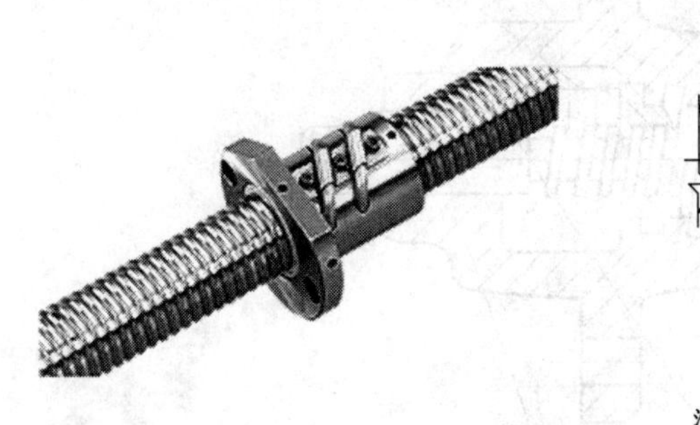
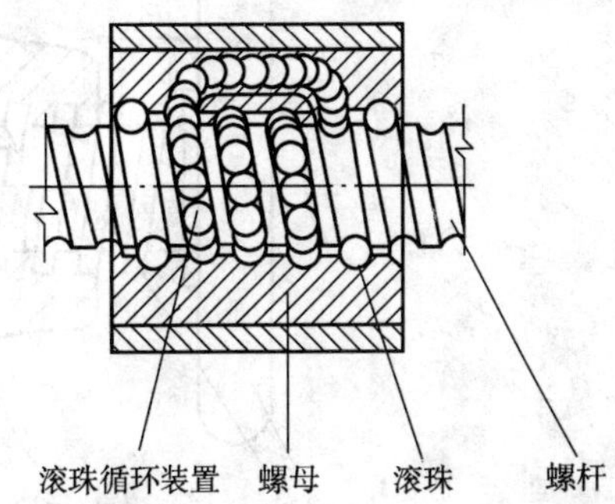

图 6—1—24　滚珠螺旋传动

滚珠螺旋传动主要由滚珠、螺杆、螺母及滚珠循环装置组成。其工作原理如下：在螺杆和螺母的螺纹滚道中装有一定数量的滚珠（钢球），当螺杆与螺母做相对螺旋运动时，滚珠在螺纹滚道内滚动，并通过滚珠循环装置的通道构成封闭循环，从而实现螺杆与螺母间的滚动摩擦。

滚珠螺旋传动具有滚动摩擦阻力很小、摩擦损失小、传动效率高、传动时运动稳定、动作灵敏等优点。但其结构复杂，外形尺寸较大，制造技术要求高，因此成本也较高。目前，主要应用于精密传动的数控机床（滚珠丝杠传动）以及自动控制装置、升降机构和精密测量仪器等。

课后练习

1. 机械传动分为__________、__________、__________。

2. 摩擦带传动是依靠带与带轮之间的________传递运动的。摩擦带分为________、__________、__________、__________四种。

3. 齿轮传动分为__________、__________两种。

4. 一对渐开线齿轮的正确啮合条件为两齿轮的__________相等，__________相等。

5. 齿轮传动的最基本要求是什么？齿廓的形状符合什么条件才能满足上述要求？

6. 带传动与齿轮传动各有什么优缺点？

7. 现有一对标准直齿圆柱外齿轮。已知模数 $m = 2.5$ mm，齿数 $z_1 = 23$，$z_2 = 57$，求传动比、分度圆直径、齿顶圆直径、齿根圆直径、基圆直径、中心距和分度圆上的齿距、齿厚、齿槽宽。

8. 图 6—1—25 所示为一种差动螺旋微调机构。手轮 4 与螺杆 3 固定连接，螺杆与机架 1 的内螺纹组成一螺旋副 P_{h1}，导程为 2 mm，螺杆以内螺纹与移动螺杆 2 组成另一螺旋副 P_{h2}，导程为 1.5 mm，移动螺杆在机架内只能沿导向键左右移动而不能转动。设两螺旋副均为右旋，则如图6—1—25所示方向回转手轮时，螺杆右移，移动螺杆相对螺杆左移，试计算当手轮转过45°角度时移动螺杆的实际位移量。

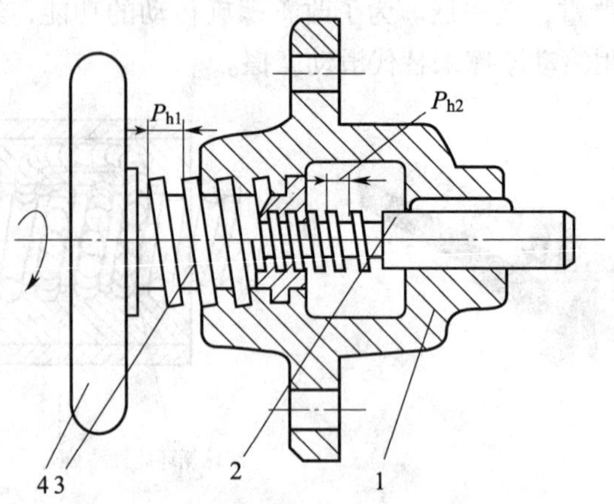

图6—1—25　差动螺旋微调机构

1—机架　2—移动螺杆　3—螺杆　4—手轮

第二节　液压传动

学习目标

1. 了解液压传动的工作特性、液压系统的组成及其作用。
2. 能读懂液压基本回路图。
3. 了解数控机床中的液压系统。

液压传动技术广泛应用于数控机床生产中，如工件的自动夹紧装置、切削液的使用等。液压传动装置由于使用工作压力高的油性介质，因此机构输出力大，机械结构紧凑，动作平稳、可靠，易于调节，噪声较小。

一、液压传动概述

1. 液压传动的定义及工作特性

以液体为介质，依靠流动着液体的压力来传递动力的传动称为液压传动。

液压传动的工作特性：

(1) 液压系统的压力（简称系统压力）大小（在有效承压面积一定的前提下）取决于外界负载。

(2) 执行元件的速度（在有效承压面积一定的前提下）取决于系统的流量。

这两个特性有时也简称为压力取决于负载；速度取决于流量。

2. 液压系统的组成

液压系统主要由能源装置、执行元件、调节控制元件和辅助元件组成。

（1）能源装置

能源装置是将电动机输入的回转式机械能转换为油液的压力能（压力和流量）输出的能量转换装置，一般最常见的形式是液压泵（图6—2—1）。

（2）执行元件

执行元件是将油液的压力能转换成直线式或回转式机械能输出的能量转换装置，一般情况下，它可以是做直线运动的液压缸（图6—2—2），也可以是做回转运动的液压马达。

图6—2—1 液压泵

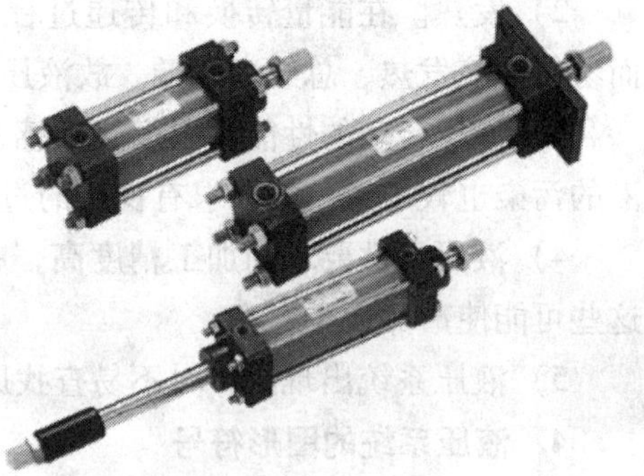

图6—2—2 液压缸

（3）调节控制元件

调节控制元件是控制液压系统中油液的流量、压力和流动方向的装置，即控制液体流量的流量阀（如节流阀等）、控制液体压力的压力阀（如溢流阀等）及控制液体流动方向的方向阀（如换向阀等）。

图6—2—3 液压阀

（4）辅助元件

辅助元件是指除上述三项以外的其他装置，如油箱、滤油器、油管、管接头、热交换器、蓄能器等。这些元件对保证系统可靠、稳定、持久地工作有重大作用。

3. 液压传动的特点

（1）液压传动的优点（与机械、电力等传动相比）

1）能方便地进行无级调速，且调速范围大。

2）功率质量比大。一方面，在相同的输出功率前提下，液压传动设备的体积小、质量轻、惯性小、动作灵敏（这对于液压自动控制系统具有重要意义）；另一方面，在体积或质量相近的情况下，液压传动的输出功率大，能传递较大的转矩或推力（如万吨水压机等）。

3）调节、控制简单，方便，省力，易实现自动化控制和过载保护。

4）可实现无间隙传动，运动平稳。

5）因传动介质为油液，故液压元件有自我润滑作用，使用寿命长。

6）可采用大推力的液压缸和大转矩的液压马达直接带动负载，从而省去了中间的减速装置，使传动简化。

7）液压元件实现了标准化、系列化，便于设计、制造和推广使用。

（2）液压传动的缺点

1）泄漏。因传动介质油液是在一定的压力下，有时是在较高的压力下工作的，因此，在有相对运动的表面间不可避免地要产生泄漏。同时，由于油液不是绝对不可以压缩的，油管等也会产生弹性变形，这就使得液压传动不宜用在传动比要求较严格的场合。

2）发热。在能量转换和传递过程中，由于存在机械摩擦、压力损失、泄漏损失，因而易使油液发热、总效率降低。故液压传动不宜用于远距离传动。

3）液压传动的性能对温度较敏感，故不宜在高温及低温下工作。液压传动装置对油液的污染也较敏感，故要求有良好的过滤设施。

4）液压元件要求的加工精度高，在一般情况下又要求有独立的能源（如液压泵站），这些可能使产品成本提高。

5）液压系统出现故障时不易查找原因，不易迅速排除故障。

4. 液压系统的图形符号

液压系统的图形符号有两种，一种是半结构图，在这种图中对每个液压元件只表示出其内部结构原理，外部形状则一律不表示，故称为半结构图。这种图的优点是直观性强，容易理解，当液压系统发生故障时查找方便；缺点是图形较复杂，特别是当系统元件较多时绘制更不方便，占地面积也较大。

另一种是职能符号图，在这种图形中每个液压元件都用国家规定的图形符号（GB/T 786.1—2009）来表示。这些符号只表示相应元件的职能（作用）、连接系统的通路，不表示元件的具体结构和参数，并规定各符号所表示的都是相应元件的静止位置或零位置（初始位置）。这种图的特点是图面简洁，油路走向清楚，对系统的分析、设计都很方便。因此现在世界各国采用较多（具体表示方法大同小异）。如果某些自行设计的非标准液压件无法用职能符号表示时，仍可采用半结构图。

二、液压元件和液压油

1. 液压泵和液压马达

（1）工作原理

容积式泵内形成若干个密闭的工作腔，当密闭工作腔的容积从小向大变化时，形成部分真空，吸油；当密闭工作腔的容积从大向小变化时，进行压油（排油）。泵的输油能力（输出流量的大小）是由密闭工作腔的数目、容积变化的大小及容积变化的快慢决定的。液压马达是执行元件，是把入口输入液体的压力能转换成回转式机械能输出的能量转换装置。从工作原理上来讲，液压马达是把容积式泵倒过来使用，即向泵输入压力油，输出的是转速和转矩。对于不同类型的液压马达，其具体的工作原理有所差别。另外，从理论上来讲，容积式泵和其相应的液压马达是可逆的。但由于功用不同，它们（泵和相应的液压马达）的实际结构有所差别。

(2) 液压泵和液压马达的职能符号

液压泵(单、双向定量泵,单、双向变量泵)和液压马达(单、双向定量液压马达,单、双向变量液压马达)的职能符号如图 6—2—4 所示。

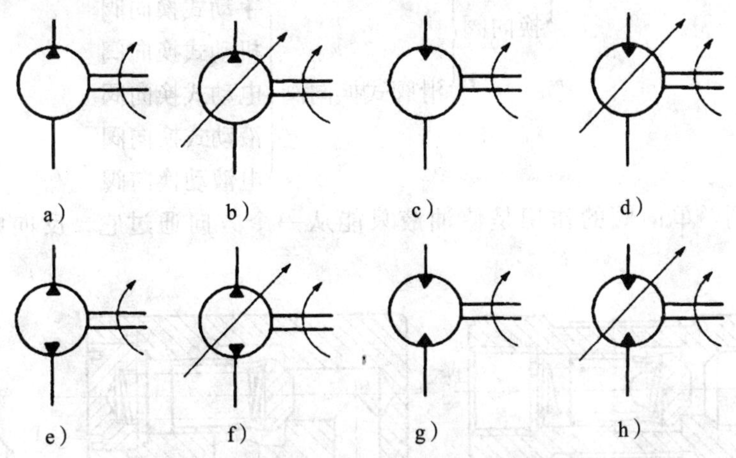

图 6—2—4　液压泵和液压马达的职能符号

a) 单向定量泵　b) 单向变量泵　c) 单向定量液压马达　d) 单向变量液压马达
e) 双向定量泵　f) 双向变量泵　g) 双向定量液压马达　h) 双向变量液压马达

2. 液压缸

液压缸的类型很多,按不同的分类方法有不同的类型。

(1) 按作用方式分

液压缸分为单作用式和双作用式两大类。单作用式液压缸一个方向的运动靠液压力来实现,而反向运动则依靠重力或弹簧力等实现。双作用式液压缸正、反两个方向的运动都依靠液压力来实现。

(2) 按不同的使用压力分

液压缸可分为中压液压缸、低压液压缸、中高压液压缸和高压液压缸。对于机床类机械,一般采用中低压液压缸,其额定压力为 2.5 ~ 6.3 MPa;对于要求体积小、质量轻、出力大的建筑车辆和飞机用液压缸多采用中高压液压缸,其额定压力为 10 ~ 16 MPa;对于油压机一类机械,大多数采用高压液压缸,其额定压力为 25 ~ 31.5 MPa。

(3) 按结构形式分

液压缸有活塞式、柱塞式、摆动式、伸缩式等形式。其中以活塞式液压缸应用最多。而活塞式液压缸又有单活塞杆和双活塞杆、缸定式和杆定式的不同结构及运动方式。

液压缸图形符号如图 6—2—5 所示。

图 6—2—5　液压缸图形符号

a) 无缓冲液压缸　b) 缓冲液压缸

3. 液压阀

常用阀有方向阀、压力阀、流量阀。

(1) 方向阀

方向阀分类如下:

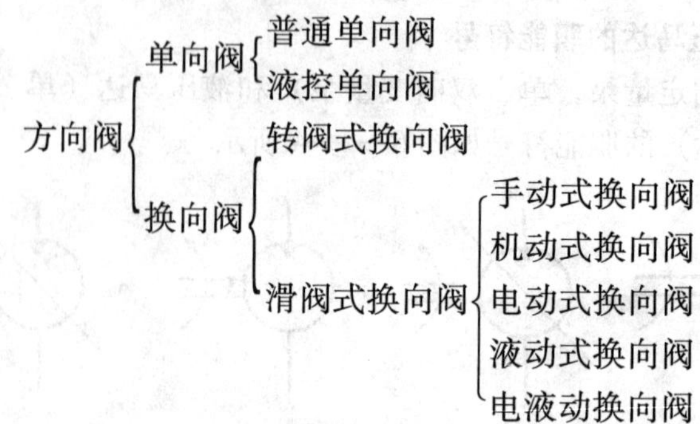

1）单向阀。单向阀的作用是使油液只能从一个方向通过它，反向则不通，如图6—2—6所示。

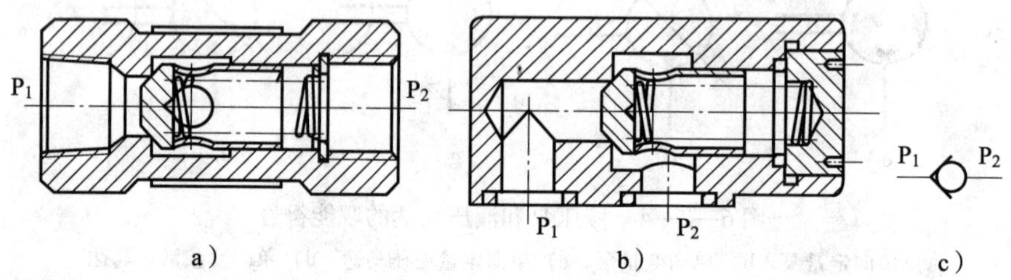

图6—2—6　单向阀

a）直通式　b）直角式　c）图形符号

2）换向阀。换向阀的作用是通过阀芯与阀体相互位置的变化来控制油液的切断、导通或变向，以实现执行元件的停止、启动、运动或换向。

换向阀按阀芯的可变位置数可分为二位或三位，通常用一个方框符号代表一个位置，按主油路进、出口的数目又可分为二通、三通、四通、五通等，其图形符号见表6—2—1。

表6—2—1　　**换向阀图形符号**

二位二通		二位三通		二位四通	二位五通
常闭	常开		带中间过滤位置		

三位三通	三位四通	三位五通		三位六通

根据改变阀芯的操纵方式，又可分为手动、机动、电磁动、液动和电液动等，其符号如6—2—7所示。

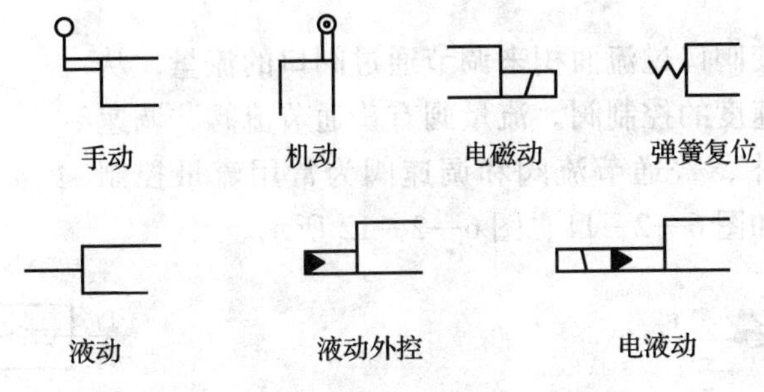

图6—2—7　换向阀操纵方式及符号

（2）压力阀

压力阀是用来控制液压系统压力的，按功能可分为溢流阀、减压阀、顺序阀、压力继电器等。

1）溢流阀。溢流阀是通过阀口的溢流，限定系统的最大工作压力，防止系统过载。它在液压系统中的应用有调压溢流、安全保护、远程调压、使泵卸荷、形成背压等。溢流阀图形符号如图6—2—8所示。

2）减压阀。减压阀是利用油液流过缝隙时产生压降的原理，使系统某一支路获得比系统压力低的压力油的液压阀。其图形符号如图6—2—9所示。

图6—2—8　溢流阀图形符号　　　　图6—2—9　减压阀图形符号

3）顺序阀。顺序阀是以压力为信号，控制多个执行元件的顺序动作。顺序阀有内控式、外控式、卸荷式三种，见表6—2—2。

表6—2—2　　　　顺序阀种类及相应图形符号

	顺序阀		
	内控式	外控式	卸荷式
符号			
说明	弹簧处比溢流阀多一个外泄回油箱符号，出口油不通油箱	从外部油源引入控制油，有外泄回油箱符号，出口不到油箱	控制油为外控（外部引油）

4）压力继电器。压力继电器是使油液压力达到预定值时发出电信号的液—电信号转换元件，其图形符号如图 6—2—10 所示。

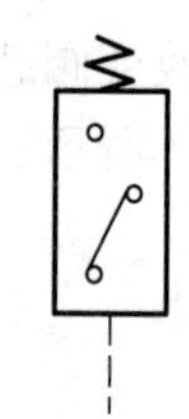

图 6—2—10 压力继电器图形符号

（3）流量阀

流量阀是通过改变阀口过流面积来调节通过阀口的流量，从而控制执行元件运动速度的控制阀。流量阀有普通节流阀、调速阀、溢流节流阀。其中，普通节流阀和调速阀为常用流量控制阀，其图形符号分别如图 6—2—11、图 6—2—12 所示。

图 6—2—11 节流阀图形符号

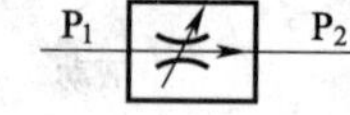

图 6—2—12 调速阀图形符号

4. 液压油

液压油是液压传动系统中的传动介质，而且还对液压装置的机构、零件起润滑、冷却和防锈作用。液压传动系统的压力、温度和流速在很大的范围内变化，因此，液压油的质量优劣直接影响液压系统的工作性能。故合理地选用液压油也是很重要的。

一般来讲，液压油应满足以下几个方面的要求：

（1）合适的黏度等级。主要考虑液压系统的工作压力、环境温度和运动速度。

（2）纯净，少杂质。

（3）具有良好的润滑性、相容性和稳定性。

（4）具有良好的抗乳化性、抗泡沫性、耐腐蚀性及防锈性。

（5）体膨胀系数低，比热容高。

（6）流动点和凝固点低，燃点和闪点高。

（7）性价比优，对人体有害性低。

三、液压基本回路

任何一个液压系统，无论它所要完成的动作有多么复杂，都是由一些基本回路组成的。所谓基本回路，就是由若干个液压元件组成，用来完成特定功能的油路结构。熟悉和掌握这些基本回路的组成、工作原理及应用，是分析、设计和使用液压系统的基础。

基本回路按其在液压系统中的功能可以分为方向控制回路、压力控制回路、调速回路等，其中对系统整个性能起决定性作用的是调速回路，尤其是对执行元件要求较高的液压系统。

1. 方向控制回路

在液压系统中，起着控制执行元件的启动、停止和换向作用的回路称为方向控制回路。方向控制回路有换向回路和锁紧回路。

（1）换向回路

换向回路是用来变换执行元件运动方向的。运动部件的换向一般可采用各种换向阀来实现。在容积调速的闭式回路中，也可以利用双向变量泵控制油液的流动方向来实现液压缸（或液压马达）的换向。

采用换向阀的换向回路中，二位四通、二位五通、三位四通或三位五通换向阀都可以使执行元件换向。其中，二位阀可以使执行元件在正反两个方向运动，但不能在任意位置停止。三位阀有中位，可以使执行元件在行程中任意位置停止，而且利用滑阀的中位机能还可以使系统获得不同的性能。五位阀有两个回油口，执行元件正反两个方向运动时，在两个回油路上设置不同的背压可获得不同的速度。

换向阀的操作方式可以根据工作需要来选择，有手动、机动、电动或电液动等。其中电磁换向阀的换向回路应用最为广泛，尤其在自动化程度要求较高的组合机床液压系统中被普遍采用。

(2) 锁紧回路

为了使工作部件能在任意位置上停留，以及在停止工作时，防止在受力的情况下发生移动，可以采用锁紧回路。锁紧的原理就是将执行元件的进油路和回油路封闭。

采用O型或M型机能的三位换向阀，当阀芯处于中位时，液压缸的进、出口都被封闭，可以将活塞锁紧，这种锁紧回路由于受到滑阀泄漏的影响，锁紧效果较差，如图6—2—13所示。

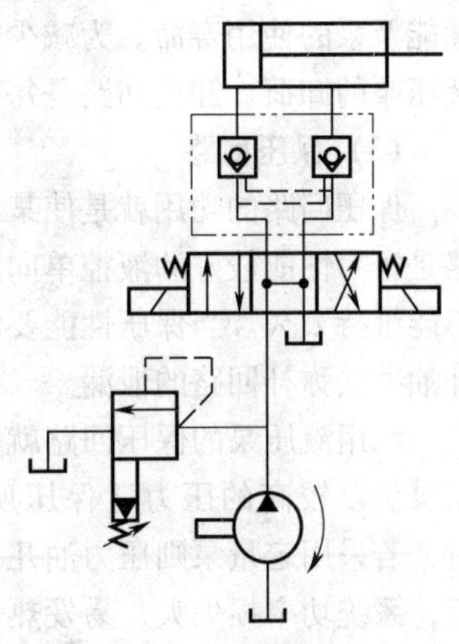

图6—2—13 采用液控单向阀的锁紧回路

2. 压力控制回路

压力控制回路就是为了满足执行元件对力或力矩的要求，利用压力控制阀来控制和调节整个液压系统或局部油路的工作压力的回路。

压力控制回路主要有调压回路（增压回路、减压回路）、卸荷回路、保压回路等。

(1) 调压回路

调压回路的功能是控制系统的最高工作压力，使其不超过某一预先调定的值（即压力阀的调整压力），其回路如图6—2—14所示。

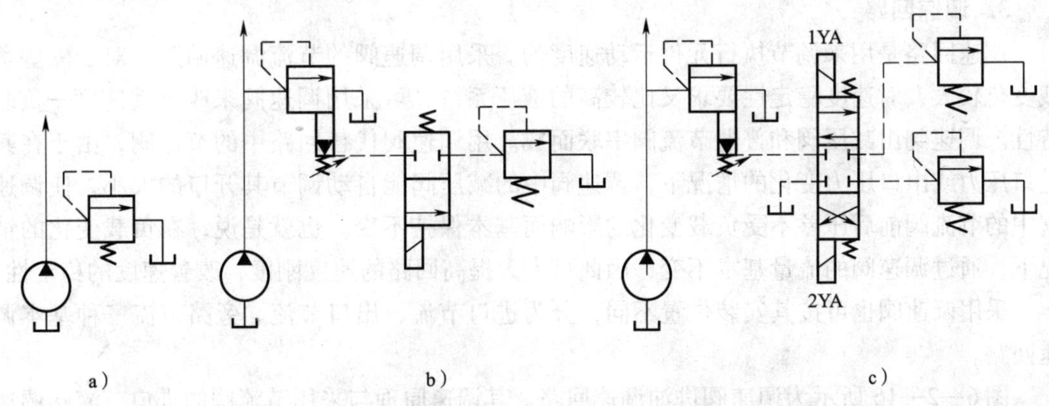

图6—2—14 调压回路

调压回路是每个液压系统必不可少的基本回路。当液压泵一直工作在系统的调定压力时，就要通过溢流阀来调节并稳定液压泵的工作压力。在系统中溢流阀要么作为安全阀，要么作为稳压阀。在变量泵系统或旁路节流调速系统中用溢流阀（当安全阀用）限制系统的最高安全压力。若系统在不同的工作阶段内工作压力相差较大时，可采用多级调压或无级调压（电液比例系统），此时的溢流阀应是先导型溢流阀，利用其遥控口及远程调压阀来实现调压。

（2）卸荷回路

在液压系统工作中，有时执行元件短时间停止工作，或者执行元件在某段工作时间内保持一定的作用力，而运动速度极慢，甚至停止运动，在这种情况下，不需要液压泵输出油液，或只需要很小流量的液压油，于是液压泵输出的压力油全部或绝大部分从溢流阀流回油箱，造成能量的无谓消耗，引起油液发热，使油液加快变质，而且还影响液压系统的性能及泵的使用寿命。为减少损失，应使泵在空载或很小输出功率的情况下运转，这就是液压泵的卸荷。卸荷回路是每个液压系统必不可少的回路。

（3）保压回路

保压回路的功用就是使某些液压系统在工作过程中保持一定的压力。最简单的保压回路是密封性能较好的液控单向阀的回路，但是，阀类元件处的泄漏使这种回路的保压时间不能维持太久。当保压性能要求较高时，需要采用补油办法弥补回路的泄漏。

利用液压泵的保压回路就是在保压过程中，液压泵仍以较高的压力（保压所需压力）工作，此时，若采用定量泵则压力油几乎全经溢流阀流回油箱，系统功率损失大，易发热，故只在小功率的系统且保压时间较短的场合下才使用；若采用变量泵，在保压时泵的压力较高，但输出流量几乎等于零，液压系统的功率损失小，这种保压方法能随泄漏量的变化而自动调整输出流量，因而其效率也较高，其回路如图 6—2—15 所示。

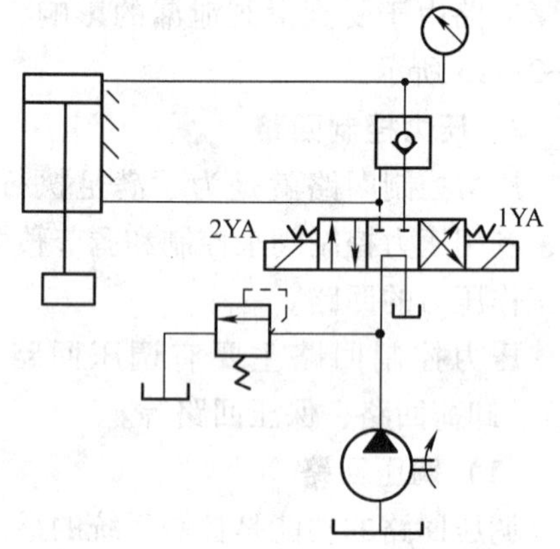

图 6—2—15　自动补油的保压回路

3. 调速回路

调速回路是用来调节执行元件运动速度的。采用调速阀的节流调速回路，对于一些负载变化较大、对速度稳定性要求又比较高的液压系统，可采用调速阀来改善其速度—负载特性。调速阀由减压阀和普通节流阀串联而成。用调速阀代替回路中的节流阀，由于在其进口压力或出口压力变化的情况下，调速阀中的减压阀能自动调节其开口的大小，使调速阀中的节流阀前后压差不受负载变化的影响而基本保持不变。也就是说，在负载变化的情况下，通过调速阀的流量基本不变，因此可大大提高回路的速度刚度，改善速度的稳定性。

采用调速阀也可按其安装位置不同，分为进口节流、出口节流、旁路节流三种基本调速回路。

图 6—2—16 所示为调速阀进油调速回路。其调速原理与采用节流阀的进口节流阀调速回路相似。在这里当负载 F 变化而使 p_1 变化时，由于调速阀中定差减压阀的调节作用，使调速阀中节流阀的前后压差 Δp 保持不变，从而使流经调速阀的流量 q_1 不变，所以活塞的运动速度 v 也不变。

由于泄漏的影响，实际上随负载 F 的增加，速度 v 有所减小。

在此回路中，调速阀上的压差 Δp 包括两部分，即节流口的压差和定差输出减压口上的压差。所以，调速阀的调节压差比采用节流阀时要大，一般 $\Delta p \geq 5\times10^5$ Pa，高压调速阀则达 10×10^5 Pa。

采用调速阀的节流调速回路的低速稳定性、速度刚度、调速范围等，要比采用节流阀的节流调速回路都好，所以，它在机床液压系统中获得广泛的应用。

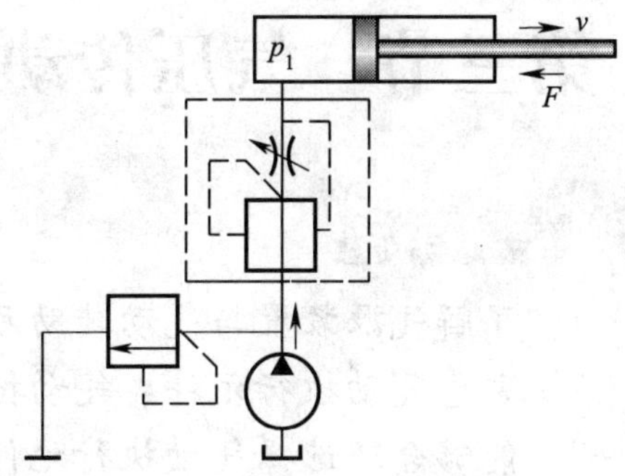

图6—2—16　调速阀进油调速回路

课后练习

1. 画出手动二位四通换向阀的图形符号。
2. 液压泵和液压马达有什么区别？
3. 液压基本回路有哪些？
4. 指出图6—2—17中各图形符号所表示的控制阀名称。

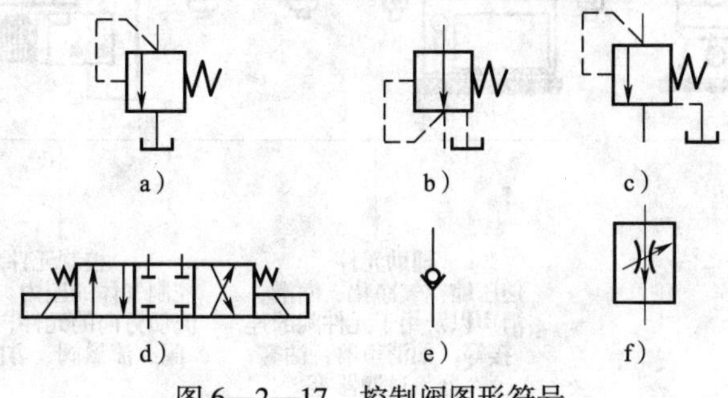

图6—2—17　控制阀图形符号

5. 图6—2—18所示为数控车床的自动夹紧液压系统，简述其工作原理。

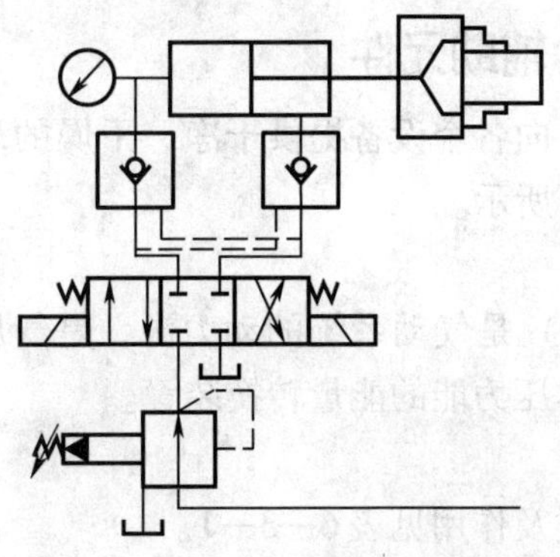

图6—2—18　自动夹紧液压系统

第三节　气压传动

学习目标

1. 了解气源装置与气动辅助元件的种类及作用。
2. 熟悉气动执行元件、气动控制元件的符号与作用。
3. 能够合理选择气动执行元件与气动控制元件。

气压传动是以空气为工作介质进行能量传递的一种传动形式。

气动系统工作时要经过压力能与机械能之间的转换，其工作原理是利用空气压缩机使空气介质产生压力能，并在控制元件的控制下，把气体压力能传输给执行元件，从而使执行元件完成运动。

气压传动系统是以压缩空气为工作介质来传递动力和控制信号的系统。它由气源装置、执行元件、控制元件和辅助元件四部分组成，如图 6—3—1 所示。

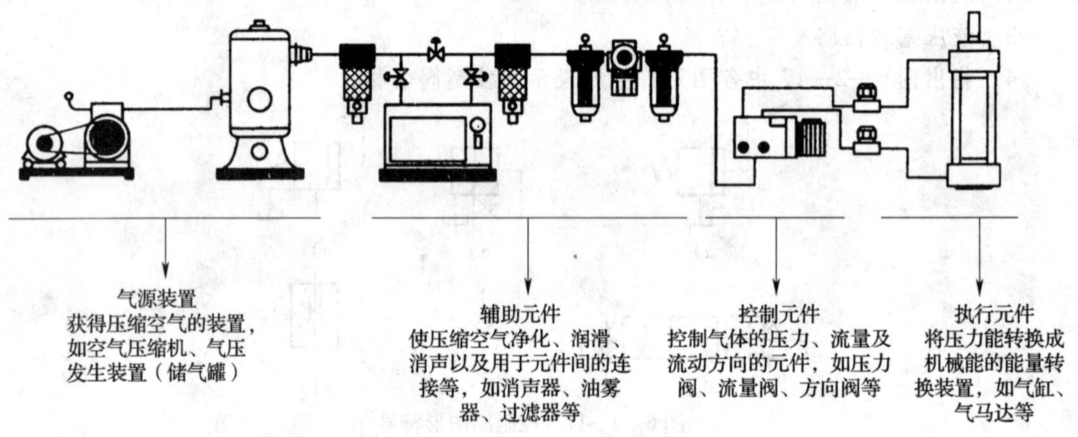

图 6—3—1　气压传动系统

一、气源装置与气动辅助元件

对空气进行压缩、净化，向各个设备提供干净、干燥的压缩空气的装置称为压缩空气站或气源装置，如图 6—3—2 所示。

1. 空气压缩机

空气压缩机（图 6—3—3）是气动系统的动力源，是气压传动的心脏部分，它是把电动机输出的机械能转换成气体压力能的能量转换装置。

2. 气动辅助元件

常用气动辅助元件的种类及作用见表 6—3—1。

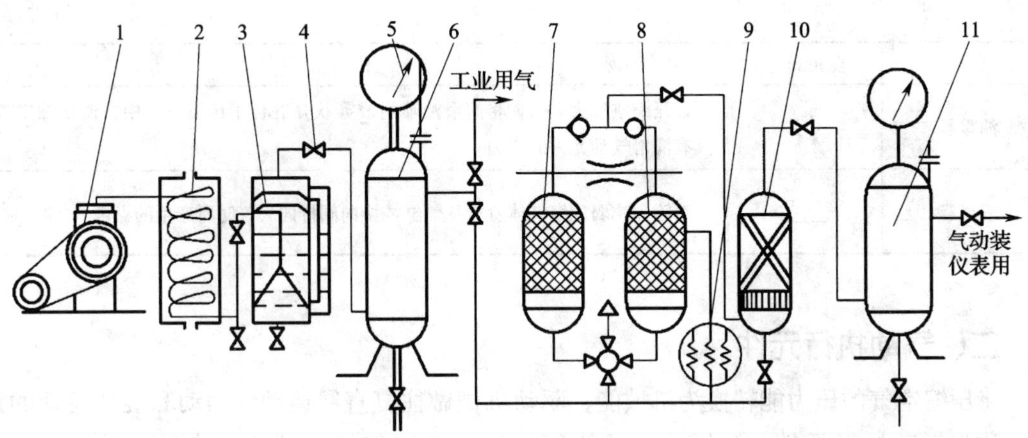

图 6—3—2 气源装置

1—空气压缩机 2—冷却器 3—除油器 4—阀门 5—压力计
6、11—储气罐 7、8—干燥器 9—加热器 10—空气过滤器

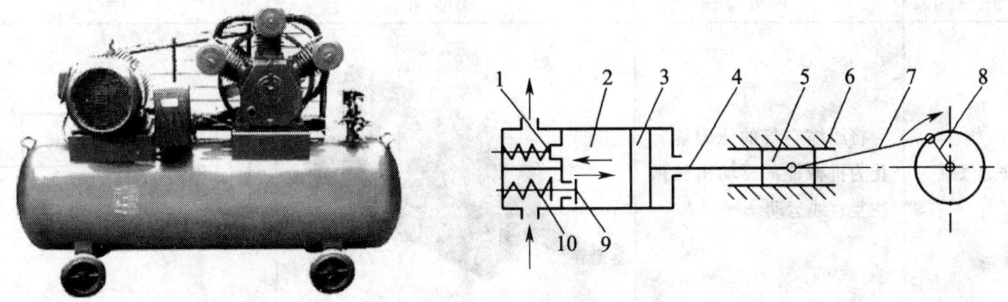

图 6—3—3 活塞式压力机及工作原理

1—排气阀 2—气缸 3—活塞 4—活塞杆 5、6—十字头与滑道
7—连杆 8—曲柄 9—吸气阀 10—弹簧

表 6—3—1 **气动辅助元件的种类及作用**

名称	图形符号	作用
冷却器		将压缩机排出的压缩空气降温，使其中水气、油雾汽凝结成水滴和油滴排出
除油器		分离压缩空气中凝聚的油分、水分和灰尘等杂质，使压缩空气得到初步净化
储气罐		调节气流，减少输出气体的压力脉动，使输出的气流具有连续性和气压稳定性
干燥器		把初步净化的压缩空气进一步净化以吸收和排除其中的水分、油分及杂质
过滤器		二次滤除压缩空气中的水分、油滴及杂质，达到气动系统要求的净化程度

续表

名称	图形符号	作用
油雾器		以压缩空气为动力，将润滑油喷射成雾状并混合于压缩空气中，使压缩空气具有润滑气动元件的能力
消声器		消除和减弱压缩气体直接从气缸或换向阀排向大气时所产生的噪声

二、气动执行元件

将压缩空气的压力能转换为机械能，驱动机械做往复直线运动、摆动和旋转运动的元件，称为气动执行元件。常用的气动执行元件有气缸与气动马达，其图形与符号见表6—3—2。

表6—3—2　　常用气动执行元件的图形与符号

名称	说明	图形	符号
普通气缸	将压缩空气的压力能转化为机械能，驱动机械做往复直线运动		
摆动气缸	将压缩空气的压力能转化为机械能，驱动机械做摆动		
气马达	将压缩空气的压力能转化为机械能，驱动机械做旋转运动，以输出扭矩		

三、气动控制元件

气动控制元件是用来控制和调节压缩空气的压力、流量和方向，使气动执行元件获得必要的力、动作速度和运动方向，并按规定的程序工作。气动控制元件按其功能和作用分为压力控制阀（如减压阀、顺序阀、溢流阀）、流量控制阀（如排气阀、单向节流阀）和方向控制阀（如单向阀、换向阀）三大类。其具体功用、图形与符号见表6—3—3。

表6—3—3　　用气动控制元件的功用、图形与符号

名称	功用	图形	符号
单向阀	只能使气流沿一个方向流动，不允许气流反向倒流		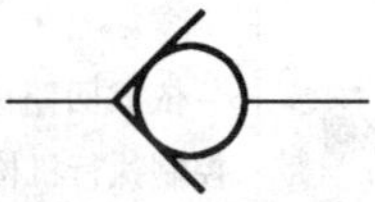
换向阀	利用换向阀阀芯相对阀体的运动，使气路接通或断开，从而使气动执行元件实现启动、停止或变换运动方向	 二位三通电磁换向阀  二位三通气控换向阀	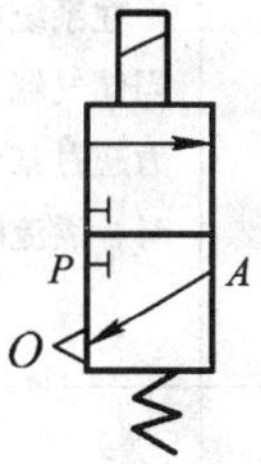 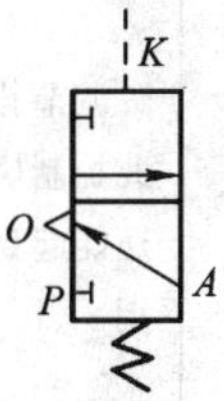 P A O K O P A
减压阀	将从储气罐传来的压力调到所需的压力，减小压力波动，保持系统压力的稳定		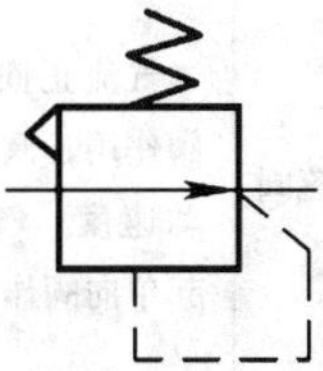

续表

名称	功用	图形	符号
减压阀	减压阀通常安装在过滤器之后，油雾器之前。在生产实际中，常把这三个元件做成一体，称为气源三联件（气动三大件）	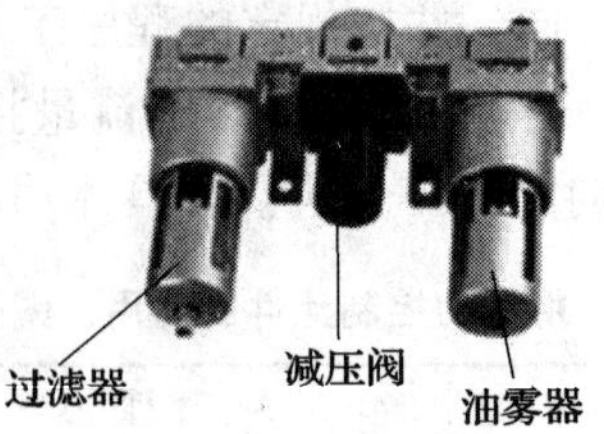 过滤器 减压阀 油雾器	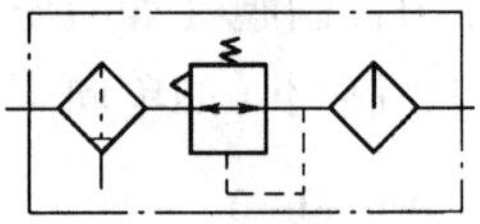
顺序阀	依靠回路中压力的变化来控制执行机构按顺序动作		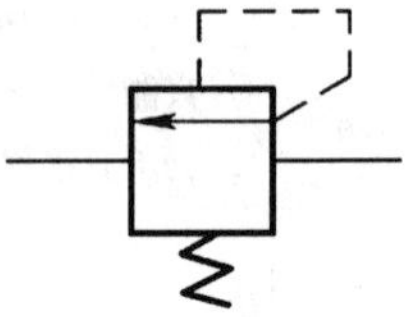
溢流阀	在系统中起过载保护作用，当储气罐或气动回路内的压力超过某气压溢流阀调定值时，溢流阀打开向外排气		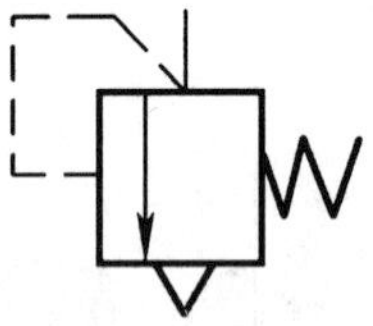
排气节流阀	调节排入大气的流量，以此控制执行元件的运动速度，还能起到降低排气噪声的作用		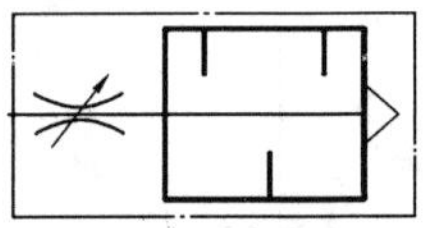
单向节流阀	气流正向流入时，起节流阀作用，调节执行元件的运动速度；气流反向流入时，起单向阀作用	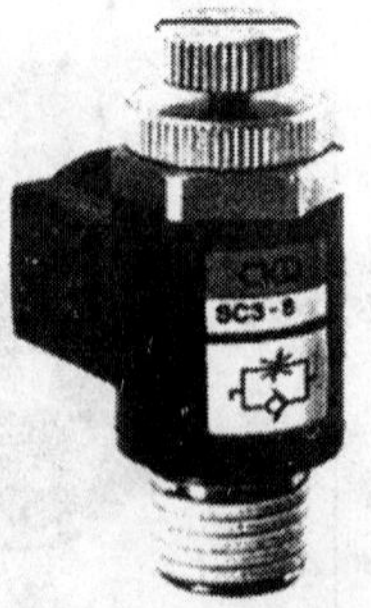	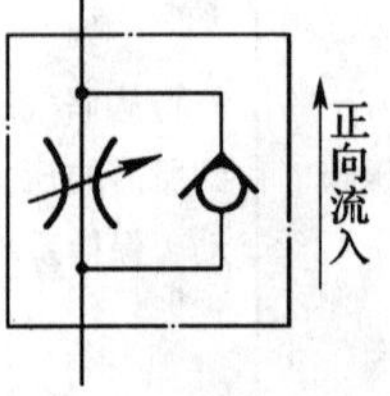 正向流入

课后练习

1. 气压传动系统有哪几部分组成?
2. 常用气动辅助元件有哪些?
3. 气缸与气动马达有何区别?
4. 什么是气动控制元件?气动控制元件是如何分类的?

第七章
机电控制

现代机械制造业离不开电能的使用，许多机械设备如车床、铣床、数控机床等，都是以电能作为动力来工作的。只有掌握了机械设备常用低压电器、电气传动和安全用电的基础知识，才能保证生产加工的正常进行。

第一节　常用低压电器

学习目标

了解常用低压电器——低压开关、熔断器、按钮、接触器、继电器的类别、特点和用途。

根据工作电压的高低，电器可分为高压电器与低压电器。工作在交流额定电压 1 200 V 及以下、直流额定电压 1 500 V 及以下的电器称为低压电器。低压电器是一种能根据外界的信号和要求，手动或自动地接通、断开电路，以实现对电路或非电对象的切换、控制、保护、检测、变换和调节的元件或设备。低压电器作为一种基本的器件，广泛应用于输配电系统和电力拖动系统中，在实际生产中起着非常重要的作用。

低压电器的种类很多，按低压电器的用途和所控制的对象不同，可分为低压配电电器和低压控制电器两大类。其中，低压配电电器包括刀开关、组合开关、熔断器和断路器等，主要用于低压配电系统及动力设备中；低压控制电器包括接触器、继电器和电磁铁等，主要用于电力拖动与控制系统中。

一、低压开关

低压开关主要用于隔离、转换及接通和分断电路，多数用于机床电路的电源开关和局部照明电路的控制开关，也可用来直接控制小容量电动机的启动，停止和正、反转。常用低压开关的特点及用途见表 7—1—1。

二、熔断器

熔断器是一种结构简单、使用方便、价格低廉的保护电器。使用时串联在被保护的电路中，当电路发生过载或短路故障时，通过熔断器的电流达到或超过某一定值，熔断器的熔体上产生足够的热量使之熔断，从而切断电路，达到保护电路的目的。

表 7—1—1　　常用低压开关的特点及用途

外形与图形符号	特点	用途
HK 系列开启式负荷开关 QS	结构简单、价格低、使用维修方便，应用广泛	主要用作电气照明电路和电热电路、小容量电动机电路的非频繁控制开关，也可用作分支电路的配电开关
HH 系列封闭式负荷开关 QS	带有灭弧装置，操作性能、通断能力和安全防护性能均较好	一般用于小型电力排灌、电热器、电气照明线路的配电设备中，用于非频繁接通与分断电路，也可直接用于异步电动机的非频繁全压启动控制
HS 系列双投刀开关 QS	具有机械互锁结构，可以防止双电源并联运行和两条供电线路同时供电	常用于双电源的切换或双供电线路的切换等
HZ 系列开关（又称转换开关） QS	控制容量比较小，结构紧凑，手柄可以沿任何一个方向转动	常用于空间比较狭小的场所。一般用于电气设备的非频繁操作、切换电源和负载及小容量感应电动机和小型电器的控制
DZ15 系列塑壳式断路器 QF	它集控制和多种保护功能于一体，操作安全方便	可用于非频繁接通和断开电路以及控制电动机的运行。当电路中发生短路、过载和失压等故障时，能自动切断故障电路，有效地保护供电线路及电气设备

常用的熔断器的种类、特点和用途见表7—1—2。

表7—1—2　　常用的熔断器的种类、特点和用途

名称	图示	特点	适用场合
瓷插式熔断器（常用RC1A系列）	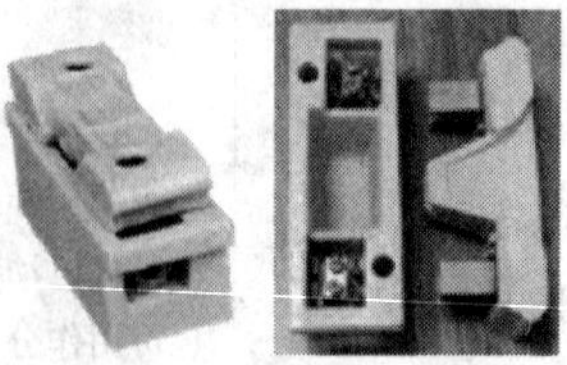	结构简单、价格低廉、更换熔体方便	广泛用于工频50 Hz、额定电压380 V及以下、额定电流200 A及以下的低压线路末端或分支电路中，提供短路保护
螺旋式熔断器（常用RL1系列）		熔断管的上端有熔断指示器，熔体熔断时，熔断指示器自动脱落	应用于额定电压500 V及以下、额定电流200 A及以下的电路中，提供过载和短路保护
无填料封闭管式熔断器（常用RM10系列）		一是采用钢纸管作熔体，当熔体熔断时，钢纸管内壁在电弧热量的作用下，产生高压气体，使电弧迅速熄灭；二是采用变截面锌片作熔体，熔断时灭弧容易	适用于工频50 Hz、额定电压380 V及以下或直流额定电压440 V及以下的低压电力网络、配电设备中，提供短路和过载保护
有填料封闭管式刀形触头熔断器（常用RT0系列）		散热条件好、机械强度高、接触可靠、操作方便	用于短路电流较大的电力输配电系统中，为导线、电缆和电气设备提供短路保护或为导线、电缆提供过载保护
快速熔断器（常用RLS、RS系列）		熔断速度快、额定电流大、分断能力强、限流特性稳定、体积较小	RLS系列适用于小容量硅整流元件的短路和过载保护；RS系列适用于半导体整流元件的短路和过载保护

三、按钮

按钮是一种手动电器，通常用来短时接通或分断小电流的控制电路。在低于 5 A 的电路中，可直接用按钮来控制电路的通断。在电气控制线路中，按钮只用来发出指令，通过接触器、继电器等电器去控制主电路的通断。常用按钮的外形如图 7—1—1 所示。按钮的特点、结构及符号见表 7—1—3。

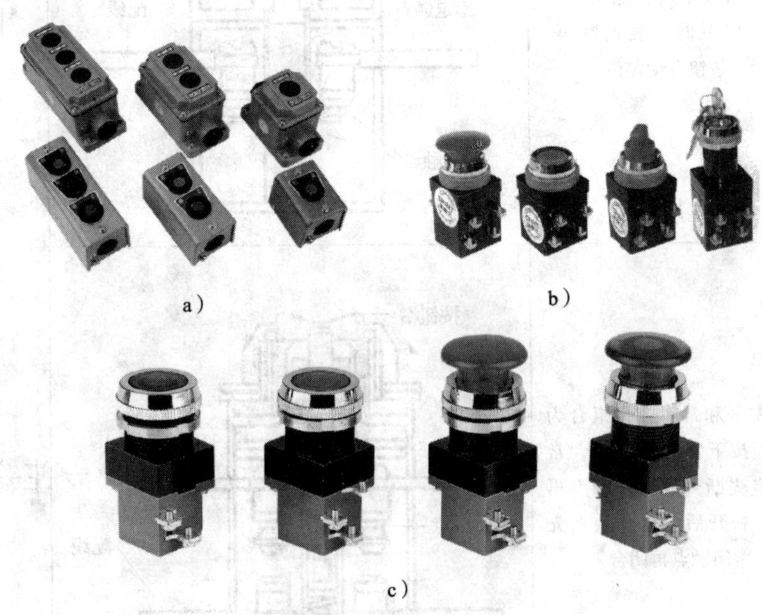

a）　b）　c）

图 7—1—1　常用按钮的外形

a）LA10 系列　b）LA18 系列　c）LA19 系列

表 7—1—3　按钮的特点、结构及符号

名称	特点	结构	符号
常开按钮	按钮未按下时，触点是断开的；按下时，触点闭合；松开后，按钮自动复位	按钮帽 可动触点 配线 固定触点	SB

续表

名称	特点	结构	符号
常闭按钮	按钮未按下时，触点是闭合的；按下时，触点断开；松开后，按钮自动复位	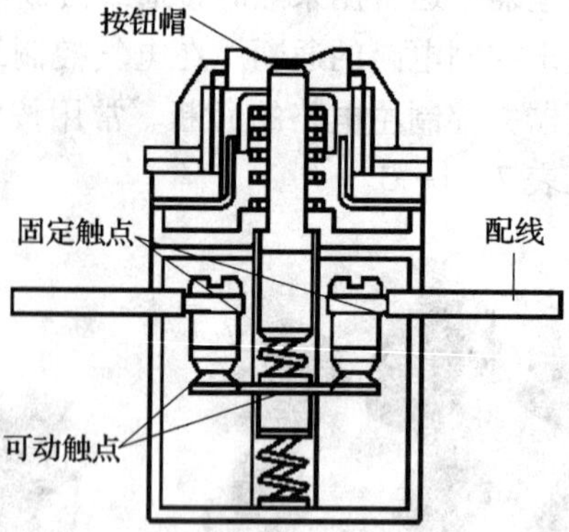 按钮帽 固定触点 配线 可动触点	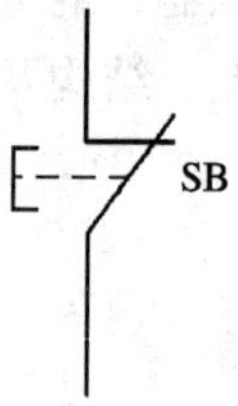 SB
复合按钮	将常开和常闭按钮组合为一体。按下复合按钮时，常闭触点先断开，常开触点再闭合；松开后，常开触点先断开，常闭触点再闭合	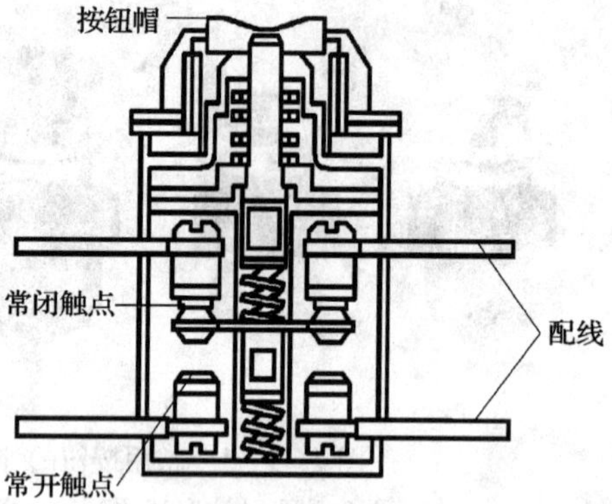 按钮帽 常闭触点 配线 常开触点	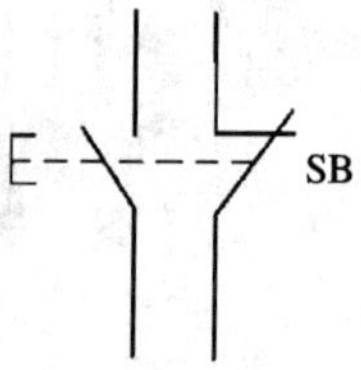 SB

四、接触器

接触器是用来接通或分断电动机主电路或其他负载电路的控制电器，其外形与图形符号如图 7—1—2 所示。接触器可以实现频繁的远距离自动控制，具有体积小、价格低、使用寿命长、维修方便等特点，应用十分广泛。

五、继电器

继电器是一种根据电参数（如电压、电流）或其他物理量（如温度变化），接通和断开控制电路的一种自动电器。

继电器的种类很多，常用的有热继电器、时间继电器、速度继电器和电压继电器等。

1. 热继电器

热断电器是利用热效应来切断电路的自动保护电器。在控制电路中，主要用于电动机的过载保护、断相及电流不平衡运行的保护以及其他电气设备发热状态的控制。常用热继电器的外形与图形符号如图 7—1—3 所示。

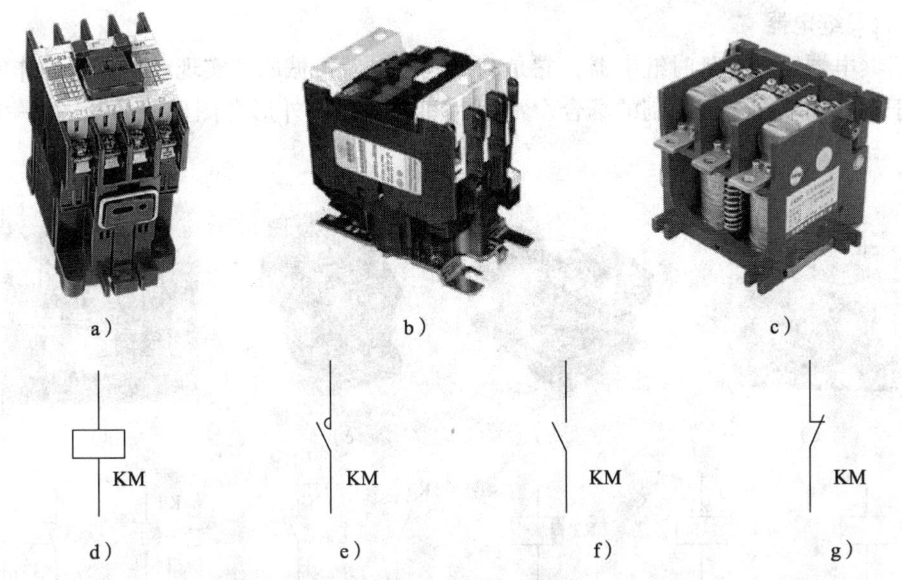

图 7—1—2　接触器

a）电磁式　b）水磁式　c）真空式　d）线圈　e）主触点　f）辅助常开触点　g）辅助常闭触点

图 7—1—3　常用热继电器

a）JR36 系列　b）JR20 系列　c）T 系列　d）图形符号

2. 速度继电器

速度继电器是一种可以按照被控电动机转速的高低接通或断开控制电路的电器。其主要作用是与接触器配合使用实现对电动机的反接制动，故又称为反接制动继电器。常用速度继电器的外形与图形符号如图 7—1—4 所示。

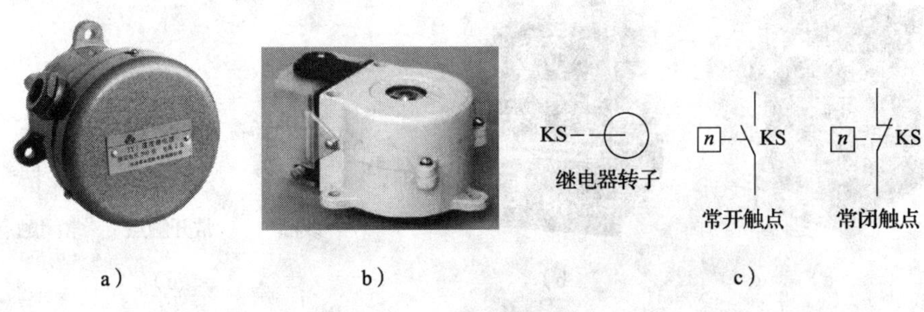

图 7—1—4　常用速度继电器

a）JY1 型　b）JFZ0 型　c）图形符号

3. 时间继电器

时间继电器又称为延时继电器，它是利用电磁或者机械原理实现触点延时动作的电器，广泛用于按时间顺序进行控制的场合。常用时间继电器的外形与图形符号如图 7—1—5 所示。

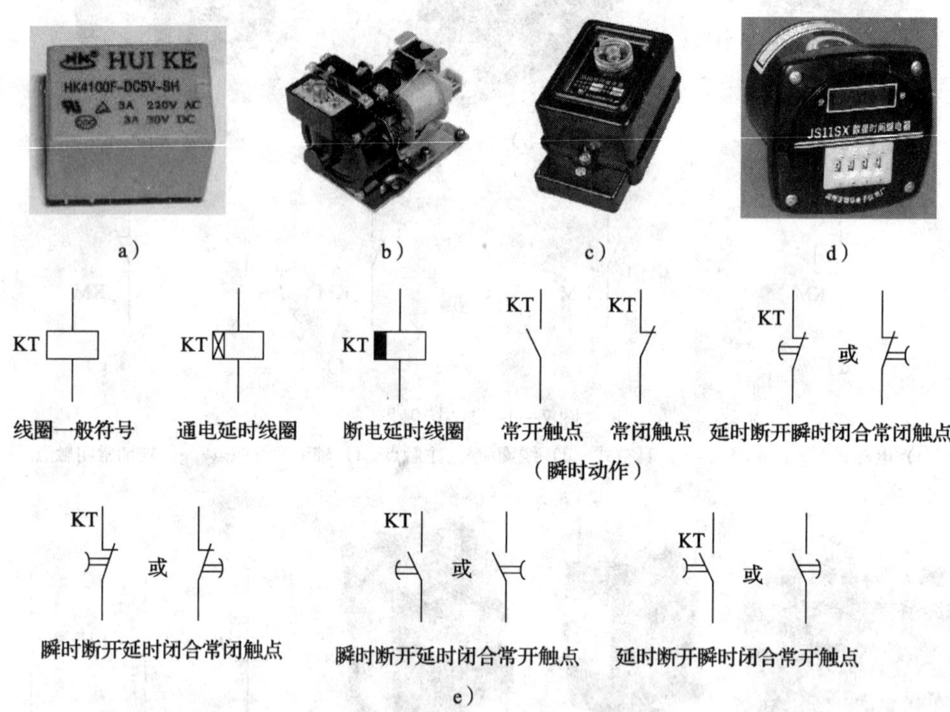

图 7—1—5　常用时间继电器

a）电磁式　b）空气阻尼式　c）晶体管式　d）电动式　e）图形符号

4. 中间继电器

中间继电器主要起中间转换作用，即将一个输入信号变成多个输出信号，其输入信号是线圈的得电和失电，输出信号为触点的动作。中间继电器通常用来增加触点的数量或者作为开关使用，有时也用在电子电路中来扩大触点的容量。常用中间继电器的外形与图形符号如图 7—1—6 所示。

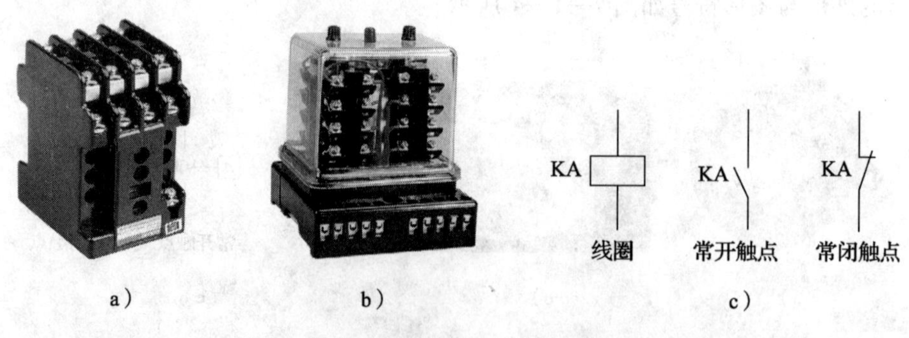

图 7—1—6　常用中间继电器

a）JZ7 系列　b）JZ14 系列　c）图形符号

课后练习

1. 低压开关主要用于______、______及______和______电路。

2. 熔断器是一种结构简单、使用方便、价格低廉的________。使用时________在被保护的电路中，当电路发生______或______故障时，通过熔断器的电流达到或超过某一定值，熔断器的熔体上产生足够的热量使熔体______，从而______电路，达到保护电路的目的。

3. 按钮是一种__________电器，通常用来短时接通或分断小电流的控制电路。在低于______的电路中，可直接用按钮来控制电路的________。在电气控制线路中，按钮只用来发出指令，通过______、______等电器去控制主电路的通断。

4. 接触器是用来________或________电动机主电路或其他负载电路的控制电器。接触器可以实现频繁的远距离自动控制，具有__________、价格低、______、维修方便等特点，所以应用十分广泛。

5. 常用的低压电器有哪几种？

6. 什么是继电器？继电器有哪些种类？分别适用于什么场合？

第二节　电力拖动及控制

学习目标

1. 了解电力拖动的基本组成。
2. 熟悉电动机与变压器的基本组成和功能。
3. 熟悉三相笼型异步电动机的正转控制线路和正反转控制线路。

电气传动是指用电动机把电能转换成机械能，带动各种类型的生产机械设备进行工作的一种传动方式，又称为电力拖动。电气传动具有以下优点：电动机效率高，使用经济；电能的传输和分配比较方便；电能容易控制等。

一、电力拖动的基本组成

电力拖动主要包括电源、电动机、控制设备、传动机构和工作机构等。

1. 电源

电源是为电动机和控制设备提供电能的设备。一般是电压为 380 V 的三相交流电源。

2. 电动机

电动机是电力拖动的核心部件，它能将电能转换为机械能。

3. 控制设备

控制设备是控制电动机运转的设备。它是由各种控制电器和保护电器按一定要求和规律组成的控制线路和设备，用以控制电动机的运行（启动、制动、调速和转向等）。

4. 传动机构

传动机构是电动机与生产机械的工作机构之间传递动力的装置，如减速箱、带传动机构、联轴器等。

5. 工作机构

工作机构是生产机械直接进行生产加工的机械设备。

二、电动机与变压器

1. 电动机

电动机有交流电动机和直流电动机之分，最常用的是三相笼型异步电动机，其具有结构简单、运行可靠、价格便宜、过载能力强及使用、安装、维护方便等优点，广泛应用于各个领域。

三相笼型异步电动机主要由定子和转子两部分组成，如图 7—2—1 所示。

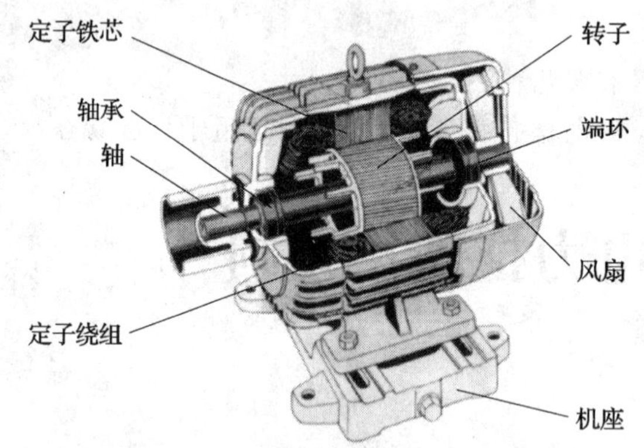

图 7—2—1 三相笼型异步电动机结构

(1) 定子

定子用来产生磁场和作为电动机的机械支撑。电动机的定子由定子铁芯、定子绕组和机座三部分组成。定子铁芯通常采用涂有绝缘漆的 0.5 mm 厚硅钢片叠压而成，铁芯内圆分布有均匀的凹槽，用来安放电动机定子绕组线圈，如图 7—2—2 所示。定子绕组通常采用铜芯漆包线按照一定的规则镶嵌在铁芯中，通电后产生磁场，实现能量转换。机座的作用主要是固定和支撑铁芯。电动机运行时，因内部损耗而产生的热量通过铁芯传给机座，再由机座表面的筋片散发到周围空气中。

图 7—2—2 定子绕组

(2) 转子

转子的作用是在旋转磁场作用下获得转动力矩，以带动生产机械转动。电动机的转子包括铁芯、转子绕组和转轴。转子铁芯与定子铁芯的结构一样，它们共同组成电动机的闭合磁路。转子绕组采用笼型，用铜条压进铁芯的凹槽内，两端用端环连接，以构成闭合电路，如图 7—2—3 所示。铜条转子主要用在功率较大的笼型异步电动机中，而中小型电动机的笼型转子多用铝液浇铸而成。转轴用于支撑转子铁芯和绕组，并传递电动机输出的机械转矩，同时保证定、转子具有一定的均匀气隙。

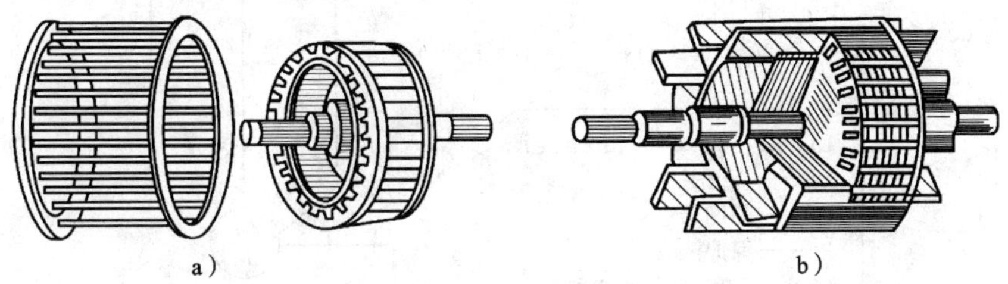

图 7—2—3　笼型转子
a）嵌放铜条的笼型转子　b）铸铝的笼型转子

2. 变压器

变压器是一种用于电能和信号转换的电气设备，其作用是在电路中变换电压、电流和阻抗。

变压器的种类很多，常用的有三相变压器、自耦变压器、电焊变压器等。

变压器的主要组成部分是绕组（线圈）和铁芯，其结构与符号如图 7—2—4 所示。

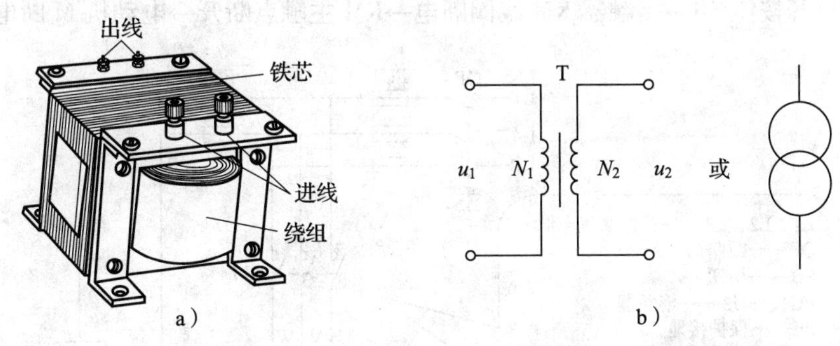

图 7—2—4　变压器
a）结构　b）符号

变压器的铁芯材料主要是硅钢片。铁芯一般由多片厚度为 0. 35 ~ 0. 5 mm 的硅钢片叠成，片间用绝缘漆绝缘。绕组主要由漆包线绕制。对于绕组导线，要求有良好的导电性、绝缘性、耐热性和一定的耐腐蚀性。

三、电气控制基础

工作机械的电气控制线路可用原理图表示。通常，电气控制线路由主电路、控制电路、信号电路及保护电路等组成。

1. 三相笼型异步电动机的正转控制线路

(1) 手动正转控制线路

手动正转控制线路是在电源和电动机之间，组合连接一个刀开关和熔断器。手动闭合刀开关，电动机中就会有电流流过，电动机启动；反之，手动断开刀开关，电动机就无电流流过，电动机停止，如图 7—2—5 所示。

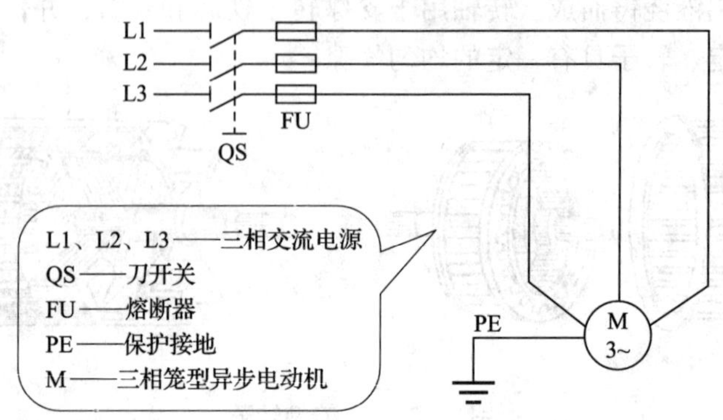

图 7—2—5　手动电动机正转控制线路

（2）点动正转控制线路

机床的刀架、工作台在调整或试车时，常需要点动的运行方式，即按下按钮，电动机启动；松开按钮，电动机停止。点动正转控制线路如图 7—2—6 所示。其工作原理为：

先合上电源开关 QF。

启动：按下按钮 SB→接触器 KM 线圈得电→KM 主触点闭合→电动机 M 启动运转。

停止：松开按钮 SB→接触器 KM 线圈断电→KM 主触点断开→电动机 M 断电停转。

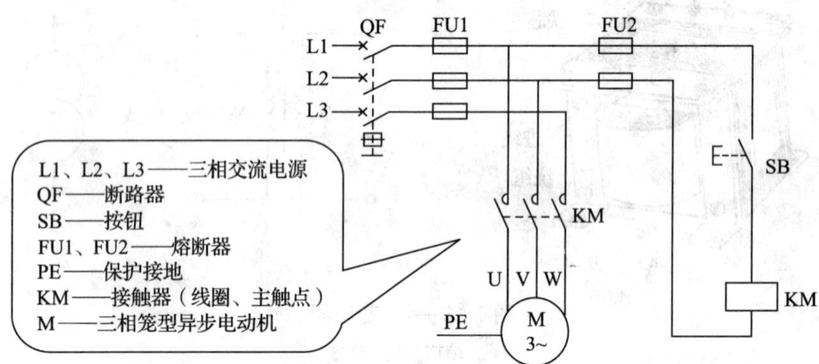

图 7—2—6　点动正转控制线路

（3）连续正转控制线路

机床在正常工作时需要长期保持运行状态，如车床的主轴、钻床的钻头等，它们需要的控制是：按下启动按钮，电动机开始运行；按下停止按钮，电动机停止运行。如图 7—2—7 所示，该线路与点动控制线路相比，在启动按钮 SB1 旁并联了一个接触器 KM 的辅助常开触点，此外在控制回路中还串联了一个停止按钮 SB2。其工作原理为：

先合上电源开关 QF。

启动：按下按钮 SB1→接触器 KM 线圈得电→KM 主触点闭合→电动机 M 启动运转。同时与 SB1 并联的接触器辅助常开触点闭合，松开 SB1 后，仍能保持线圈得电，称为自锁（或自保）电路，起自锁作用的辅助常开触点称为自锁触点。

停止：按下停止按钮 SB2→接触器 KM 线圈失电→KM 主触点断开，与 SB1 并联的接触器常开辅助触点断开→电动机断电停转。

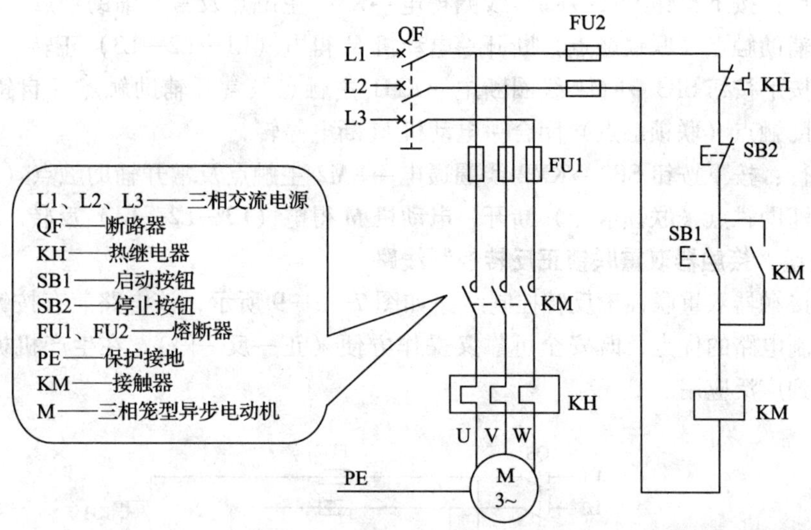

图 7—2—7　连续正转控制线路

2. 三相笼型异步电动机的正反转控制线路

（1）接触器联锁正反转控制线路

为了避免两个接触器 KM1 和 KM2 同时得电造成电源短路，在正反转控制线路中分别串接了对方接触器的一个常闭辅助触点。这样，当一个接触器得电动作时，通过其常闭辅助触点使另一个接触器不能得电，接触器间这种相互制约的作用称为接触器联锁（互锁）。实现联锁作用的常闭辅助触点称为联锁触点（或互锁触点）。接触器联锁正反转控制线路如图 7—2—8 所示。

先合上电源开关 QF。

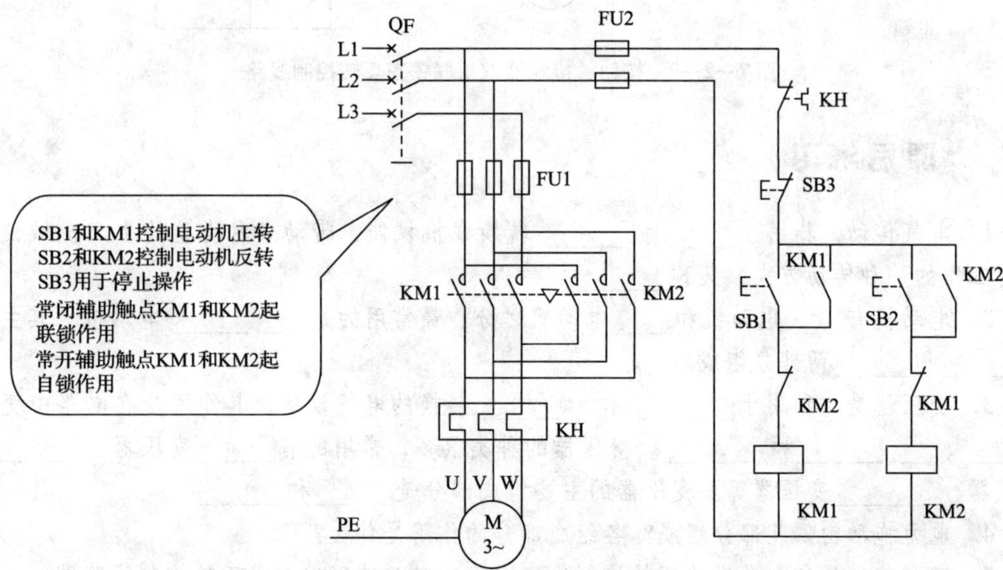

图 7—2—8　接触器联锁正反转控制线路

正转运行：按下按钮 SB1→KM1 线圈得电→KM1 主触点及常开辅助触点（自锁触点）闭合、常闭辅助触点（联锁触点）断开→电动机 M 得电（L1—L2—L3）正转。

停止：按下按钮 SB3→KM1 线圈断电→KM1 主触点及常开辅助触点（自锁触点）断开、常闭辅助触点（联锁触点）闭合→电动机 M 断电停转。

反转运行：按下按钮 SB2→KM2 线圈通电→KM2 主触点及常开辅助触点（自锁触点）闭合、常闭辅助触点（联锁触点）断开→电动机 M 得电（L3—L2—L1）反转。

（2）按钮、接触器双重联锁正反转控制线路

按钮、接触器双重联锁正反转控制线路如图 7—2—9 所示，该电路兼有按钮和接触器两种联锁控制电路的优点，既安全可靠又操作方便（正—反—停），在生产机械的电气控制线路中得到广泛应用。

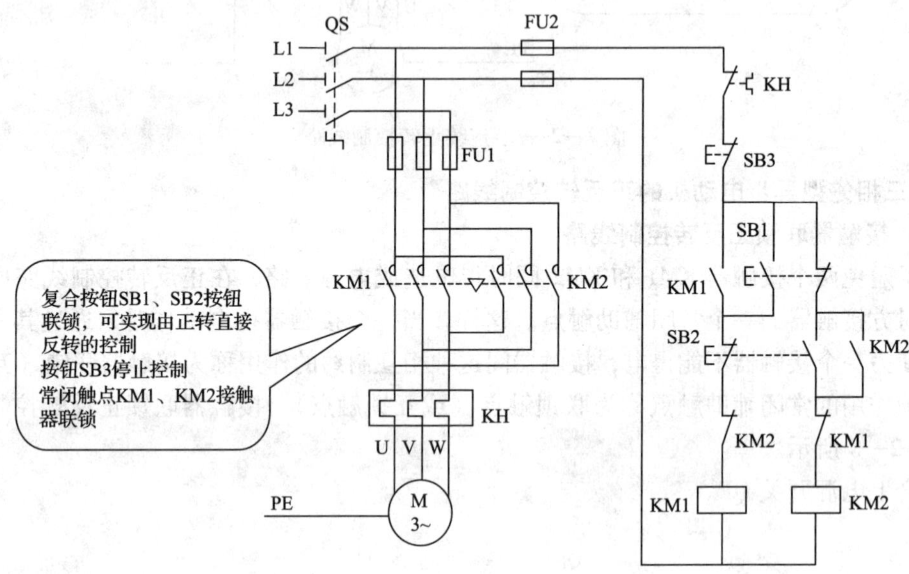

图 7—2—9　按钮、接触器双重联锁正反转控制线路

课后练习

1. 电气传动是指用________把______ 转换成机械能，带动各种类型的生产机械设备进行工作的一种传动方式，又称________。

2. 电动机有____ 电动机和____ 电动机之分，最常用的是__________ 电动机，其主要由______和______两部分组成。

3. 变压器是一种用于________和________ 转换的电气设备，其作用是在电路中变换______、__________和________。变压器的种类很多，常用的有______变压器、________变压器、________变压器等。变压器的主要组成部分是______和______。

4. 电力拖动由哪几部分组成？各组成部分的作用是什么？

5. 三相笼型异步电动机的正转控制线路有哪三种？请画出三种正转控制线路图。

6. 三相笼型异步电动机的正反转控制线路有哪两种？请画出两种正反转控制线路图。

第八章 常用机械加工设备

机械加工设备是金属材料切削加工的主要装备，担负着机械加工制造的主要任务。机械加工设备精度的高低，决定了一个国家机械加工制造业的水平。

随着数控技术的迅猛发展，部分通用机械加工设备逐渐被数控设备所代替。但常用机械设备以其价格低、使用维护方便、精度适中仍然受到中小加工制造企业的青睐。

第一节 砂轮机

学习目标

1. 了解砂轮机的作用与种类。
2. 熟悉砂轮机的结构。
3. 掌握砂轮机的安全操作规程。

砂轮机是机械加工工作场地的常用设备，主要用来刃磨车刀、钻头等刃具或其他工具，也可用来磨削工件或材料上的毛刺等。

一、砂轮机的种类与结构

1. 砂轮机的种类

砂轮机的种类很多，按外形不同分为台式砂轮机和立式砂轮机，按是否有防尘装置分为带吸尘器和不带吸尘器两种，如图 8—1—1 所示。

台式砂轮机

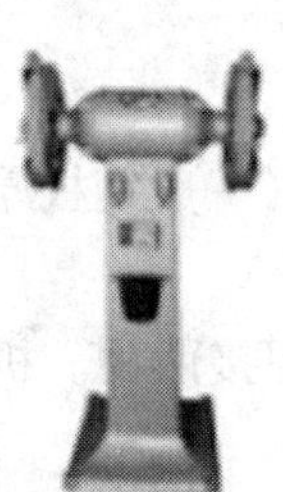

立式砂轮机

带吸尘器式砂轮机

图 8—1—1 砂轮机

2. 砂轮机的结构

砂轮机主要由砂轮、电动机、防护罩、机体、托架等组成，如图 8—1—2 所示。

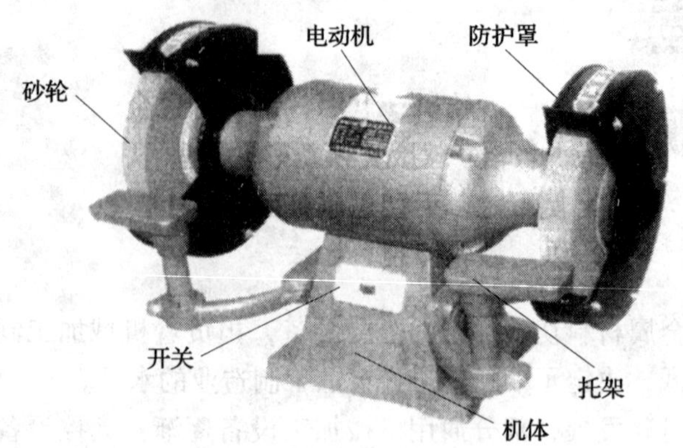

图 8—1—2　砂轮机构造

(1) 砂轮

砂轮的种类很多，常用的有氧化铝砂轮和碳化硅砂轮，如图 8—1—3 所示。氧化铝砂轮主要用于高速钢和碳素工具钢刀具的刃磨，碳化硅砂轮主要用于硬质合金刀具的刃磨。

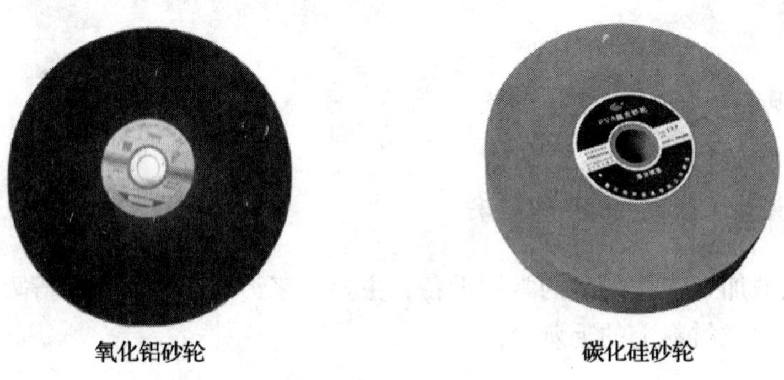

图 8—1—3　砂轮

(2) 电动机

砂轮机的电动机按使用电压可分为 380 V 和 220 V 两种。砂轮机电动机的功率根据不同的型号尺寸有所不同，一般需要根据刃磨对象的大小、材料和使用频率的高低有针对性地进行选择。

(3) 防护罩

砂轮机防护罩要有足够的强度（一般钢板厚度为 1.5 ~3 mm）和有效的遮盖面。

(4) 机体

砂轮机机体材料有铸铁和钢板焊接两种。机体主要起支撑机头的作用，应牢固，以保证砂轮机运行时无震动。

(5) 托架

砂轮机的托架安装应牢固可靠，要有足够的面积和强度。托架在靠近砂轮一侧的边棱应无凹陷、缺角。托架位置应能随砂轮磨损及时调整间隙，间隙应小于或等于 3 mm。托架台面的高度与砂轮主轴中心线应等高或略高于砂轮中心水平面 10 mm。砂轮直径小于或等于 150 mm 时一般可不装设托架。

二、砂轮机的安全操作规程

（1）砂轮机要有专人负责，经常检查，以保证正常运转。

（2）更换新砂轮时，应切断电源。安装前应检查砂轮片是否有裂纹。

（3）砂轮机必须有牢固合适的砂轮罩，托架距砂轮不得超过 3 mm，否则不得使用。

（4）安装砂轮时，螺母拧得不能过松、过紧，使用前应检查螺母是否松动。

（5）砂轮安装好后，一定要空运转试验 30 min 以上，看其运转是否平衡，保护装置是否妥善可靠，如有异常，应立即切断电源，防止发生事故。

（6）在砂轮上刃磨刀具时，要戴防护镜；使用砂轮机时，不准戴手套，严禁使用棉纱等物包裹刀具进行磨削。

（7）磨削时，操作者应站在砂轮机的侧面或斜侧面，不允许站在砂轮机的正面，以防砂轮崩裂，发生事故。

（8）砂轮要经常保持干燥，不准沾水，以防失去平衡，发生事故。

（9）砂轮机使用完毕应关闭电源，不要使其长时间空转；同时应经常清除防护罩内积尘，并定期检修、更换主轴润滑油脂。

课后练习

1. 砂轮机由哪几部分组成？砂轮机是如何分类的？
2. 简述砂轮机的安全操作规程。

第二节 钻床

学习目标

1. 了解钻床的种类及作用。
2. 熟悉钻床的结构。
3. 掌握钻床的维护保养方法。

钻床是用来钻孔、扩孔、锪孔、铰孔和攻螺纹的设备，在机械加工制造企业中，常用的钻床有台式钻床、立式钻床和摇臂钻床。

一、台式钻床

台式钻床简称台钻，如图 8—2—1 所示。台式钻床是一种小型设备，结构简单，操作方便，主要用于加工小型工件上直径 12 mm 以下的孔。

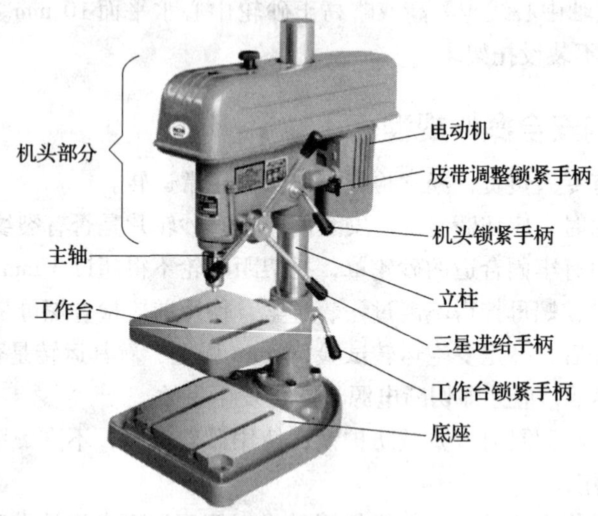

图 8—2—1　Z4112 型台式钻床

1. 台式钻床的结构与使用

Z4112 型台钻主要由底座、立柱、工作台、主轴、电动机、主轴变速机构、进给机构以及电气控制部分等组成。

（1）底座

中间有两条 T 形槽，用来固定工件或夹具。

（2）立柱

立柱截面为圆形，用来支承工作台和机头。

（3）工作台

工作台主要用来安放被加工工件，它可沿立柱上下移动，并能绕立柱转动到任意位置，同时工作台自身还可左右倾斜 45°。

（4）机头

机头安装在立柱上，它可沿立柱上下调整所需高度，并能绕立柱转动。在机头下面有一支撑保险环。

（5）主轴

主轴下端制有莫氏锥度，可安装钻夹头，主要用来安装孔加工刀具及传递扭矩。

（6）主轴变速机构

该机构采用的是塔轮变速方法，通过改变 V 形带的位置，可实现 5 种不同的转速。带张紧力的调整通过电动机前后移动来完成。

（7）进给机构

台钻通常只有手动进给，即三星进给手柄带动齿轮轴转动，再由齿轮轴带动与其啮合的主轴套筒产生移动。在主轴套筒下端的侧面装有进给标尺。在齿轮轴的另一端装有弹簧，使主轴自动抬起复位。

（8）电气控制部分

在机头的侧面装有控制开关，可使主轴正转或停车。

2. 台式钻床的维护保养

（1）在使用过程，工作台面必须保持清洁。

（2）钻通孔时必须使钻头能通过工作台面上的让刀孔，或在工件下面垫上垫铁，以防钻坏工作台面。

（3）下班时必须将机床外露滑动面及工作台面擦净，并对各滑动面及各注油孔加注润滑油。

二、立式钻床

立式钻床简称立钻，常用的 Z525B 型立钻如图 8—2—2 所示。立钻一般用来钻中、小型工件上的孔，常用立钻的最大钻孔直径有 25 mm、35 mm、40 mm 和 50 mm 几种。

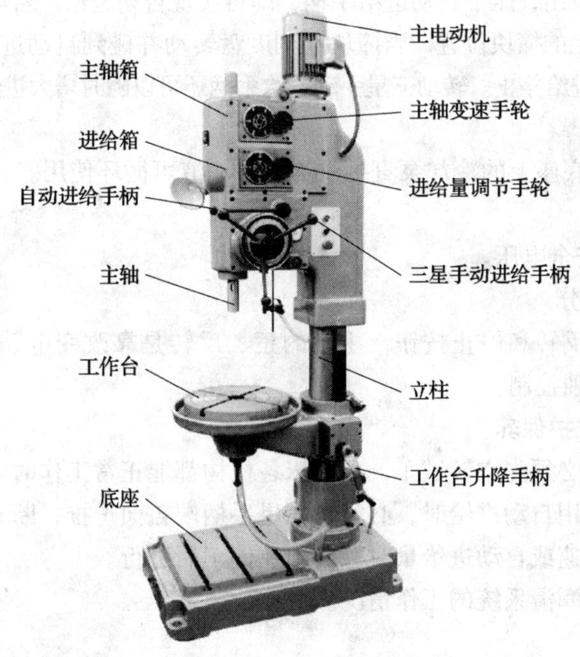

图 8—2—2　立式钻床

1. 立式钻床的结构与使用

Z525B 型立钻主要由底座、立柱、工作台、主轴、主轴变速机构、进给机构、冷却系统、机床照明和电气控制部分等组成。

（1）底座

底座是立钻的基础，也是机床的冷却箱，较大型工件还可直接放在底座工作面上进行加工。

（2）立柱

Z525B 型立钻的立柱为圆柱形，主要用来支承机床的所有零、部件。

（3）工作台

该工作台为圆形，松开下面的锁紧手柄，能自身旋转。松开后面的锁紧手柄，可使工作台绕立柱转动 ±180°。利用工作台的这两种运动，能使固定在工作台上的工件的任何位置都能对准主轴的中心，扩大了加工范围。同时，通过转动工作台升降手柄，可使工作台沿立柱停留在所需高度（利用蜗轮蜗杆的自锁功能）。

（4）主轴

主轴是钻床的重要部件，对其旋转精度要求较高。在主轴的下端有内锥孔，以便于安装刀具或辅具。主轴的重量由弹簧来平衡，可使主轴停在任意高度位置。

（5）主轴变速机构

转动主轴变速手轮可以使主轴方便地获得 6 种不同的转速，但变速前必须停车，以免损坏传动链中的零件。

（6）进给机构

其可实现手动进给和自动进给。采用自动进给时，首先将进给量调节手轮转到所需的进给量挡位，再将端盖拉出，压下自动进给手柄，即可实现自动进给。若需要控制钻孔深度时，可调节安装在刻度盘上的撞块位置，当撞块随刻度盘转动并碰到自动进给手柄座后，使自动进给手柄抬起，自动进给停止。转动三星手动进给手柄还可以随时增大进给量或终止自动进给。

（7）冷却系统

冷却液由安装在底座上的冷却泵直接供给，冷却液可循环使用。

（8）照明

照明采用 24 V 安全电压。

（9）电气控制部分

该立钻有正转、反转和停止按钮，主轴的正、反转是靠改变电动机的转向来实现的。冷却泵由转换开关单独控制。

2. 使用规则及维护保养

（1）立钻使用前必须先空转试车，在机床各机构都能正常工作时才可操作。

（2）工作中不采用自动进给时，必须将三星手柄端盖向里推，断开自动进给传动。

（3）变换主轴转速或自动进给量时，必须在停车后进行。

（4）需经常检查润滑系统的工作情况。

三、摇臂钻床

对于加工大型工件上的孔，或在一个工件上加工多个孔时，采用立钻往往比较麻烦，而采用主轴可以移动的摇臂钻床就比较方便。

摇臂钻床的组成如图 8—2—3 所示，工件安装在工作台上。主轴箱装在可绕垂直立柱回转的摇臂上，并可沿摇臂上水平导轨往复移动。上述两种运动，可将主轴调整到机床加工范围内的任何位置，即可方便地对准孔中心。此外，摇臂还可沿立柱上下升降，使主轴箱的高低位置适合于工件加工的高度。

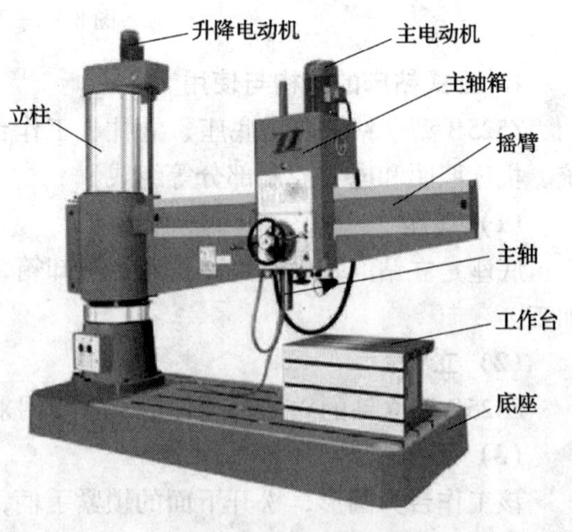

图 8—2—3　摇臂钻床

课后练习

1. 钻床的作用是什么？常用的钻床有哪几种？
2. 简述立钻的维护与保养。

第三节 车床

学习目标

1. 了解 CA6140 型卧式车床的用途。
2. 熟悉 CA6140 型卧式车床的组成及各部分的功用。
3. 掌握车床的润滑与保养方式。

车床的种类很多，主要有仪表车床、单轴自动车床、多轴自动、半自动车床、转塔车床、立式车床、落地及卧式车床、仿形及多刀车床以及数控车床等。其中，卧式车床应用最广泛。下面以典型的 CA6140 型卧式车床为例进行介绍。

一、CA6140 型卧式车床简介

1. 车床外形

CA6140 型卧式车床的外形与结构如图 8—3—1 所示。

图 8—3—1 CA6140 车床的外形图

1、11—床腿 2—进给箱 3—主轴箱 4—床鞍 5—中滑板 6—刀架 7—回转盘 8—小滑板 9—尾座 10—床身 12—光杠 13—丝杠 14—溜板箱

2. 主要部件及其功用

CA6140 型卧式车床主要部件及其功用见表 8—3—1。

表 8—3—1　　CA6140 型卧式车床主要部件及其功用

部件名称	功用
主轴箱	也称床头箱，固定在床身 10 的左上端，主要用来支承并传动主轴，是主运动的输出机构。装在主轴箱内的主轴通过卡盘等夹具装夹工件，使其按规定转速旋转，以实现主运动
进给箱	也称走刀箱，固定在床身 10 的左前侧，它是进给传动系统的变速机构，主要功用是改变机动进给或螺距的进给量
溜板箱	固定在床鞍 4 的底部，可带动刀架一起做纵向移动。它靠光杠、丝杠和进给箱联系，把进给箱传来的运动传给刀架，使刀架实现纵向进给、横向进给、快速移动。溜板箱上装有各种操纵手柄及按钮，工作时操作者可以方便地操纵
床身	是车床的基本支承件，车床的各个主要部件均安装在床身上，并保持各部件间具有准确的相对位置
尾座	安装在床身导轨上，可沿导轨作纵向移动，以达到需要的位置。尾座主要是用后顶尖支承较长工件，也可以安装钻头、铰刀等孔加工刀具，进行孔加工
光杠	将进给运动传给溜板箱，实现自动进给
丝杠	将进给运动传给溜板箱，完成螺纹车削
床鞍	与溜板箱连接，可带动刀架沿床身导轨做纵向移动
中滑板	可带动车刀沿床鞍上的导轨做横向移动
小滑板	可沿转盘上的导轨做短距离移动。当转盘扳转一定角度后，小滑板还可带动车刀做相应的斜向运动
回转盘	与中滑板连接，用螺栓紧固。松开螺母，转盘可在水平面内转动任意角度
刀架	用来装夹车刀，最多可同时装夹 4 把刀。松开锁紧手柄即可转位，选用所需车刀

二、车床的润滑与保养

1. 车床的润滑

(1) 浇油润滑

车床外露的所有滑动表面，如床身导轨、中滑板和小滑板导轨面等，均需擦干净后采用油壶浇油润滑。

(2) 溅油润滑

车床齿轮箱内的所有零部件，一般均是利用齿轮的旋转，将箱内的润滑油飞溅到各个零部件上，以起到润滑的作用。

(3) 油绳润滑

将毛线浸入到油槽内，利用吸附现象把润滑油吸引到需要润滑的部位，如图 8—3—2a 所示。如车床进给箱、丝杠支架等均采用油绳润滑。

(4) 压配式压注油杯润滑

这种润滑方式俗称为油杯润滑。车床尾座、中滑板与小滑板丝杠的轴承处均采用压配式压注油杯润滑，如图 8—3—2b 所示。

(5) 旋盖式油杯润滑

车床交换齿轮箱、C620－1 型车床溜板箱内皆采用该种润滑方式，如图 8—3—2c 所示。

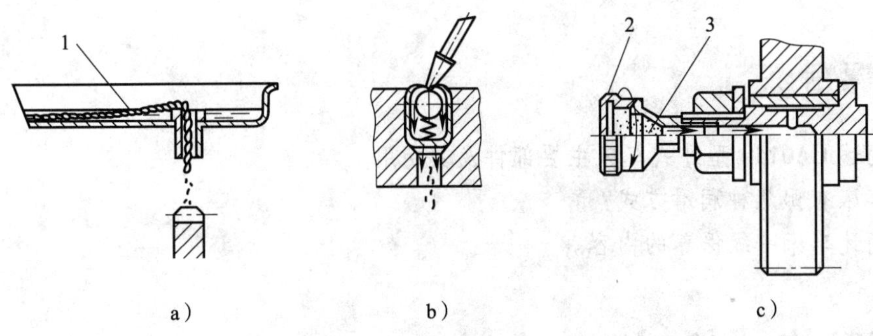

图 8—3—2 车床润滑方式（部分）

1—毛线 2—旋盖式油杯 3—润滑脂

(6) 液压泵循环润滑

车床主轴变速箱内有一个单柱塞泵，车床启动后，液压泵能将主轴变速箱池内的润滑油抽上来，润滑主轴轴承、多片式离合器等润滑点；然后润滑油又从润滑部位流回主轴变速箱的油池内，形成循环润滑。

2. 车床的保养

为了保证车床的加工精度、延长其使用寿命、保证加工质量、提高生产效率，车工除了能熟练操作机床外，还必须学会对车床进行维护与保养。

(1) 车床的日常维护保养

1）每天工作后，切断电源，对车床各表面、罩壳、导轨面、丝杠、光杠、各操纵手柄和操纵杆进行擦拭，做到无油污、无铁屑、车床外表清洁。

2）每周要求保养床身导轨面和中、小滑板导轨面及转动部位的清洁、润滑。要求油眼畅通、油标清晰，清洗油绳和机床油毛毡，保持车床外表清洁和工作场地整洁。

(2) 车床的一级保养

通常当车床运行 500 h 后，需进行一级保养。其保养工作以操作人员为主，在维修人员的配合下进行。具体保养部位、内容及要求见表 8—3—2。

表 8—3—2　　车床一级保养的部位、内容及要求

部位	内容与要求
主轴箱的保养	(1) 清洗滤油器，使其无杂物；(2) 检查主轴锁紧螺母有无松动，紧定螺钉是否拧紧；(3) 调整制动器及离合器摩擦片间隙
交换齿轮的保养	(1) 清洗齿轮、轴套，并在油杯中注入新油脂；(2) 调整齿轮啮合间隙；(3) 检查轴套有无晃动现象
滑板和刀架的保养	拆洗刀架和中、小滑板，洗净擦干后重新组装，并调整中、小滑板与镶条的间隙
尾座的保养	摇出尾座套筒，并洗净涂油，保持内外清洁
润滑系统的保养	(1) 清洗冷却泵、滤油器和盛液盘；(2) 保证油路畅通，油孔、油绳、油毡清洁无铁屑；(3) 检查油质，保持良好；(4) 油杯齐全，油标清晰
电器的保养	(1) 清扫电动机、电器箱上的灰尘和铁屑；(2) 电器装置牢固整齐
外部的保养	(1) 清洗车床外表面及外罩盖，保持其内、外清洁，无锈蚀、无油污；(2) 清洗三杠；(3) 检查各螺钉、手柄球和手柄有无松动或缺损

课后练习

1. 简述CA6140型卧式车床主要部件及其功用。
2. 车床有哪几种润滑方式?
3. 简述车床一级保养的内容。

第四节　铣床

学习目标

1. 了解X6132型万能升降台铣床的作用。
2. 熟悉X6132型万能升降台铣床的组成及各部件的功用。
3. 掌握铣床的一级保养方法。

铣床的种类很多，主要有卧式及立式升降台铣床、工具铣床、龙门铣床、仿形铣床、仪表铣床和床身铣床等。其中，应用最普遍的为卧式升降台铣床，下面以X6132型万能升降台铣床为例，对其主要部件及其功用做简要介绍。

一、X6132型万能升降台铣床简介

1. 铣床的外形

铣床的外形如图8—4—1所示。

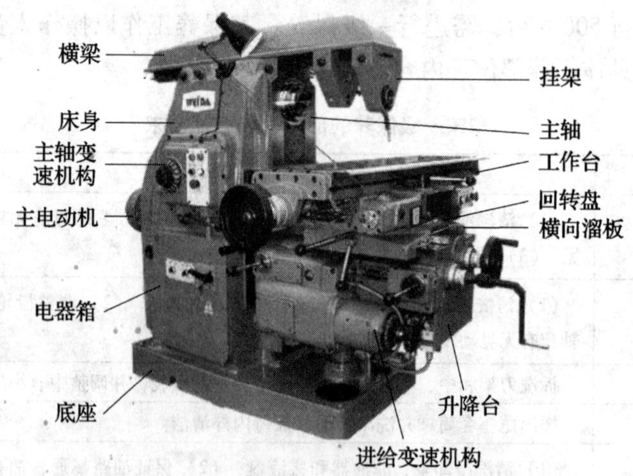

图8—4—1　X6132型万能升降台铣床

2. 主要部件及其功用

X6132型万能升降台铣床主要部件及其功用见表8—4—1。

表 8—4—1　　X6132 型万能升降台铣床主要部件及其功用

部件名称	功用
主轴变速机构	安装在床身内部，其功用是将主轴电动机的额定转速通过齿轮变速，变换成 18 种不同的转速，传递给主轴，以适应铣削的需要
床身	床身的作用是安装和连接其他部件。床身固定在底座上，床身内部装有主轴部件、主传动装置及其变速机构等，床身的垂直导轨起引导升降台上下移动的作用，床身的顶部水平导轨用来安装横梁
横梁	可沿床身顶部燕尾形导轨移动，并可按需要调节其伸出床身的长度，横梁上可安装挂架
主轴	主轴是一根前端带锥孔的空心轴，锥孔的锥度为 7∶24，其作用是安装铣刀，并带动铣刀杆做旋转运动
挂架	安装在横梁上，用以支承刀杆的外端，增加刀杆的刚度
工作台	用来安装夹具和工件，铣削时带动工件实现纵向进给运动
横向溜板	铣削时用来带动工作台实现横向进给运动。在横向溜板与工作台之前设有回转盘，可以使工作台在水平面内做 ±45°的扳转
升降台	用来支承横向溜板和工作台，升降台可沿床身的垂直导轨上下移动，以调整工作台的高低位置，并可做垂直方向进给运动
进给变速机构	用来调整和变换工作台的进给速度，以适应铣削的需要
底座	用来支持床身，承受铣床全部重量，存储切削液

二、铣床的保养

铣床运行 500 h 左右要进行一次一级保养。对铣床的一级保养工作以操作人员为主，在维修人员的配合下进行。具体保养部位、内容及要求见表 8—4—2。

表 8—4—2　　铣床一级保养的部位、内容及要求

部位	内容与要求
床身及表面	（1）清洗机床表面及死角，直到漆见本色、铁见光；（2）消除导轨面的毛刺
主变速箱	各定位手柄应无松动
进给箱	（1）各变速手柄应无松动；（2）调整离合器摩擦片间隙
工作台	（1）各部分清洗，台面应无毛刺，凸起处应刮平；（2）调整导轨斜铁间隙至 0.04 mm；（3）调整丝杠、螺母间隙，消除轴向窜动

续表

部位	内容与要求
润滑系统	（1）清洗各油管、液压泵、油网，要求油路畅通，液压泵有效，油标及油窗醒目；（2）按相关规定加油
冷却系统	（1）冷却槽应无杂物和铁屑；（2）擦拭冷却泵的外表面
电器部分	（1）清理电器箱、电器盒内的积油和灰尘；（2）检查各电器触点和接线

课后练习

1. 简述 X6132 型万能升降台铣床主要部件及其功用。
2. 简述铣床一级保养的内容。

第九章
金属切削与刀具

在现代机械制造中，绝大多数的零件都是通过刀具切削加工来达到规定的技术要求，以满足产品的性能和使用要求。因此，金属切削加工在机械制造业中占有极其重要的地位。

第一节　金属切削基础知识

1. 理解三种表面的概念。
2. 能够正确判断主运动与进给运动。
3. 能够合理选择切削用量。

金属切削加工是指利用切削刀具从工件上切除多余（或预留）的材料，从而达到规定的尺寸精度、几何形状精度和表面质量的机械加工方法。

一、切削运动

1. 主运动与进给运动

金属材料在机床上切削时，工件与刀具的相对运动称为切削运动。切削运动包括主运动和进给运动。

主运动是切除工件表面多余材料所需的最基本的运动。在切削加工中，主运动只有一个，通常速度最高，所消耗的功率最大。

进给运动是使新的金属层继续进入切削的运动。进给运动可以有一个或多个，速度较低，消耗功率较小。

如图 9—1—1 所示，这两种运动在不同的加工形式中是不同的。

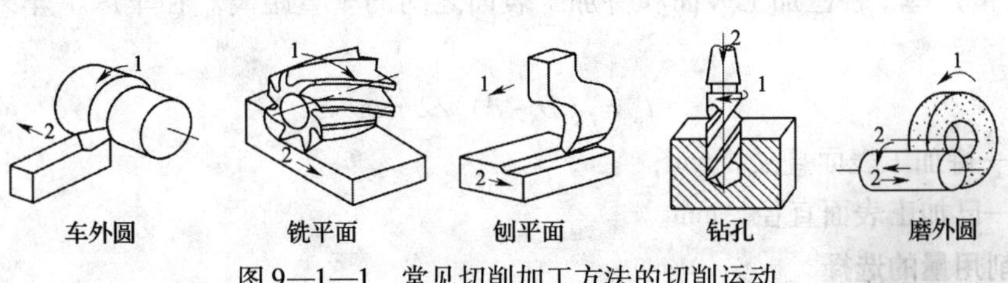

图 9—1—1　常见切削加工方法的切削运动

1—主运动　2—进给运动

2．三种表面

在切削过程中，工件上会形成三种表面，如图9—1—2所示。

（1）待加工表面是指工件上有待切除的表面。

（2）已加工表面是指工件经刀具切削后形成的表面。

（3）过渡表面是指工件上正在被切削的表面。它在下一个切削行程或刀具、工件的下一转被切除，或者被刀具下一切削刃切除。

二、切削用量

切削用量是在切削加工过程中的切削速度、进给量和背吃刀量的总称，也称为切削三要素。图9—1—3所示为车外圆时的切削用量示意图。切削用量直接影响工件加工质量、刀具的磨损和寿命、机床的动力消耗及生产效率等，因此必须合理选择。现以车削加工为例进行说明。

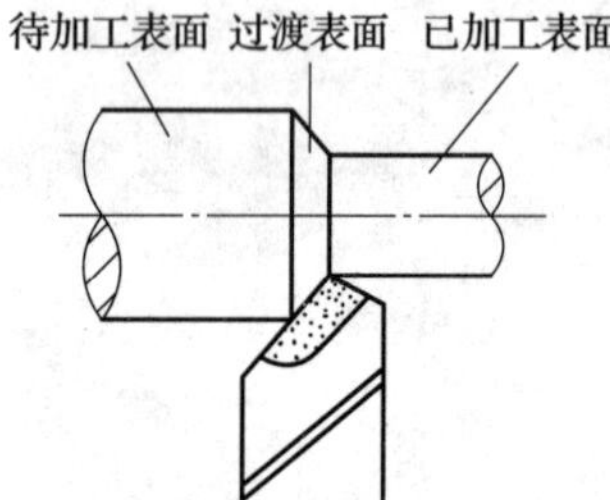

图9—1—2　工件上的三种表面

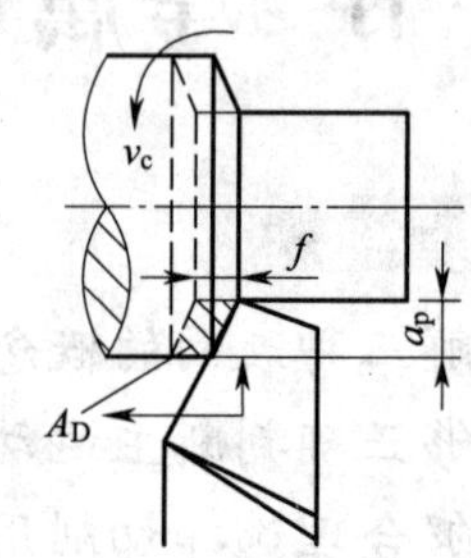

图9—1—3　车外圆时的切削用量示意图

1．切削速度 z_c

切削速度是切削加工时刀具切削刃上选定点相对于工件在主运动的瞬时速度（线速度）。车削加工时的瞬时速度计算公式为：

$$z_c = \pi Dn/1\ 000\ \text{m/min}$$

式中　D——工件待加工表面直径，mm；

n——工件转速，r/min。

2．进给量 f

进给量是刀具在进给运动方向上相对于工件的位移量。车削加工的刀具位移量常用工件每转一转刀具的位移量来表述和度量，单位为mm/r。

3．背吃刀量 a_p

背吃刀量是指工件已加工表面和待加工表面之间的垂直距离。在车床上车外圆的计算公式为：

$$a_p = (D - d)/2\ \text{mm}$$

式中　D——待加工表面直径，mm；

d——已加工表面直径，mm。

4．切削用量的选择

处理好效率与精度的关系的关键是正确选择切削用量。切削用量总的选择原则是：粗加工以效率为主，精加工以精度为主。一般选择顺序为：先选择背吃刀量，再选择进给量，最后选择切削速度。

粗加工时优先采用大的背吃刀量，其次采用较大的进给量，最后选择合理的切削速度。

精加工时首先选择较小的背吃刀量，再选择较小的进给量，最后选择较高（对于硬质合金刀具）或较低（对于高速钢刀具）的切削速度。

一般情况下，切削用量的具体数值应根据加工要求、机床性能、相关的手册参数并结合实际经验用类比方法确定。

课后练习

1. 金属材料在机床上切削时，工件与刀具的相对运动称为________运动。切削运动包括________运动和________运动。其中，________运动是切除工件表面多余材料所需的最基本的运动。

2. 在切削过程中，工件上会形成________表面、________表面和________表面三种表面。

3. 切削用量是在切削加工过程中的________、________和________的总称，也称为切削三要素。

4. 简述选择切削用量的基本原则。

第二节　刀具几何形状与材料

学习目标

1. 熟悉车刀切削部分的组成及各切削角度的含义。
2. 了解各基准坐标平面的种类。
3. 掌握常用刀具材料的性能与应用场合。

一、刀具切削部分的几何形状

各种刀具都是由切削部分和刀体或刀柄等部分组成的，如图 9—2—1 所示。切削部分是刀具中起切削作用的部分，由切削刃、前刀面及后刀面等组成。刀体是刀具夹持刀条或刀片的部分，刀柄是刀具上的夹持部分。

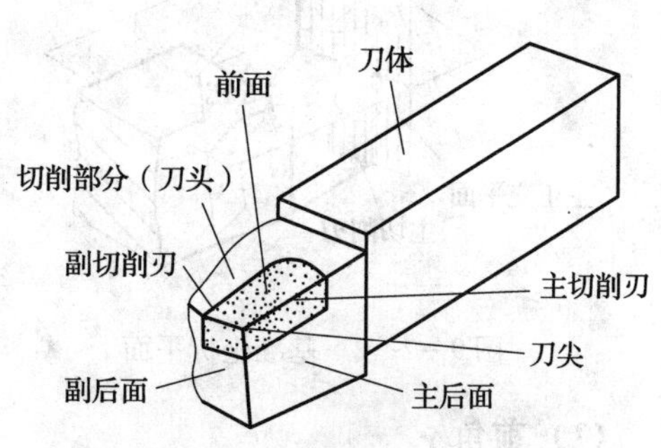

图 9—2—1　普通外圆车刀的组成

1. 刀具切削部分的组成

刀具的切削部分是刀具最重要的组成部分。切削部分的组成如下：

(1) 前刀面 A_γ

前刀面是指刀具上切屑流过的表面。

(2) 主后面 A_α

主后面是指刀具上同前面相交形成主切削刃的刀面，切削时与工件过渡表面相对。

(3) 副后面 A_α

副后面是指刀具上同前面相交形成副切削刃的刀面，切削时与工件已加工表面相对。

(4) 主切削刃 S

主切削刃是指前面与主后面的交线，切削时起主要切削作用。

(5) 副切削刃 S'

副切削刃是指前面与副后面的交线，切削时起辅助切削作用。

(6) 刀尖

刀尖是指主切削刃与副切削刃的交汇处相当少的一部分切削刃。刀尖有修圆刀尖与倒角刀尖之分。

2. 基准坐标平面

为了便于测量和刃磨刀具，需要假定三个辅助基准坐标平面，如图 9—2—2 所示。

(1) 基面 P_r

基面是指通过切削刃上某选定点，垂直于该点主运动方向的平面。

(2) 主正交平面 P_o

主正交平面是指通过切削刃上某选定点，与主切削刃相切并垂直于基面的平面。

(3) 副正交平面 P'_o

副正交平面是指通过切削刃上的某选定点，与副切削刃相切并同时垂直于基面和切削平面的平面。

3. 刀具切削部分的主要角度

车刀的切削部分共有五个独立的角度，如图 9—2—3 所示。

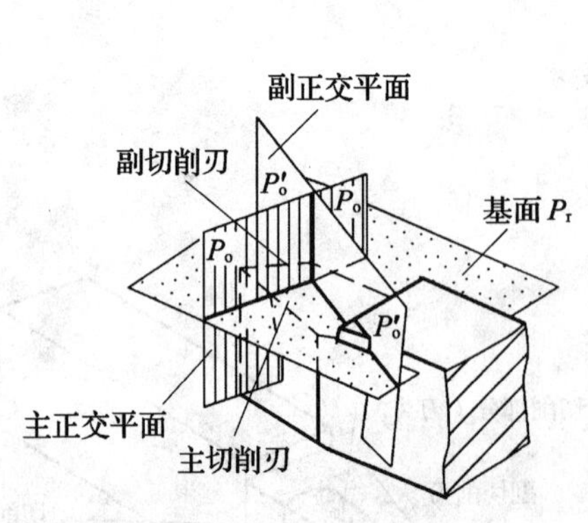

图 9—2—2 基准坐标平面

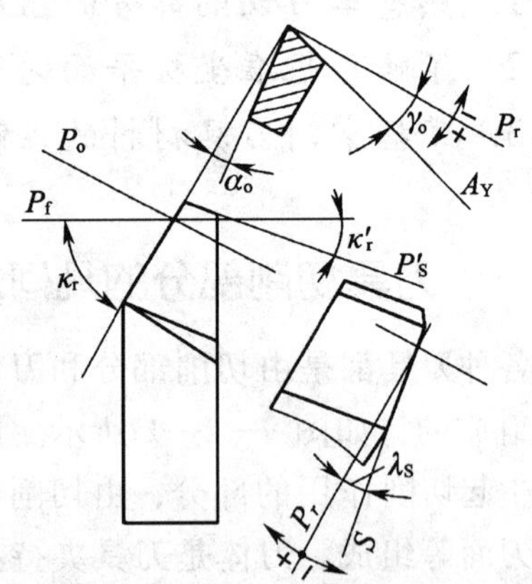

图 9—2—3 刀具切削部分的主要角度

(1) 前角 γ_o

前角是指前面与基面之间的夹角。前角表示刀具前面的倾斜程度。前角大时切削刃锋利，切削省力。前角可以是正值、负值或零。前角一般根据工件材料、刀具切削部分材料及加工要求选择。

（2）后角 α_o

后角是指后面与切削平面的夹角。后角表示刀具后面倾斜的程度。后角的作用是减小刀具主后面与工件间的摩擦。

（3）主偏角 κ_r

主偏角是指主切削刃在基面上的投影与进给运动方向之间的夹角。它可以改变主切削刃的受力及散热情况。

（4）副偏角 κ_r'

副偏角是指副切削刃在基面上的投影与进给运动反方向之间的夹角。它的作用是减小副切削刃与工件已加工表面之间的摩擦。

（5）刃倾角 λ_s

刃倾角是指主切削刃与基面之间的夹角。当刀尖为主切削刃的最低点时，λ_s为负值；当刀尖为主切削刃的最高点时，λ_s为正值；当主切削刃为水平时，λ_s为零。刃倾角影响切屑的流出方向。

二、刀具切削部分的材料

1. 对刀具切削部分材料的基本要求

刀具切削部分在切削过程中，要承受很大的切削抗力和冲击力，并且要在很高的温度下进行工作，经受连续和强烈的摩擦。因此，刀具切削部分的材料必须具备下列基本要求：

（1）高的硬度

刀具切削部分材料的硬度必须高于工件材料的硬度，其常温下的硬度一般要求在60 HRC以上。

（2）高的耐磨性

耐磨性是指抵抗磨损的能力。刀具材料的耐磨性除了与硬度有关外，还与刀具的化学成分和金相组织的稳定性有关。

（3）高的热硬性

耐热性是指刀具切削部分材料在高温下仍能保证正常切削所需的硬度、耐磨性、强度和韧性的能力。热硬性是衡量刀具材料切削性能的重要指标之一。

（4）足够的强度和韧性

强度和韧性主要是指切削部分材料承受切削抗力、冲击力和振动而破坏的能力。一般来说，硬度越高，冲击韧性越低，材料越脆。硬度与韧性是一对矛盾，是选择刀具材料的一个关键问题。

（5）良好的工艺性

工艺性一般是指材料的可锻性、可焊接性、切削加工性、可磨性、高温塑性和热处理性能等。工艺性越好，越便于刀具的制造。

2. 常用刀具材料

常用刀具切削部分的材料有四类，它们的性能及应用场合见表 9—2—1。

表 9—2—1　　常用刀具材料的性能与应用场合

<table>
<tr><th colspan="2">类型</th><th>典型牌号</th><th colspan="2">硬度及性能特点</th><th>主要应用场合</th></tr>
<tr><td rowspan="4">工具钢</td><td>优质碳素工具钢</td><td>T8A、T10A、T12A</td><td colspan="2">硬度为60～64 HRC，磨合性好，热硬性差，在200℃以下切削，切削速度8～10 m/min</td><td>一般用来制造切削速度低、尺寸较小的手动工具</td></tr>
<tr><td>合金工具钢</td><td>9SiCr、CrWMn</td><td colspan="2">硬度为60～64HRC，热硬性温度为300～350℃，切削速度比碳素工具钢高10%～20%</td><td>一般用来制造形状复杂的低速刀具，如铰刀、丝锥和板牙等</td></tr>
<tr><td>高速工具钢（高速钢）</td><td>W6Mo5Cr4V2、W18Cr4V</td><td colspan="2">硬度为63～66 HRC，其热硬性温度达550～600℃，切削速度约为30 m/min</td><td>适宜于制造成形刀具、切削刀具、钻头和拉刀等</td></tr>
<tr><td>高性能高速钢</td><td>W6Mo5Cr4V2Co8、W2Mo9Cr4Vco8、W6Mo5Cr4V2Al</td><td colspan="2">硬度66 HRC以上，在630～650℃时仍可保持60 HRC的硬度</td><td>用于切削高硬度钢、不锈钢、钛合金、高温合金等难切削材料</td></tr>
<tr><td rowspan="3">硬质合金</td><td>K类（钨钴类）</td><td>K10、K20、K30、K40、（YG8、YG6、YG3、YG8C、YG6X、YG3X）</td><td>其抗弯强度、冲击韧度较高</td><td rowspan="3">常温硬度达89～93 HRA，热硬性温度高达900～1 000℃，切削速度比通用高速钢高4～7倍，耐磨性好，但韧性差，抗弯强度低</td><td>主要用来加工脆性材料，如铸铁、青铜等</td></tr>
<tr><td>P类（钨钛钴类）</td><td>P10、P20、P30、（YT5、YT14、YT15、YT30）</td><td>其硬度高，耐热性好，但冲击韧度低</td><td>主要用来加工韧性材料，如碳钢等</td></tr>
<tr><td>M类（钨钛钽钴类）</td><td>M10、M20、（YW1、YW2）</td><td>有较高的硬度、抗弯强度和冲击韧度</td><td>这类硬质合金既可用于加工铸铁，也可用于加工钢材料。通常用于切削难加工材料</td></tr>
<tr><td rowspan="2">陶瓷</td><td>氧化铝</td><td>P1（AM）</td><td colspan="2">硬度为91～93 HRA，热硬性温度高达1 000～1 200℃，切削速度比通用高速钢高8～12倍，耐磨性好，但导热性差，韧性差，抗弯强度低</td><td>用于高速、小进给量精车、半精车铸铁和调质钢</td></tr>
<tr><td>碳化混合物</td><td>M5（T1）</td><td colspan="2">硬度为92～93 HRA，热硬性温度高达1 000～1 100℃，切削速度比通用高速钢高6～10倍，耐磨性好，但导热性差，韧性差，抗弯强度低</td><td>用于粗、精加工冷硬铸铁、淬硬合金钢</td></tr>
<tr><td rowspan="2">超硬材料</td><td>立方氮化硼</td><td>—</td><td colspan="2">硬度为8 000～10 000 HV，热硬性温度高达1 400～1 500℃，耐磨性、导热性好，抗弯强度低</td><td>用于精加工调质钢、淬硬钢、高速钢、高强度耐热钢以及有色金属</td></tr>
<tr><td>人造金刚石</td><td>—</td><td colspan="2">硬度为9 000 HV，热硬性温度达700～800℃，切削速度比通用高速钢高约25倍，耐磨性、导热性好，但抗弯强度低</td><td>用于高精度、低表面粗糙度值有色金属的切削</td></tr>
</table>

课后练习

1. 普通外圆车刀主要由____________、____________、____________、____________、副后刀刃和刀尖组成。

2. 车刀切削部分的五个独立角度分别是____________、____________、____________、副偏角和____________。

3. 简述对刀具切削部分材料的基本要求。

4. 常用刀具切削部分的材料有哪几类，各应用于什么场合?

第三节　切削液

学习目标

1. 了解切削液的作用。
2. 熟悉切削液的种类。
3. 能够合理选择切削液。

一、切削液的作用

切削液是为提高切削加工效果而使用的液体。切削液具有冷却、润滑、清洗和排屑作用。

1. 冷却作用

切削液能从切削区带走大量的切削热，使切削温度降低。因此，切削液可提高刀具的使用寿命和零件的加工质量。

2. 润滑作用

切削液进入刀具、切屑和工件之间，形成润滑膜，可以减小刀具与切屑、刀具与工件过渡表面之间的摩擦，从而减少切削变形，抑制积屑瘤、鳞次的生长，控制残余应力和微观裂纹的产生，使刀具使用寿命和工件的加工表面质量均得以提高。

3. 清洗和排屑作用

切削液能将细小的切屑或磨削时从砂轮上脱落的磨粒及时冲走，避免切屑堵塞或划伤工件已加工表面及机床导轨。切削液的清洗和排屑作用对磨削、深孔加工等尤为重要。

二、切削液的种类

切削液分为水基和油基两大类。常用的水基切削液有合成切削液和乳化液；常用的油基切削液有切削油。切削液的种类及应用见表9—3—1。

表 9—3—1　　切削液的种类及应用

种类	主要成分	冷却性	润滑性	应用
水溶液	水＋防锈剂＋添加剂	↑好 差	差 ↓好	磨削常用
乳化液	矿物油＋乳化剂＋添加剂			粗加工常用
切削油	矿物油＋添加剂			精加工常用

三、切削液的选用

加工中使用的切削液应根据工件材料、刀具材料、加工方法、加工要求、机床类别等情况综合考虑，合理选用，见表 9—3—2。

表 9—3—2　　切削液的选用

选用依据	加工条件	切削液选用原则
工件材料	切削钢等塑性材料	需要切削液
	切削铸铁等脆性材料	因使用切削液的作用不明显，且会弄脏工作场地并使碎屑黏附在机床导轨与滑板间造成阻塞和擦伤，故一般不使用切削液
	切削高强度钢、高温合金等难切削材料	选用极压切削油或极压乳化液
	切削铜、铝及其合金	因硫对这类材料有腐蚀作用，故不能使用含硫的切削液
	切削镁合金	不能使用水基切削液，以免引起燃烧
刀具材料	高速钢刀具	热硬性差，一般应使用切削液
	硬质合金刀具	热硬性好，耐热、耐磨，一般不用切削液，必要时可使用低浓度的乳化液或合成切削液，但必须连续、充分浇注，以免刀片因冷热不均匀，产生较大内应力而导致破裂
加工方法	钻孔（尤其是钻深孔）、铰孔、攻螺纹、拉削等加工	因工具与已加工表面的摩擦严重，宜采用乳化液、极压乳化液、极压切削油，并充分浇注
	使用螺纹刀具、齿轮刀具及成形刀具切削	刀具价格较贵，刃磨困难，要求刀具耐用度高，宜采用极压切削油、硫化切削油等
	磨削	因其加工时温度很高，且会产生大量的细屑及脱落的磨粒，容易堵塞砂轮和使工件烧伤，要选用冷却作用好、清洁能力强的切削液，如合成切削液和低浓度乳化液
加工要求	粗加工	金属切除量大，切削温度高，应选用冷却作用好的切削液
	精加工	为保证加工质量，宜选用润滑作用好的极压切削液

课后练习

1. 切削液是为提高切削加工效果而使用的液体，其具有________________、________________、清洗和________________作用。

2. 切削液分为水基和油基两大类。常用的水基切削液有________________和________________；常用的油基切削液有________________。

3. 如何合理选择切削液？

第十章 量具与夹具基础

量具与夹具均是保证零件或产品质量的重要工具。夹具是保证被加工零件在机床上具有正确的位置并夹紧工件，量具是保证零件在加工过程中具有合格的尺寸与几何精度。二者在产品的加工过程中，具有非常重要的作用。

第一节 常用量具的结构与使用方法

学习目标

1. 了解游标卡尺、千分尺、百分表、万能角度尺的结构。
2. 掌握游标卡尺、千分尺、百分表、万能角度尺的读数与测量方法。
3. 熟悉常用量具的维护与保养方法。

用来保证零件或产品的尺寸、几何精度的工具统称为量具。量具的种类很多，根据用途和特点可分为万能量具、专用量具和标准量具三种类型。其中，万能量具作为一种通用量具，以其测量准确、使用方便而广泛应用。

常用的万能量具有游标卡尺、千分尺、百分表、万能角度尺等。

一、游标卡尺的结构与使用方法

游标卡尺是一种中等精度（IT10 ~ IT6）的量具，可以直接测量工件的外径、孔径、长度、宽度、深度和孔距等尺寸。

游标卡尺的测量范围分为：0 ~ 125 mm、0 ~ 200 mm、0 ~ 300 mm、0 ~ 500 mm、300 ~ 800 mm、400 ~ 1 000 mm 等。

1. 游标卡尺的结构

游标卡尺由主尺、副尺（游标尺）、内外测量爪、深度尺及制动螺钉等组成，如图 10—1—1 所示。

2. 游标卡尺的刻线原理与读数方法

游标卡尺按其测量精度，有 1/50 mm（0.02）和 1/20 mm（0.05）两种。其中 1/50 mm（0.02）游标卡尺应用最广。

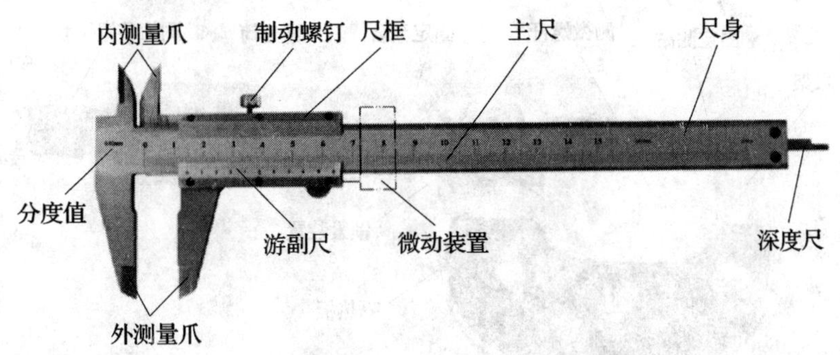

图 10—1—1　游标卡尺

（1）1/50 mm（0.02 mm）游标卡尺的刻线原理

主尺上每小格是 1 mm，当两量爪合并时，副尺上的 50 格对准主尺 49 mm。副尺每格为 49/50 = 0.98 mm，主、副尺每格差 1 mm − 0.98 mm = 0.02 mm。此差值即游标卡尺的测量精度。

（2）游标卡尺读数方法

首先在主尺上读出位于副尺左边的整数；再找到副尺上与主尺刻线重合的刻线，将该线的顺序数乘以副尺的测量精度得到小数部分；把这两个数值相加即为测量值，如图 10—2—2 所示。

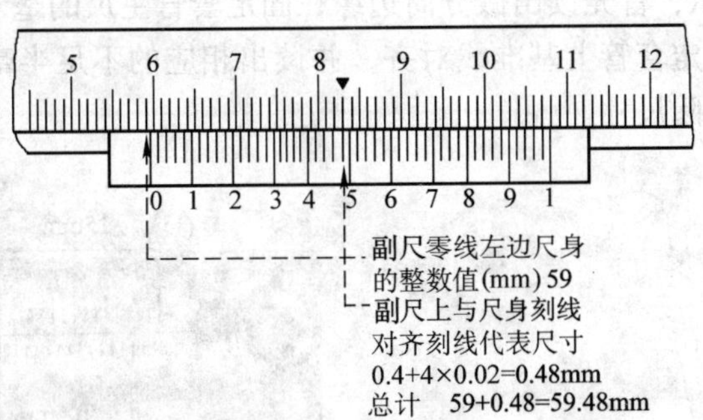

图 10—1—2　0.02 mm 规格的游标卡尺读数方法

二、千分尺的结构与使用方法

千分尺是一种精密量具，它的测量精度比游标卡尺高，而且比较灵活，因此，在机械加工中得到广泛应用。常用的千分尺有外径千分尺、内径千分尺和深度千分尺，其中外径千分尺应用最多。

千分尺的规格按测量范围分为：0 ~ 25 mm、25 ~ 50 mm、50 ~ 75 mm、75 ~ 100 mm、100 ~ 125 mm 等。

1．外径千分尺的结构

外径千分尺的结构如图 10—1—3 所示，主要由尺架、测砧、测微螺杆、固定套管、微分筒、测力装置、锁紧装置、隔热板等组成。

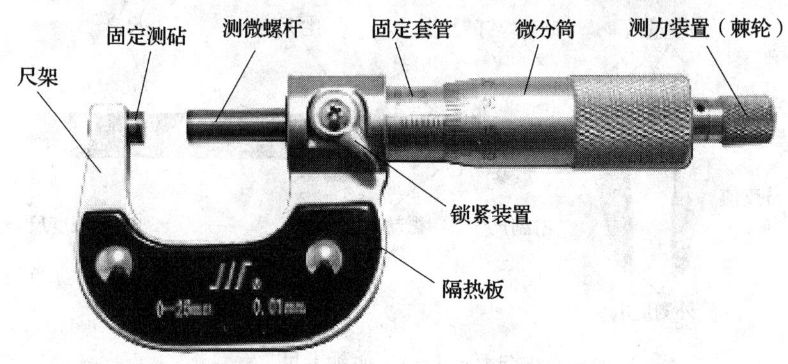

图 10—1—3　千分尺结构

2. 千分尺的刻线原理与读数方法

(1) 千分尺的刻线原理

千分尺测微螺杆上的螺距为 0. 50 mm，当微分筒转一圈时，测微螺杆就沿轴向移动 0. 50 mm。固定套管上刻有间隔为 0. 50 mm 的刻线，微分筒圆锥面的圆周上共刻有 50 个格，因此微分筒每转一格，测微螺杆就移动 0. 5 mm/50 = 0. 01 mm。因此，千分尺的精度值为 0. 01 mm。

(2) 千分尺的读数方法

如图 10—1—4 所示，首先读出微分筒边缘在固定套管主尺的毫米数和半毫米数；然后看微分筒上哪一格与固定套管上基准线对齐，并读出相应的不足半毫米数；最后，把两个读数相加即为测得的实际尺寸。

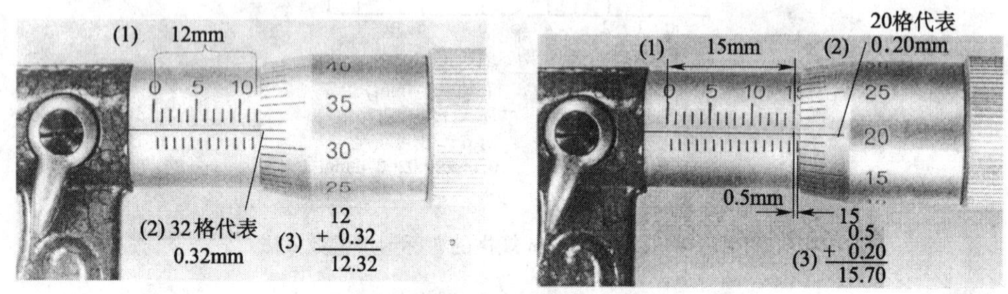

图 10—1—4　千分尺读数方法示例

三、百分表的结构与使用方法

百分表是一种带指针的精密量具，具有结构简单、使用方便、价格便宜等优点。百分表主要用于长度的相对测量和几何偏差的相对测量。

百分表按其结构与用途不同，可分为钟面式百分表、杠杆式百分表和内径百分表等。

1. 钟面式百分表的结构与使用

钟面式百分表借助内部杠杆、齿轮、齿条或扭簧的传动，将测量杆的微小直线移动，经传动和放大机构转变为表盘上指针的角位移，从而指示相应的数值。钟面式百分表（图 10—1—5）分度值为 0. 01 mm。大指针转一圈，小指针转一格（1 mm）。毫米数值由小指针转过格数读得，毫米小数值由大指针指示位置读得，指针停在两条刻线之间时，进行估读，读出小数第三位，即微米（μm）。

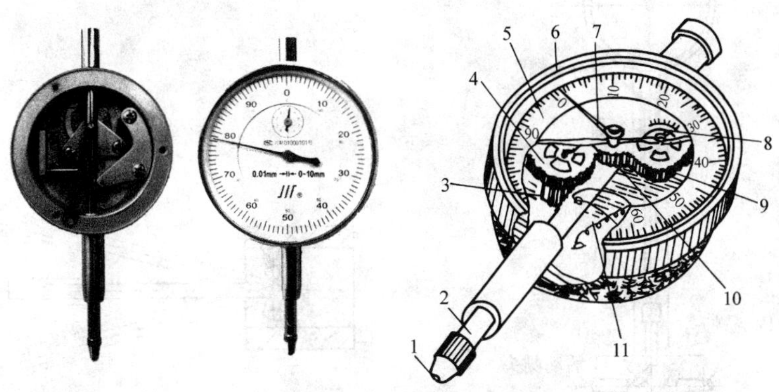

图 10—1—5　钟面式百分表

1—测头　2—测杆　3—小齿轮（$z=16$）　4、9—大齿轮（$z=100$）　5—度盘　6—表圈　7—长指针　8—转数指针　10—小齿轮（$z=10$）　11—弹簧

2. 杠杆式百分表的结构与使用

杠杆式百分表是把杠杆测头的位移（杠杆的摆动），通过机械传动系统转变为指针在表盘上的偏转。表盘圆周上有均匀的刻度，分度值为 0.01 mm，示值范围一般为 ±0.4 mm。杠杆式百分表常用于在机床上校正工件的安装位置，如图 10—1—6 所示。

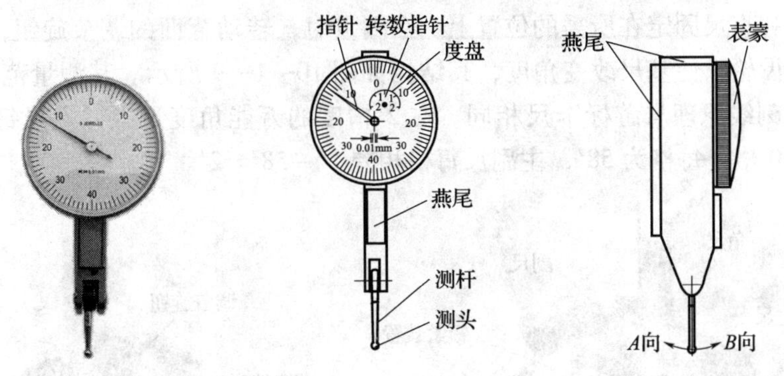

图 10—1—6　杠杆式百分表

3. 内径百分表的结构与使用

内径百分表由百分表和专用表架组成，用于测量孔的直径和孔的几何误差，特别适宜于深孔的测量。

内径百分表的结构如图 10—1—7 所示。测量时，百分表装夹在测架上，在测量头端部有一个活动测量头，另一端的固定测量头可根据孔径的大小更换。为了便于测量，测量头旁装有定位装置。

用内径百分表测量孔径属于相对测量法，测量前应根据被测孔径的大小，用千分尺或其他量具将其调整对零才能使用。测量时将表杆在测量头的轴线所在平面内轻微摆动，如图 10—1—8 所示，在摆动过程中读取最小读数，即为孔径的实际偏差。

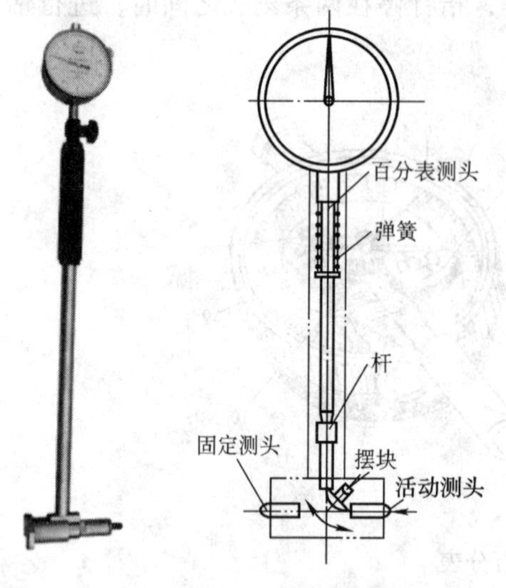

图 10—1—7　内径百分表

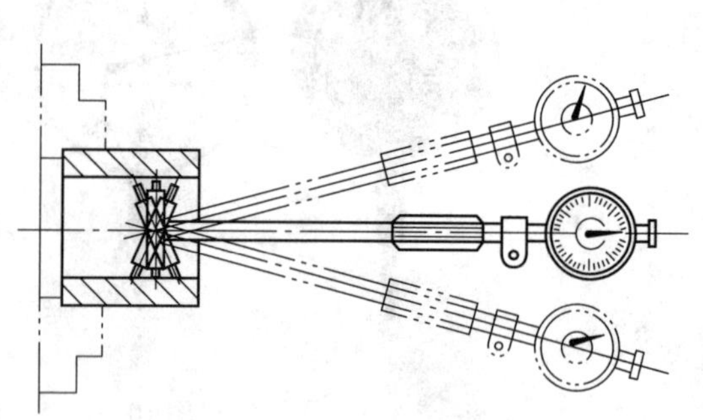

图 10—1—8　内径百分表检测

四、万能角度尺的结构与使用方法

1. 万能角度尺的结构

万能角度尺又叫量角器，主要由主尺、角尺、副尺、锁紧装置、基尺、直尺、卡块等几部分组成。基尺可以带着主尺沿着游标转动，当转到所需角度时，可以用锁紧装置锁紧。卡块将角尺和直尺固定在所需的位置上。在测量时，转动背面的调节旋钮，通过内部小齿轮转动扇形齿轮，使基尺改变角度，其结构如图 10—1—9 所示。其测量范围为 0° ~ 320°，精度为 2′。刻线原理与游标卡尺相同。在 2′精度的万能角度尺上，主尺每格 1°，游标在 29°内分成 30 格，每格为 58′，主副尺每格相差 1° − 58′ = 2′。

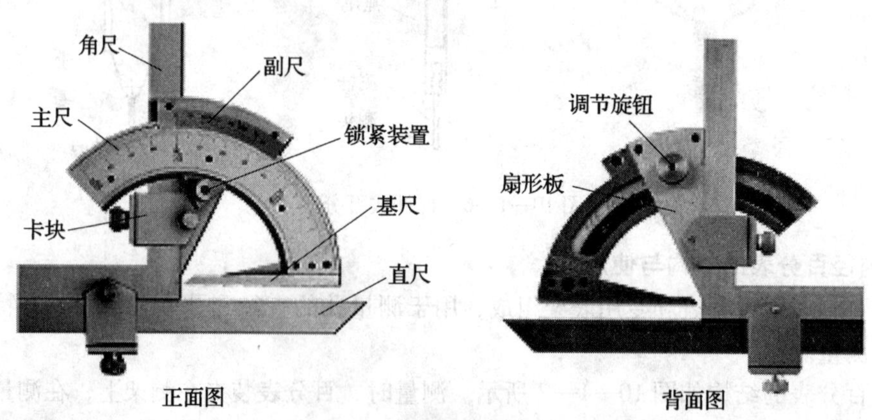

图 10—1—9　万能角度尺

2. 读数方法

万能角度尺的读数方法与游标卡尺相似，即先读主尺上的整数，然后在副尺标上读出分的数值，两者相加即为被测角度数值。读数示例如图 10—1—10 所示。

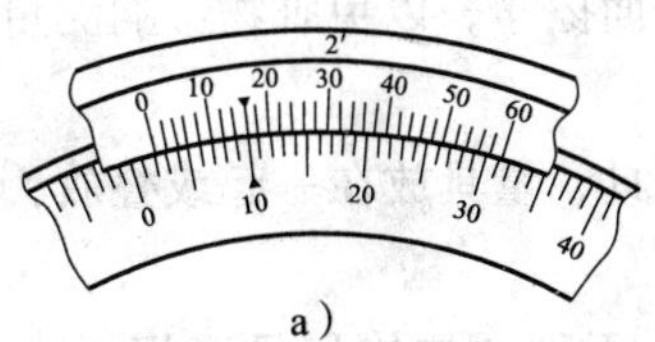

a）

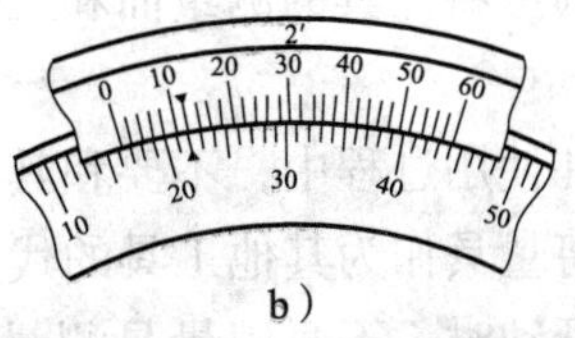

b）

图 10—1—10　万能角度尺读数示例

a）2° +8 ×2′ =2°16′　b）16° +6 ×2′ =16°12′

3．测量方法

用万能角度尺检测外圆锥角度时，应根据工件角度的大小，选择不同的测量方式，如图 10—1—11 所示。测量 0° ~50°的工件，可选择图 10—1—11a 所示方式；测量 50° ~140°的工件，可选择图 10—1—11b 所示方式；测量 140° ~230°的工件，可选用图 10—1—11c、d 所示方式；若将角尺和直尺都卸下，由基尺和扇形板（主尺）的测量面形成的角度，还可测量 230° ~320°范围的角度。

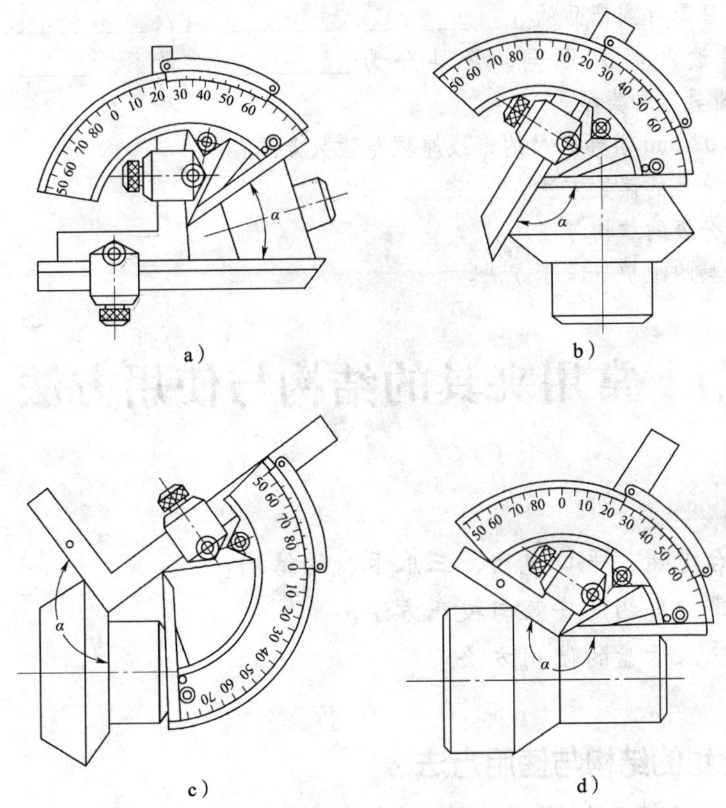

图 10—1—11　用万能角度尺测量工件的方式

五、量具的维护与保养

量具的精度某种程度上决定着机加工产品的精度。正确地使用精密量具是保证产品质量的重要条件之一，除了在使用中合理进行操作以外，还必须做好量具的维护和保养工作。

1．测量前应将量具的测量面和工件被测量表面擦净，以免脏物影响测量精度和对量具产生磨损。

2．量具在使用过程中，不要和其他工具、刀具、量具放在一起或叠放，以免损伤。

3．不能将量具作为其他工具的代用品。

4．机床开动时，不要用量具测量旋转工件，否则会加快量具磨损，而且容易发生事故。

5．温度对量具精度影响很大，因此，量具不应放在热源（电炉、暖气片等）附近，以免受热变形而失去精度。

6．量具用完后，应及时擦净、上油，放在专用盒中，保存在干燥处，以免生锈。

7．精密量具应实行定期鉴定和保养，发现不正常情况时，应及时送交计量室检修。

课后练习

1．用来保证零件或产品的__________、__________及__________的工具统称为量具。根据用途和特点不同，量具分为__________量具、__________量具和__________量具三种类型。

2．简述 0.02 mm 游标卡尺的刻线原理与读数方法。

3．简述千分尺的读数方法。

4．简述百分表的结构与使用。

5．简述量具的维护与保养方法。

第二节　常用夹具的结构与使用方法

学习目标

1．了解台虎钳、平口虎钳、三爪卡盘的结构。

2．掌握平口虎钳的安装与校正方法。

3．掌握三爪卡盘的使用方法。

一、台虎钳的结构与使用方法

台虎钳是用来夹持工件的通用夹具，一般安装在工作台上。常用的有固定式和回转式两种结构形式。

台虎钳的规格以钳口的宽度表示，常用的有 100 mm、125 mm、150 mm 几种。

1．台虎钳的结构与工作原理

台虎钳主要由固定钳身、活动钳身、丝杆、螺母、手柄、钳口、夹紧盘等几部分组成，如图 10—2—1 所示。活动钳身通过导轨与固定钳身的导轨孔做滑动配合，丝杆装在活动钳身上，可以旋转，但不能轴向移动，并与安装在固定钳身内的丝杆螺母配合。摇动手柄使丝杆旋转，就可带动活动钳身相对于固定钳身沿导轨进退移动，起到夹紧或放松工件的作用。弹簧借助挡圈和销固定在丝杠上，其作用是当放松丝杠时，可使活动钳身能及时退出。在固定钳身和活动钳身上，各装有钢质钳口，并用螺钉固定。钳口的工作面上制有交叉的网纹，使工件夹紧后不易产生滑动。钳口经过热处理淬硬，具有较好的耐磨性。回转式台虎钳的固定钳身装在转座上，并能绕转座轴心转动，当转动到要求的方向时，扳动锁紧手柄使夹紧螺钉旋紧，便可在夹紧盘的作用下把固定钳身固紧。转座上有三个螺栓孔，用以与钳台固定。

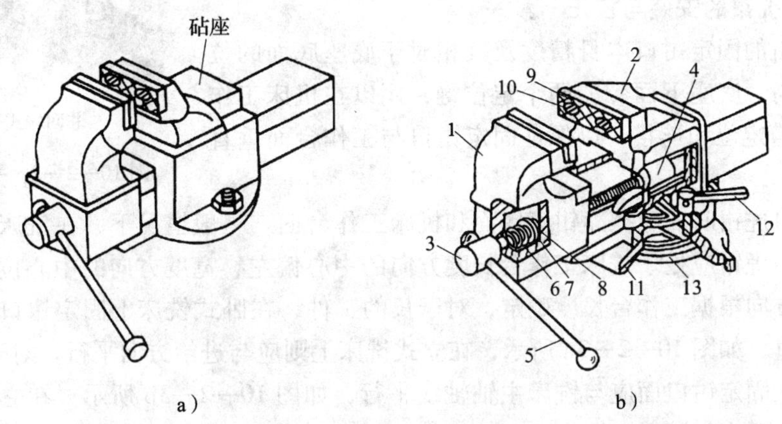

图 10—2—1　台虎钳结构

a）固定式台虎钳　b）回转式台虎钳

1—活动钳身　2—固定钳身　3—丝杆　4—螺母　5—手柄　6—弹簧　7—挡圈　8—销　9—钳口　10—螺钉　11—转座　12—锁紧手柄　13—夹紧盘

2. 台虎钳的使用方法与注意事项

（1）台虎钳在安装时，必须使固定钳身的钳口部分处于工作台边缘外，保证夹持长条形工件时，不受钳台边缘阻碍。

（2）台虎钳必须牢固地固定在工作台上，使用时三个压紧螺钉要扳紧，使钳身没有松动现象。

（3）夹紧工件时只许用手扳动手柄，不允许用锤子或其他套筒扳动手柄，以免损坏丝杠、螺母或钳身。

（4）不能在钳口上敲击工件。

（5）丝杠、螺母和其他滑动表面要经常保持清洁，并加油润滑，以防生锈。

（6）强力作业时，应尽量使力朝向固定钳身。

二、平口虎钳的结构与使用方法

平口虎钳是铣床、钻床、磨床上常用夹具之一，主要用来夹持工件。按照其用途不同，平口虎钳可分为机用平口虎钳、高精度平口虎钳、工具平口虎钳、角固式平口虎钳等几种。按钳口宽度不同，常用的有 100 mm、125 mm、136 mm、160 mm、200 mm、250 mm 六种规格。

1. 平口虎钳的结构

平口虎钳分为回转式和非回转式两种，如图 10—2—2 所示。两种平口虎钳的结构基本相同，只是回转式平口虎钳的底座设有转盘，钳体可绕转盘轴线在 360°范围内任意回转，使用方便，适应性强。

由于回转式平口虎钳多了一层转盘结构，高度增加，刚性相对较差。因此，在机床上加工平面、垂直面和平行面时，一般都采用非回转式平口钳。

回转式平口虎钳

非回转式平口虎钳

图 10—2—2　平口虎钳

2. 平口虎钳的安装与校正

平口虎钳的固定钳口本身精度及其相对于底座底面的位置精度均较高。底座下面带的两个定位键，用以在机床工作台中央 T 形槽定位和连接，以保证固定钳口与工作台面垂直或平行。

安装平口虎钳时，应擦净钳座底面和机床工作台面。一般情况下，在铣床上安装平口虎钳时，平口虎钳应处于铣床工作台长度方向的中心偏左、宽度方向的中心位置，以方便操作。钳口方向根据工作台长度确定，对于长的工件，在卧式铣床上固定钳口面应与铣床主轴轴线垂直，如图 10—2—3a 所示，在立式铣床上则应与进给方向平行。对于短的工件，在卧式铣床上固定钳口面应与铣床主轴轴线平行，如图 10—2—3b 所示，在立式铣床上则应与进给方向垂直。

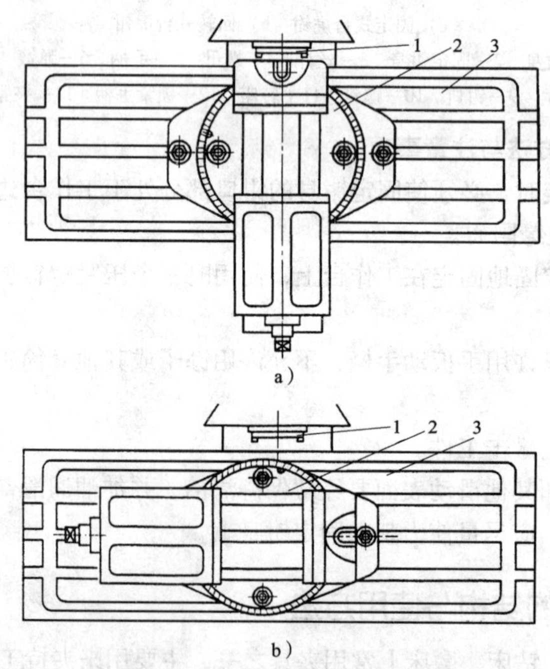

图 10—2—3　平口虎钳的安装位置

a）固定钳口与铣床主轴轴线垂直　b）固定钳口与铣床主轴轴线平行

1—铣床主轴　2—平口虎钳　3—工作台

当钳口与铣床主轴轴线有较高的垂直度或平行度要求时，应对固定钳口进行校正，校正的方法如图 10—2—4、图 10—2—5、图 10—2—6 所示。

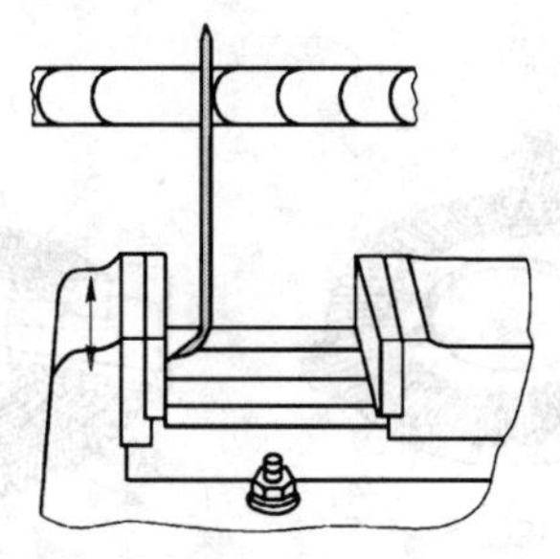

图 10—2—4　用划针校正固定钳口与铣床主轴轴线垂直

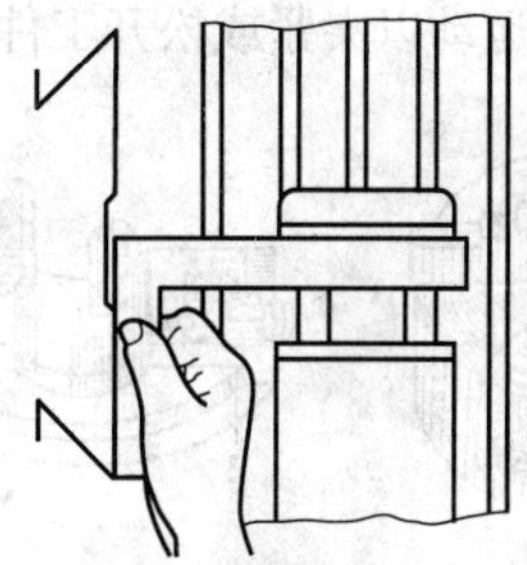

图 10—2—5　用 90°角尺校正固定钳口与铣床主轴轴线平行

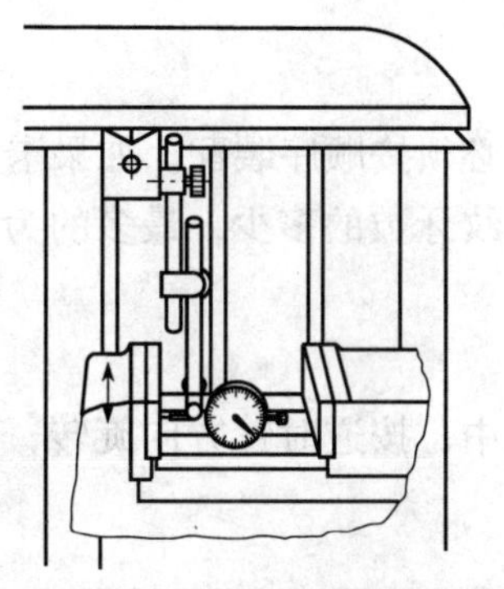

校正固定钳口与主轴轴线垂直

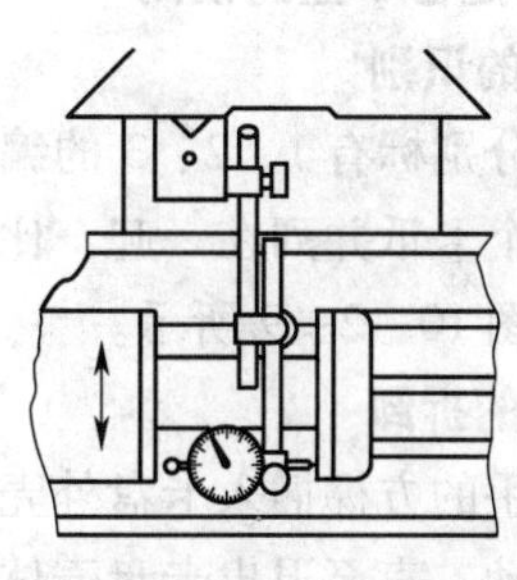

校正固定钳口与主轴轴线平行

图 10—2—6　用百分表校正固定钳口

三、三爪卡盘的结构与使用方法

三爪卡盘是利用均布在卡盘体上的三个活动卡爪的径向移动，把工件夹紧和定位的机床附件，如图 10—2—7 所示。常用三爪自定心卡盘的规格有 150 mm、200 mm、250 mm 等。

图 10—2—7　三爪卡盘

1. 三爪自定心卡盘的结构

三爪自定心卡盘的结构如图 10—2—8 所示，其主要由外壳体、三个卡爪、三个小锥齿轮、一个大锥齿轮等零件组成。当卡盘扳手方榫插入小锥齿轮的方孔中转动时，小锥齿轮就带动大锥齿轮转动，大锥齿轮背面的平面螺纹与卡爪背面的螺纹啮合，从而驱动三个卡爪同时沿径向运动以夹紧或松开工件。

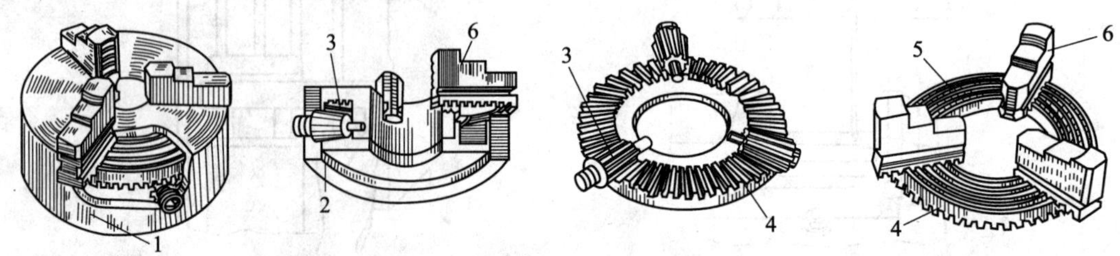

图 10—2—8　三爪自定心卡盘的结构

1—卡盘壳体　2—防尘盖板　3—带方孔的小锥齿轮　4—大锥齿轮　5—平面螺纹　6—卡爪

2. 三爪自定心卡盘的使用

(1) 卡爪的识别

每副卡爪分别标有 1、2、3 的编号，安装卡爪时必须按顺序装配。如果卡爪的编号不清晰，可将三个卡爪并列在一起，比较卡爪上端面螺纹牙数的多少，最多的为 1 号，最少的为 3 号，如图 10—2—9 所示。

(2) 卡爪的拆卸

将卡盘扳手的方榫插入卡盘外壳圆柱面上的方孔中，按逆时针方向旋转，三个卡爪则沿径向离心移动，直至退出卡盘壳体。

(3) 卡爪的安装

将卡盘扳手的方榫插入卡盘外壳圆柱面上的方孔中，按顺时针方向旋转，以驱动大锥齿轮背面的平面螺纹，当平面螺纹的螺扣转到将要接近壳体上的 1 槽时，将 1 号卡爪插入壳体槽内，继续顺时针转动卡盘扳手，在卡盘壳体上的 2 槽、3 槽处依次装入 2 号、3 号卡爪，如图 10—2—10 所示。

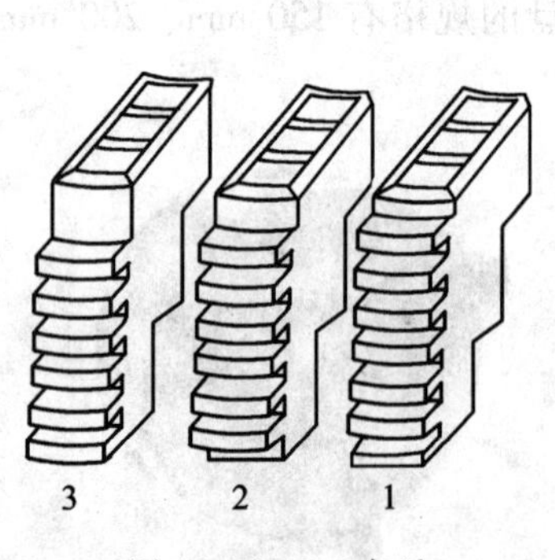

图 10—2—9　卡爪

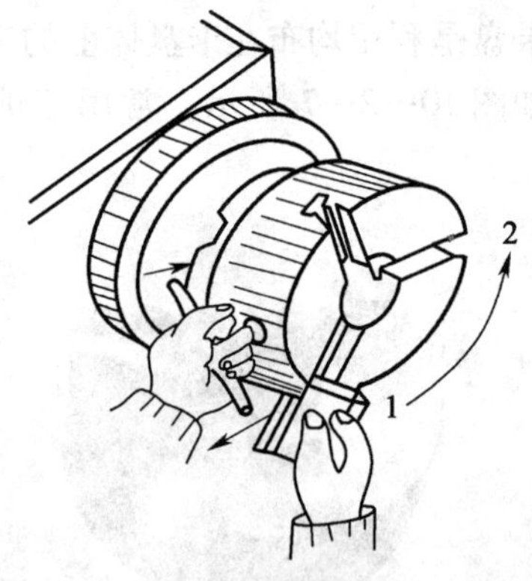

图 10—2—10　卡爪的安装

课后练习

1. 台虎钳是用来夹持工件的通用夹具，常用的有__________式和__________式两种结构类型。台虎钳的规格以__________表示，常用的有__________ mm、__________ mm 和__________ mm 几种。

2. 平口虎钳按照其用途不同可分为__________平口虎钳、__________平口虎钳、__________角固式平口虎钳和__________平口虎钳等几种。

3. 三爪自定心卡盘主要由__________、__________、__________和一个大锥齿轮等零件组成。常用三爪自定心卡盘的规格有__________ mm、__________ mm 和 250 mm 等几种。

4. 使用台虎钳时应注意哪些问题?

5. 简述平口虎钳在铣床上使用时的安装与校正方法。

第十一章 钳加工及典型零件加工工艺

本章的主要内容包括钳加工基础知识及典型零件的加工工艺。钳加工是以手工操作为主的加工，其技术性较强，与其他加工联系紧密，一般机械加工各工种均要对钳加工有所了解。典型零件加工包括轴类零件加工、套类零件加工、箱体类零件加工和直齿圆柱齿轮类零件加工等。

第一节　钳加工基础知识

学习目标

1. 了解划线的作用、种类及常用划线工具。
2. 熟悉划线前的准备工作、划线基准的选择。
3. 掌握钳工基本操作。

每一个机械工种，在工作中都会遇到一些钳工工作，如简单的划线，工件的锯削，锉刀去毛刺和倒角，钻孔、攻螺纹等。因此，要做好本工种工作，都必须掌握一些钳工的基本操作方法。

一、划线

根据图样要求，在工件上划出加工时所需要的界线的操作，称为划线。

1. 划线的作用

划线不仅能使工件在加工时有明确的界线，而且还能及时发现不合格的毛坯，避免造成不必要的浪费。对于缺陷不大的不合格毛坯，还可以通过划线时借料的方法予以补救，降低毛坯的不合格率，同时使加工后的零件仍能符合图样要求。

2. 划线的种类

划线分为平面划线和立体划线两种。只需在工件的一个表面上划线就能明确表示加工界线的称为平面划线，如图 11—1—1 所示。要同时在工件上几个互成角度（通常是互相垂直）的表面上划线，才能明确表示加工界线的，称为立体划线，如图 11—1—2 所示。

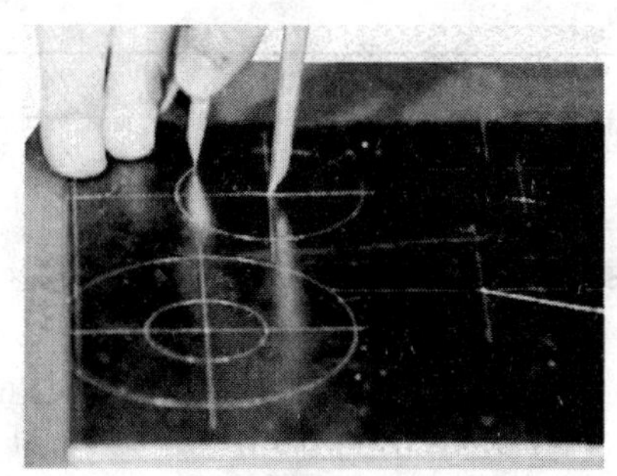

图 11—1—1　平面划线

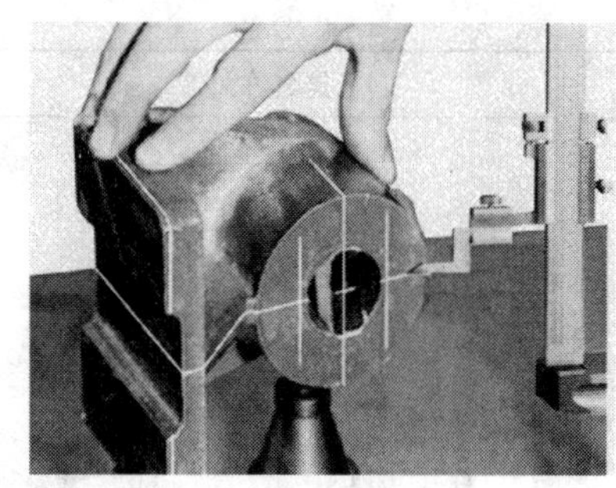

图 11—1—2　立体划线

3. 常用划线工具

常用划线工具见表 11—1—1。

表 11—1—1　　常用划线工具及应用

工具名称	用途
划线平板	由铸铁毛坯经精刨或刮削制成。其作用是用来安放工件和划线工具并在其工作面上完成划线及检测过程。一般用木架搁置，放置时应使平板工作面处于水平状态
划线盘	用来在工件上划线或找正工件位置。一般情况下，划针的直头端用来划线，弯头端用来找正工件位置
划针	划线用的基本工具。常用的划针是用 $\phi3 \sim \phi6$ mm 的弹簧钢丝或高速钢制成，其长度为 200 ~ 300 mm，尖端磨成 15° ~ 20°的尖角，并经热处理淬硬，以提高其硬度和耐磨性（硬度可达 55 ~ 60HRC）

续表

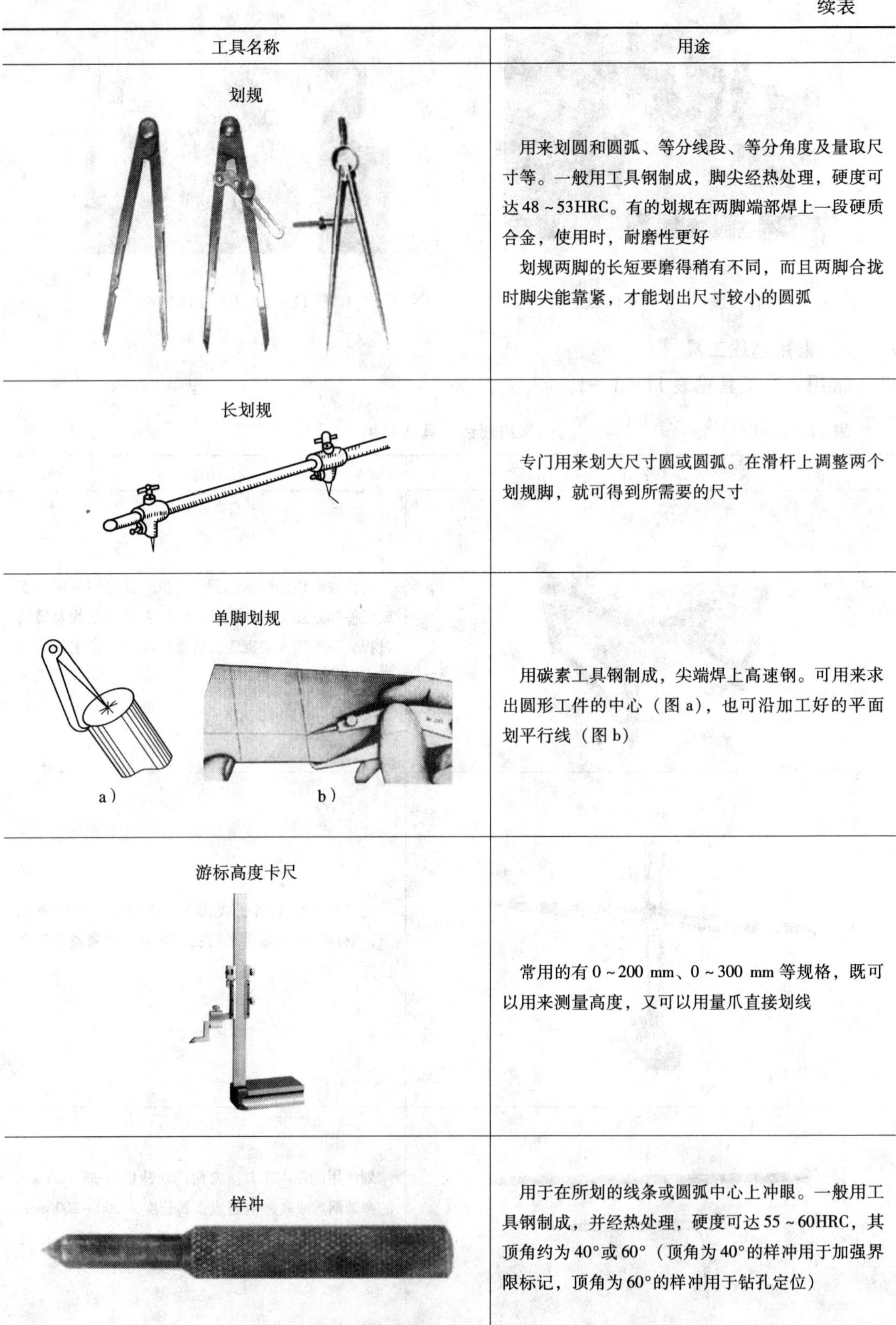

工具名称	用途
划规	用来划圆和圆弧、等分线段、等分角度及量取尺寸等。一般用工具钢制成，脚尖经热处理，硬度可达48～53HRC。有的划规在两脚端部焊上一段硬质合金，使用时，耐磨性更好 划规两脚的长短要磨得稍有不同，而且两脚合拢时脚尖能靠紧，才能划出尺寸较小的圆弧
长划规	专门用来划大尺寸圆或圆弧。在滑杆上调整两个划规脚，就可得到所需要的尺寸
单脚划规 a）　b）	用碳素工具钢制成，尖端焊上高速钢。可用来求出圆形工件的中心（图 a），也可沿加工好的平面划平行线（图 b）
游标高度卡尺	常用的有0～200 mm、0～300 mm等规格，既可以用来测量高度，又可以用量爪直接划线
样冲	用于在所划的线条或圆弧中心上冲眼。一般用工具钢制成，并经热处理，硬度可达55～60HRC，其顶角约为40°或60°（顶角为40°的样冲用于加强界限标记，顶角为60°的样冲用于钻孔定位）

续表

工具名称	用途
90°角尺	划线时可作为划垂直线或平行线的导向工具，同时可用来找正工件在平板上的垂直
划线方箱	方箱上的 V 形槽平行于相应的平面，它用于装夹圆柱形工件 划线时，可用 C 形夹头将工件夹于方箱上，再通过翻转方箱，便可以在一次安装的情况下，将工件上互相垂直的三个面上线全部划出
V 形架	一般的 V 形架都是两块一副，V 形槽夹角为 90°或 120°，主要用于支承轴类工件
垫铁 h b 平行垫铁　斜楔垫铁	垫铁一般有平行垫铁和斜楔垫铁两种。平行垫铁相对的两个平面互相平行，每副平行垫铁有两块，两块的 h 和 b 两个尺寸是一起磨出的。平行垫铁常有许多副，其尺寸各不相同，主要用来把工件平行垫高。斜楔垫铁用于支承和调整各种毛坯件，也可用于微量调节工件的高低
千斤顶	用来支持毛坯或形状不规则的工件进行立体划线。它可调整工件的高度，以便安装不同形状的工件

4. 划线前的准备工作

划线的质量将直接影响工件的加工质量，因此要做好划线前的准备工作。

（1）分析图样，了解工件的加工部位和要求，选择好划线基准。

（2）清理工件，对铸、锻件毛坯，应将型砂、毛刺、氧化皮去除，并用钢丝刷清理干净，对已生锈的半成品，要将浮锈刷掉。

（3）在工件的划线部位涂色，要求涂得薄且均匀。

（4）在工件孔中安装中心塞块。

（5）擦净划线平板，准备好划线工具。

5. 划线基准的选择

在图样上所采用的基准，称为设计基准。划线时，在工件上所采用的基准，称为划线基准。划线时应从划线基准开始。划线基准选择的基本原则是应尽可能与设计基准相一致。

划线基准一般有以下三种选择类型：

（1）以两个互相垂直的平面（或直线）为基准，如图 11—1—3a 所示。

（2）以两条互相垂直的中心线为基准，如图 11—1—3b 所示。

（3）以一个平面和一条中心线为基准，如图 11—1—3c 所示。

划线时在工件的每一个方向都需要选择一个划线基准。因此，平面划线一般要选择两个划线基准；立体划线一般要选择三个划线基准。

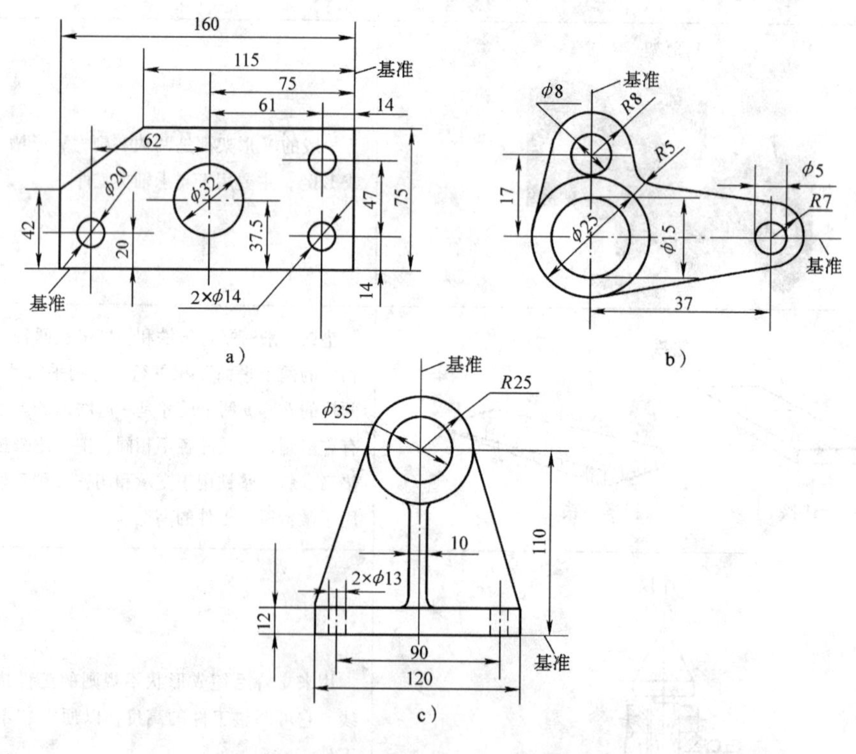

图 11—1—3 划线基准选择

6. 划线注意事项

（1）用划针盘划线时，划针伸出量尽可能短些，装夹要牢固。

（2）划线时，划线工具底座要紧贴平台平面移动，划线压力要一致，划出的线条要准确。

（3）划出的线条尽可能细而清晰，避免重线。

（4）样冲眼儿要小而准确。

二、钳工其他基本操作

1. 锯削

用手锯对材料或工件进行切断或切槽等的加工方法称为锯削，如图 11—1—4 所示。其操作要点如下：

图 11—1—4　锯削

（1）锯削姿势正确，压力和速度适当。一般锯削速度为 40 次/min 左右。

（2）工件夹持牢靠，同时防止工件装夹变形或夹坏已加工表面。

（3）合理选择锯条的规格。

（4）锯条的安装应正确，锯齿应朝前（图 11—1—5），锯条松紧要适当。

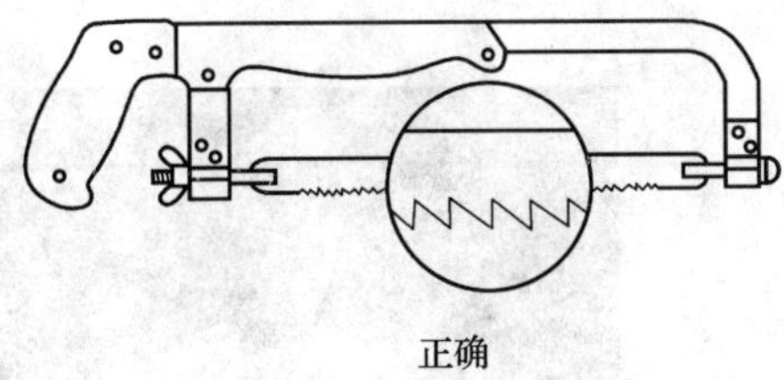

正确

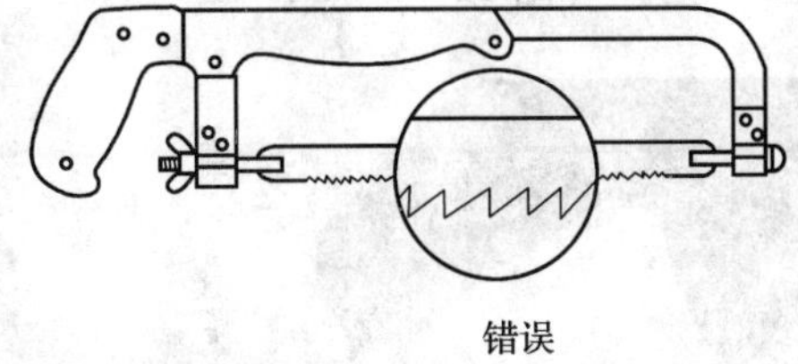

错误

图 11—1—5　锯条的安装

（5）选择正确的起锯方法。起锯有远起锯和近起锯两种，为避免锯条被卡住或崩裂，一般应尽量采用远起锯。起锯时起锯角要小些，一般不大于 15°，如图 11—1—6 所示。

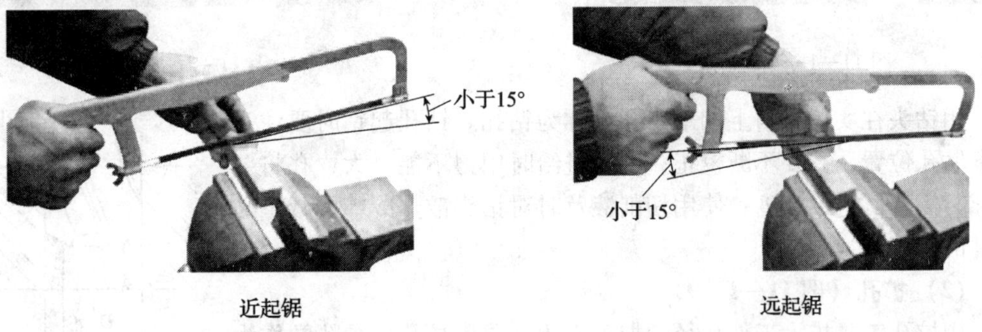

近起锯　　远起锯

图 11—1—6　起锯方法

2. 锉削

用锉刀对工件表面进行切削加工，使其尺寸、形状和表面粗糙度符合要求的操作方法称为锉削，如图 11—1—7 所示。锉削一般是在錾、锯之后对工件进行的精度较高的加工，其精度可达 0.01 mm，表面粗糙度值可达 *Ra*0.8 μm。锉削的应用范围较广，可以锉削工件的内外平面、内外曲面、沟槽及各种复杂表面，是钳工常用的重要操作之一。装配钳工在装配中经常使用锉削的方法对零件进行修整。

（1）锉削的动作要点

对于 200 mm 以上的较大锉刀，右手握锉刀柄，柄端顶住掌心，大拇指放在锉刀柄的上部，其余手指满握锉刀柄。对于 200 mm 左右的中型锉刀，右手握法与较大锉刀一样。左手用大拇指、食指、中指轻轻扶住即可，用力较大型锉刀略小。对于 150 mm 左右的较小锉刀，右手食指靠住锉边，拇指与其余各指握锉。左手食指、中指轻按在锉刀上端。对于 150 mm 以下的锉刀，右手握住，食指压在锉刀面上，拇指与其余各指握住锉刀柄即可。

（2）锉削的方法

推进锉刀时两手加在锉刀上的压力要均匀平稳，不能上下摆动，向前的推力用右手控制。随着锉刀平稳推进，两手的压力要相应改变：左手压力逐渐变小，右手压力逐渐变大。从而保证工件在任意位置时，锉刀前后端所受力矩相等。锉削时，身体重心落在左腿，右腿伸直，左腿随锉削时的往复运动而屈伸，动作要协调自如。一个锉削行程后，锉刀要略微抬起随手和身体恢复到原来的姿势。

3. 钻孔、扩孔、铰孔、锪孔、攻螺纹和套螺纹

（1）钻孔（图 11—1—8）

图 11—1—7　锉削

图 11—1—8　钻孔

用钻头在实体材料上加工出孔，称为钻孔。钻孔起钻时要注意观察钻孔位置，并要不断校正；手动进给时用力不能过大，孔将要钻穿时需降低进给速度；使用切削液及时对钻头散热冷却，减少与工件的摩擦。

（2）扩孔（图 11—1—9）

用扩孔工具扩大工件孔径的加工方法，称为扩孔。扩孔常作为孔的半精加工和铰孔前的预加工。扩孔时的切削速度要低一些，一般为钻孔的 1/2，进给速度可相应高一些。

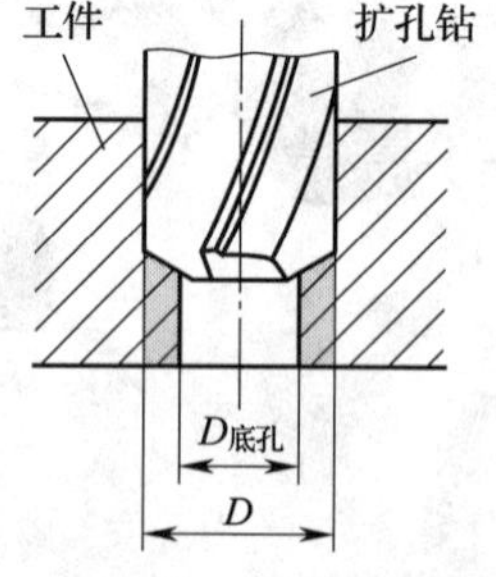

图 11—1—9　扩孔

(3) 锪孔（图 11—1—10）

用锪钻或锪刀刮平孔的端面或切出沉孔的方法，称为锪孔。锪孔时的进给量可为钻孔时的 2 ~ 3 倍，切削速度为钻孔的 1/2 ~ 1/3；精锪时要注意防止振动，从而获得光滑表面。

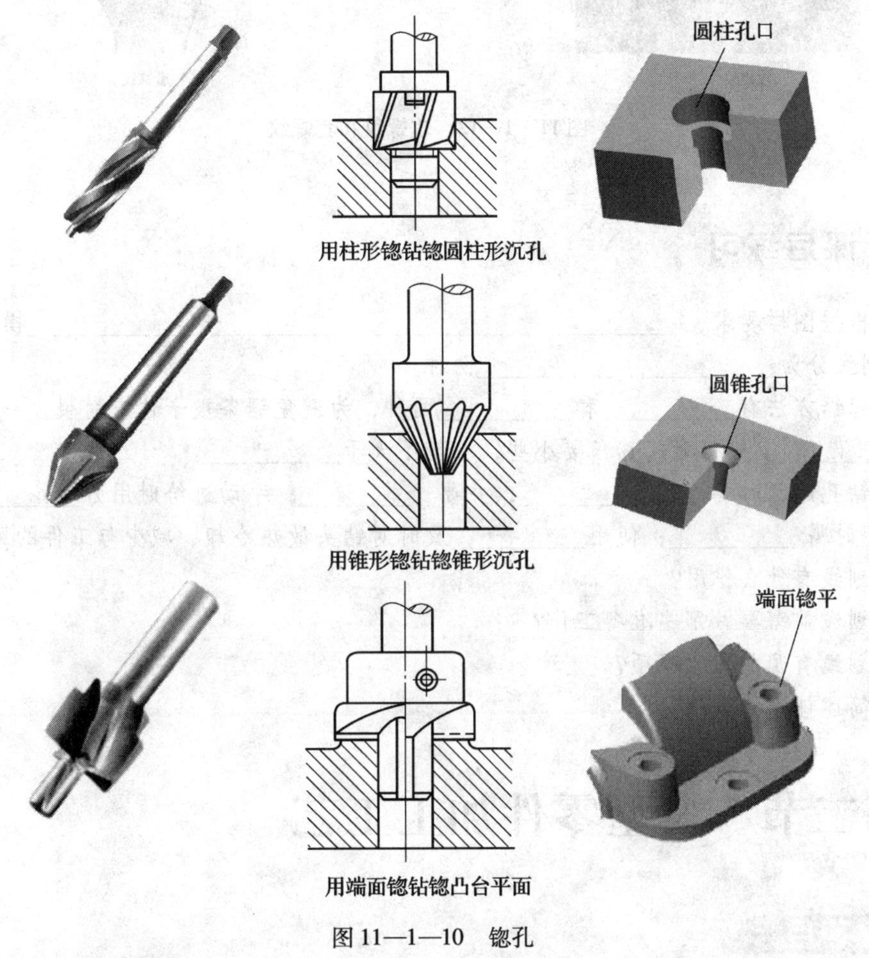

图 11—1—10　锪孔

(4) 铰孔（图 11—1—11）

用铰刀对已经粗加工过的孔进行精加工的方法，称为铰孔。粗铰孔后一般留 0.1 ~ 0.2 mm 进行精铰孔余量。铰孔时，应使用适当的切削液来减少摩擦、降低温度、减少孔径扩张量。根据加工材料的不同，铰孔进给量选择 0.2 ~ 1 mm/r，切削速度选择 4 ~ 8 m/min。

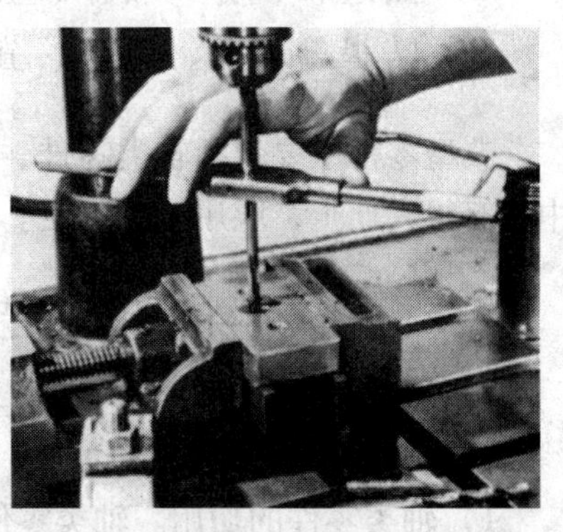

图 11—1—11　铰孔

(5) 攻螺纹和套螺纹（图 11—1—12）

用丝锥在工件孔中切削出内螺纹的加工方法，称为攻螺纹。用板牙在工件外圆上切削出外螺纹的加工方法，称为套螺纹。攻螺纹起攻时要不断检查丝锥中心线与工件螺纹底孔中心线的重合程度。套螺纹时，板牙平面要与工件螺纹部分轴心线垂直。

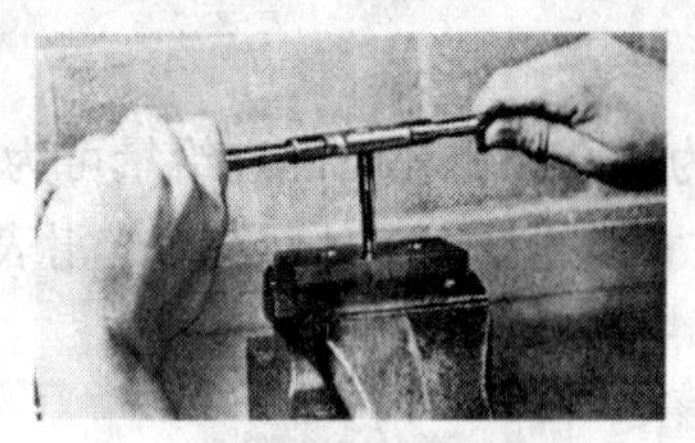

攻螺纹

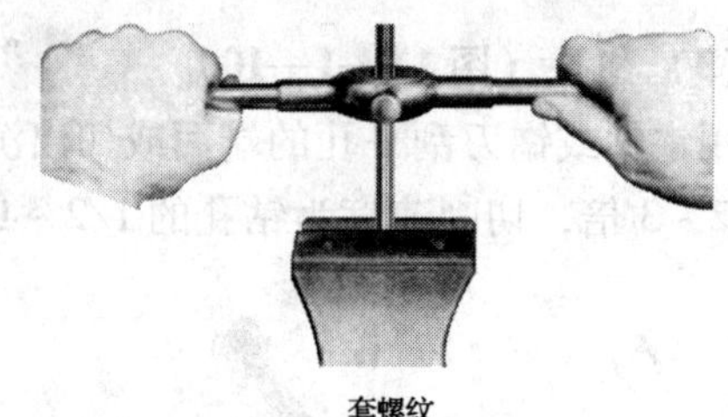

套螺纹

图 11—1—12　攻螺纹和套螺纹

课后练习

1. 根据图样要求，____操作，称为划线。划线分为__________、__________两种。

2. 起锯方法有__________和__________两种，为避免锯条被卡住或崩裂，一般应尽量采用__________。起锯时起锯角要小些，一般不大于__________。

3. 钻孔起钻时要注意__________，并要__________；手动进给时用力__________，孔将要钻穿时需__________；使用__________及时对钻头散热冷却、减少与工件的摩擦。

4. 划线有什么作用？

5. 划线前需要做哪些准备工作？

6. 划线有哪些注意事项？

7. 简述锉削的方法。

第二节　典型零件加工工艺

学习目标

1. 了解轴、套、箱体、直齿圆柱齿轮的功用。
2. 熟悉轴、套、箱体、直齿圆柱齿轮的主要技术要求。
3. 掌握轴、套、箱体、直齿圆柱齿轮的加工工艺。

典型零件主要包括轴类零件、套类零件、齿轮及箱体类零件等，它们在机械产品构成中占有很大比重，应用十分广泛。

一、轴类零件的加工工艺

1. 轴类零件概述

（1）轴类零件的功用和种类

1）轴类零件的功用。轴类零件是机械设备中最主要和最基本的工件，主要用于支撑传动件和传递扭矩，并保证装在轴上的回转零件具有一定的回转精度。

2）轴类零件的种类。轴类零件的分类方法很多，按轴的结构形状可分为光轴、台阶轴、空心轴、异形轴（如曲轴、偏心轴等）四类（表11—2—1）；按轴的长度与直径的比值（长径比）可分为刚性轴（$L/d \leqslant 12$）和挠性轴（$L/d > 12$）两类。

表11—2—1　　　　轴的种类

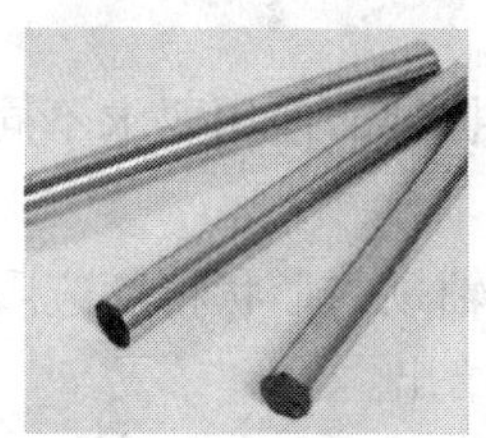 光轴	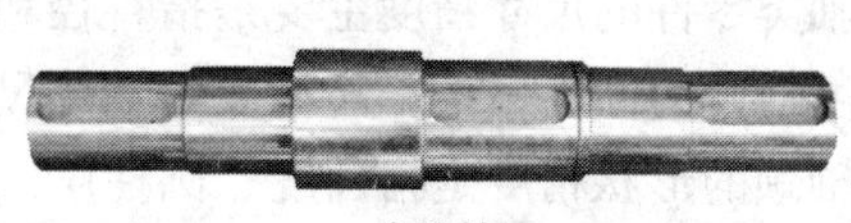 台阶轴
 凸轮轴	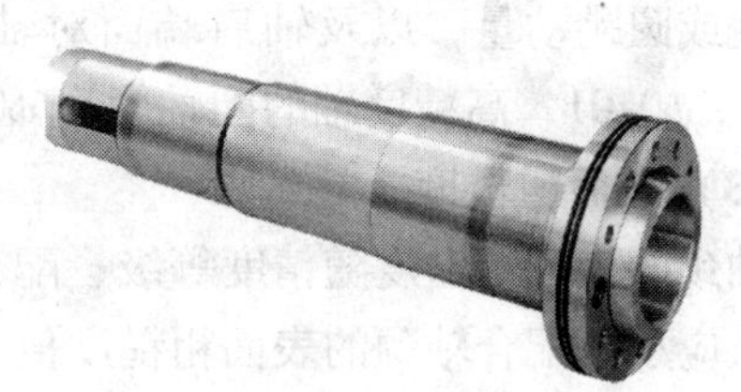 空心轴
 偏心轴	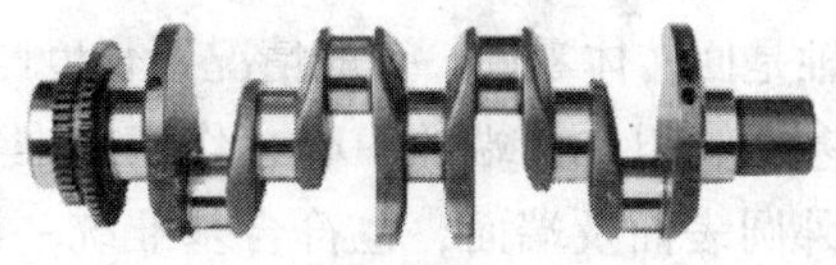 曲轴
 十字轴	 花键轴

（2）轴类零件的材料和毛坯

1）轴类零件的材料。轴类零件的材料一般有碳素结构钢和合金结构钢两类。应用最多的是45钢，主要用于中等复杂程度、一般重要的轴类零件，一般需要经调质、表面淬火等热处理。对于精度要求较高、转速较高的轴可采用中碳合金结构钢，如40Gr、

35SiMn 等。

2）轴类零件的毛坯。轴类零件的毛坯有圆棒料、锻件、铸钢件等。圆棒料主要用于一般要求的光轴和直径相差不大的台阶轴；锻件用于直径相差较大的台阶轴或要求有较高抗弯、抗扭转强度的轴类零件；铸钢用于结构形状复杂或尺寸较大的轴类零件。

2. 轴类零件的主要技术要求

（1）尺寸精度与形状精度

轴类零件的尺寸精度主要是指直径和长度的精度。根据轴的使用要求不同，轴颈的尺寸精度通常为 IT9 ~ IT6，高精度的轴颈尺寸精度可达 IT5。

轴颈的形状精度是指圆度、圆柱度。在机械加工中，轴颈的形状精度应限制在轴颈的直径公差范围内，形状精度要求较高时，应在零件图样上给出。

（2）几何精度

几何精度是指配合轴颈（装配传动件的轴颈），对于支承轴颈（装配轴承的轴颈）的同轴度或圆跳动量，以及轴肩端面对轴线的垂直度。普通精度的轴，同轴度误差一般为 $\phi 0.03 \sim \phi 0.01$，高精度轴的同轴度为 $\phi 0.005 \sim \phi 0.001$。

（3）表面粗糙度

轴颈的表面粗糙度随精度等级、配合性质和回转速度不同而不同。支承轴颈的表面粗糙度值应小于配合轴颈的表面粗糙度值。配合轴颈的表面粗糙度值一般为 $Ra1.6 \sim 0.4$ μm；支承轴颈的表面粗糙度一般为 $Ra0.4 \sim 0.1$ μm。

3. 轴类零件的加工工艺分析

（1）定位基准分析

轴是回转体零件，一般情况下长度与直径之比较大，其公共轴线是各回转表面的径向设计基准，以轴两端的中心孔作精基准符合基准重合原则，并且在一次安装中可以加工多个外圆表面及端面，也符合基准统一原则。因此，用中心孔定位加工的各外圆表面可以获得很高的几何精度。对于精度要求不高的轴类零件及粗加工，可以用外圆作为加工基准。

（2）加工顺序的安排

在轴类零件加工顺序的安排上，应按照“先粗后精”的原则进行，按粗车—半精车—精车的顺序加工，精度要求高的轴要安排磨削加工。轴上的花键、键槽、螺纹加工安排在车削加工之后磨削之前；需要淬火的轴，螺纹加工放在表面淬火后进行，以免因为淬火引起螺纹变形。

（3）热处理工序的安排

轴类毛坯为锻件时，要安排正火处理，以消除锻造内应力，降低硬度，改善切削加工性能；重要的轴类零件要经过多次热处理，如粗车后进行调质、精车后磨削前进行淬火等。

（4）典型工艺流程

轴类零件的典型加工工艺流程为：毛坯—正火—车端面钻中心孔—粗车—调质—半精车—铣花键—表面淬火—车螺纹—粗磨—精磨。

此加工工艺流程在轴类零件的生产中应用较广，但也不是一成不变的，在具体应用时要根据零件的复杂程度、设计要求、加工精度、生产条件等灵活变化。

4. 输出轴的加工工艺

(1) 零件分析

分析输出轴（图 11—2—1）应考虑输出轴技术要求、毛坯选择、加工阶段划分、热处理工序安排、定位基准选择等方面。

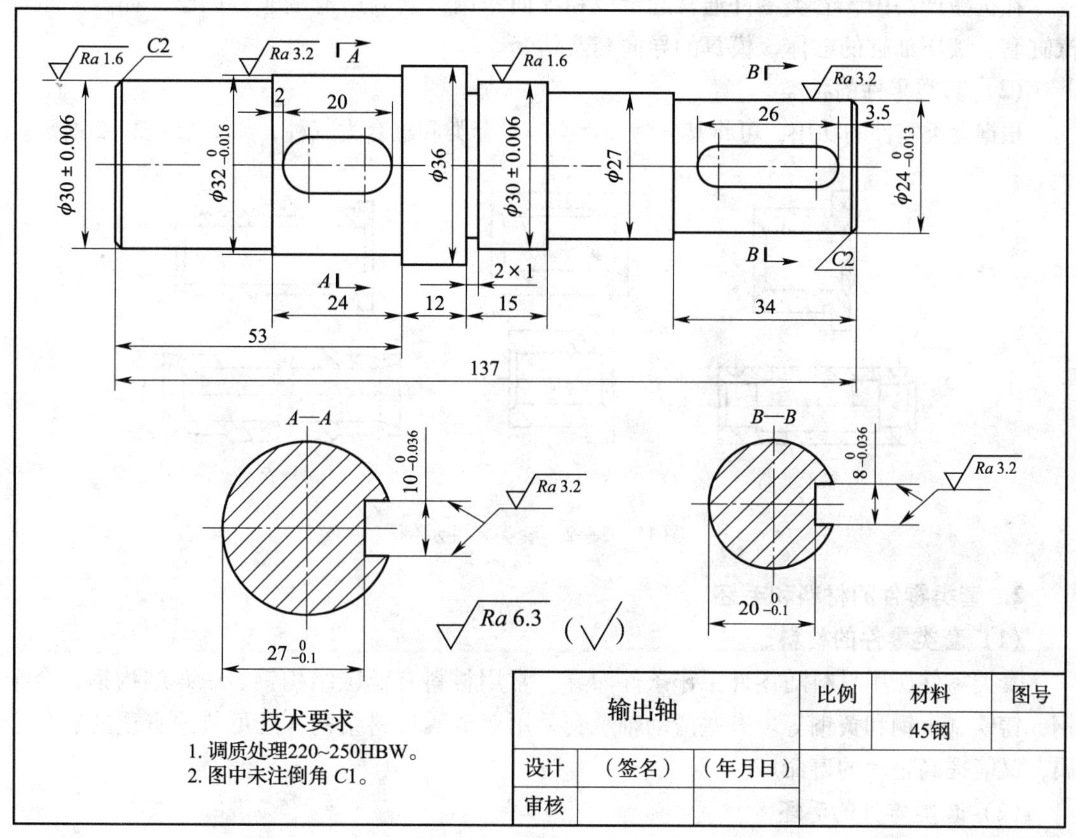

图 11—2—1 输出轴

(2) 加工工艺流程

输出轴在小批量生产时的加工工艺见表 11—2—2。

表 11—2—2　　输出轴加工工艺（小批量生产）

序号	名称	加工过程	定位基准	加工设备
1	下料	下料 ϕ38 mm × 158 mm	外圆	锯床
2	车	车端面、齐总长、钻中心孔、粗车各外圆	外圆表面	车床
3	热处理	调质	—	热处理设备
4	车	精车各外圆、两 ϕ30 外圆留磨削余量、切槽、倒角	两中心孔	车床
5	铣	铣两键槽	外圆表面	铣床
6	磨	磨两 ϕ30 外圆	两中心孔	磨床

二、套类零件的加工工艺

1. 套类零件的功用和种类

（1）套类零件的功用

在机械产品中，套类零件通常起定位和导向作用，其应用范围非常广泛，如内燃机的汽缸套、液压油缸的缸体、模具的导向套及钻套等。

（2）套类零件的种类

根据套类零件的功用，可将其分为轴承类、导套类和缸套类三种，如图 11—2—2 所示。

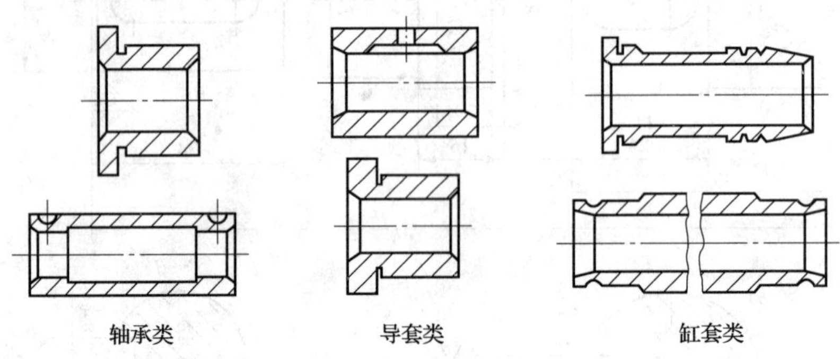

图 11—2—2　套类零件示例

2. 套类零件的材料和毛坯

（1）套类零件的材料

套类零件所用材料随零件工作条件而异，常用材料有低碳结构钢、中碳结构钢、合金钢、铸铁、青铜和黄铜等。有些滑动轴承套采用双金属材料结构，既可节约贵重的有色金属，又能提高轴承的寿命。

（2）套类零件的毛坯

套类零件的毛坯选择与零件的材料、结构及尺寸等因素有关。

孔径较小（$d \leqslant 20$ mm）的套类零件毛坯，一般选用热轧或冷拉棒料、实心铸件；孔径较大（$d \geqslant 20$ mm）的套类零件毛坯，一般用无缝钢管、带孔铸件或锻件。大量生产时，可采用冷挤压、粉末冶金等先进的毛坯制造工艺，以提高生产率和节约金属材料。

3. 套类零件的主要技术要求

（1）尺寸精度与形状精度

套类零件的内圆表面是起支承或导向作用的表面，其直径尺寸精度一般为 IT7，精密轴承套达 IT6。

套类零件的形状精度主要是圆度，较长的套类零件还有圆柱度要求。内圆表面形状误差一般应控制在孔的尺寸公差的范围内，精密套类零件则应控制在孔的尺寸公差的 1/3 ~ 1/2。外圆表面是零件自身的支承表面，形状误差一般应控制在孔公差的范围内。

（2）几何精度

内外圆之间的同轴度是套类零件最主要的几何精度要求。一般外圆轴线相对内圆轴线的同轴度为 $\phi 0.05 \sim \phi 0.01$ mm。

当套类零件的端面、凸缘端面在工作中需承受轴向载荷或在加工时用作定位基准时，端面、凸缘端面对内圆轴线应有较高的垂直度要求，其垂直度公差一般为0.02～0.05 mm。

（3）表面粗糙度

为保证零件的功用和提高其耐磨性，套类零件的主要表面应有较小的表面粗糙度值。内圆表面的表面粗糙度值一般为 *Ra*1.6～0.1 μm，精密套类零件为 *Ra*0.025 μm；外圆表面的表面粗糙度值一般为 *Ra*3.2～0.4 μm。

4. 套类零件的加工工艺分析

（1）套类零件的工艺特点

套类零件的结构特点是壁厚较薄，刚性差，内孔与外圆有较高的几何精度要求。因此，加工工艺要解决防止加工变形和保证几何精度的问题。

（2）几何精度的保证方法

为保证几何精度要求，加工套类零件时应遵循基准统一原则和互为基准原则，即在一次安装中完成内孔、外圆及端面的全部加工。由于这种方法工序比较集中，当工件结构尺寸较大时，不易实现，故多用于尺寸较小的套类零件加工。

当一次安装不能同时完成内孔、外圆表面加工时，内孔、外圆的加工采用互为基准、反复加工的方法完成。

（3）防止加工变形的措施

为防止加工变形，应将粗、精加工分开进行，使粗加工产生的变形在精加工中得以纠正。对于壁厚很薄的工件，要通过减少切削用量的方法控制零件的变形，还可改径向夹紧为轴向夹紧。如图 11—2—3 所示，用旋紧螺母的方法从端面方向夹紧工件，由于工件轴向刚度明显强于径向刚度，不会产生变形。当由于工件结构限制，只能采用径向夹紧时，要使用过渡套、弹簧套（开缝套）等夹紧工件，使径向夹紧力沿圆周均匀分布，如图 11—2—4 所示。

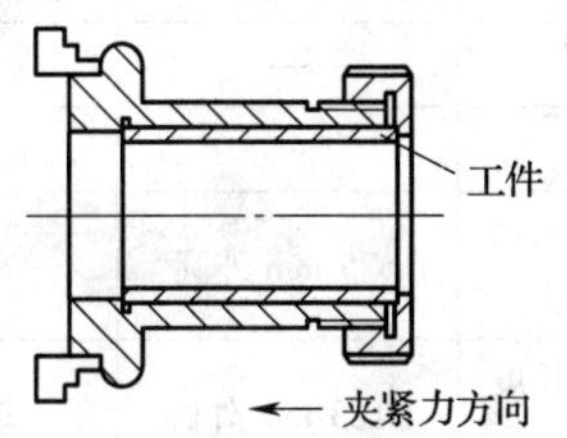

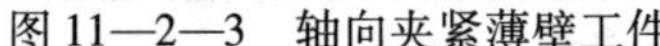

图 11—2—3　轴向夹紧薄壁工件

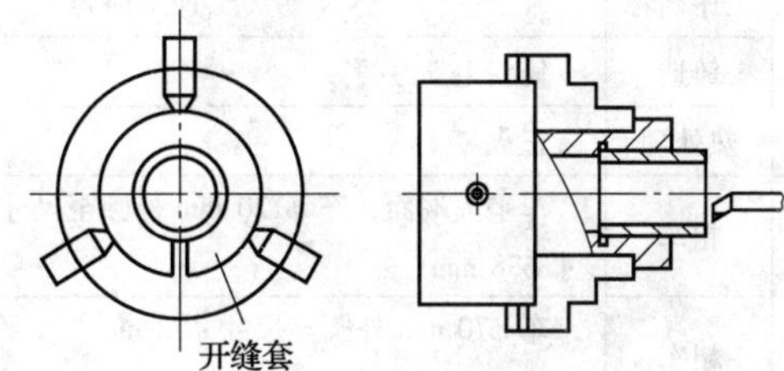

图 11—2—4　用开缝套径向夹紧薄壁工件

为减少热处理的影响，工艺上应将热处理工序安排在粗、精加工阶段之间，并适当增加精加工工序的加工余量，以保证热处理引起的变形能在精加工中得以纠正。

5. 连接盘的加工工艺

（1）零件分析

图 11—2—5 所示连接盘，在机器中起连接固定作用。从零件图的结构来看，内孔 $\phi40^{+0.025}_{0}$ mm、外圆 $\phi70^{0}_{-0.19}$ mm 不仅自身有尺寸精度和表面粗糙度要求，而且有同轴度要求，盘的两端面有端面跳动精度要求，键槽（10±0.018）mm 两侧面对基准 *A* 有对称度要求。在精加工时要尽量采用统一基准、互为基准的办法，合理安排工序内容，保证连接盘的各项技术要求。

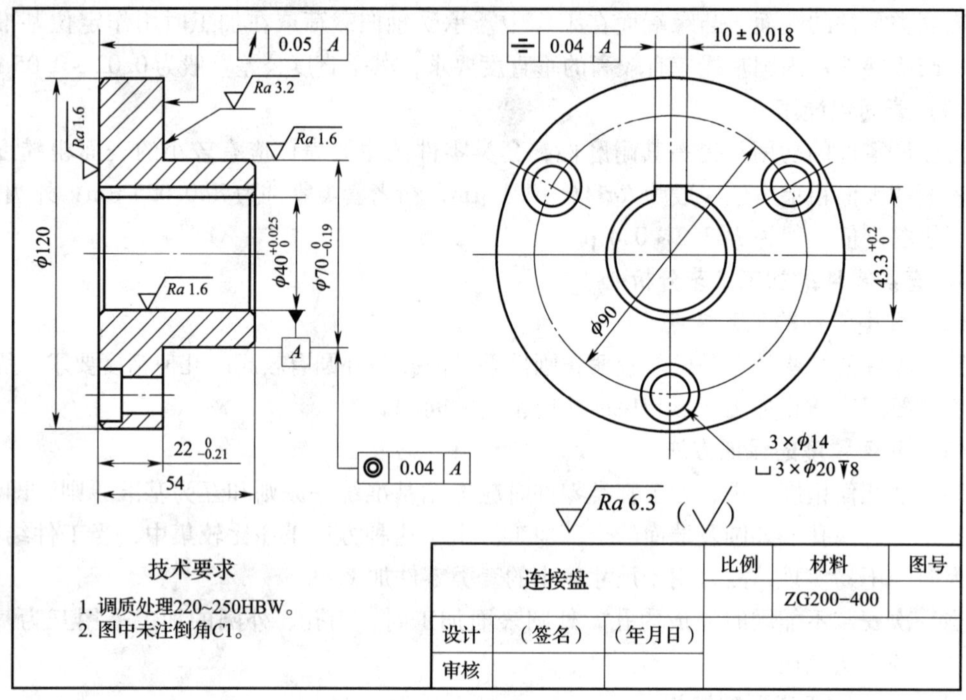

图 11—2—5　连接盘

(2) 加工工艺流程

加工工艺流程分粗加工和精加工两个阶段进行，见表 11—2—3。

表 11—2—3　　连接盘机械加工工艺（小批量生产）

序号	工序名称	加工内容	定位基准	加工设备
1	铸造	铸钢毛坯	—	—
2	热处理	正火	—	热处理设备
3	粗车	车平大端面，车 φ120 mm 外圆至尺寸 φ123 mm，钻孔至尺寸 φ38 mm	φ75 mm 外圆	车床
4	粗车	车 φ70 mm 外圆至尺寸 φ72 mm，车平另一端面保证总长度尺寸至 56 mm，长度 22 mm 尺寸至 23 mm	φ123 mm 外圆	车床
5	精车	精车大端面，车 φ120 mm 外圆至尺寸要求，倒角 C1 至要求（考虑磨量）	φ72 mm 外圆	车床
6	精车	(1) 夹 φ120 mm 外圆，打表找正 φ72 mm 外圆，控制径向跳动在 0. 03 mm 内，夹紧工件 (2) 车 $φ70^{0}_{-0.19}$ mm 外圆至尺寸 $φ70^{+0.1}_{0}$ mm，$φ40^{+0.025}_{0}$ mm 内孔至尺寸 $φ40^{-0.12}_{-0.26}$ mm，长度 $22^{0}_{-0.21}$ mm 尺寸至 $22^{+0.1}_{0}$ mm (3) 倒角 C1 至要求（考虑磨量）	φ120 mm 外圆	车床
7	钳	划 φ90 mm 圆及 3 × φ20 mm 孔十字线	φ70 mm 外圆	划线平台
8	钳	钻 3 × φ14 mm 孔，钻锪 3 × φ20 mm 孔达图样要求		钻床
9	插	插键槽 10 ± 0. 018 mm 达尺寸要求		插床
10	磨	磨 $φ40^{+0.025}_{0}$ mm 内径达尺寸要求		内圆磨床

续表

序号	工序名称	加工内容	定位基准	加工设备
11	磨	磨 $\phi70_{-0.19}^{0}$ mm 外圆至尺寸并靠磨长度 $22_{-0.21}^{0}$ mm 右端面，保证尺寸至要求	$\phi40_{0}^{+0.25}$ mm 孔配心轴	外圆磨床
12	检验	按图样要求检测尺寸精度、几何精度、表面质量	—	—

三、箱体类零件的加工工艺

1. 箱体类零件概述

(1) 箱体类零件的功用和种类

1）箱体类零件的功用。箱体类零件是机器的基础件之一，它将一些轴、套和齿轮等零件组装在一起，使其保持正确的相互位置，并按照一定的传动关系协调地运动。箱体类零件的加工质量对机器的精度、性能和寿命都有直接的影响。

箱体类零件结构复杂，内部呈空腔，箱壁较薄，箱体上往往有许多精度要求较高的轴承孔和装配用的基准平面，所以箱体上需要加工的部位较多，加工难度较大。

2）箱体的种类。箱体在各种机器上应用繁多，由于用途不同，其结构形状差别很大，一般按箱体上主要轴承孔是否剖分，将箱体分为整体式和剖分式两大类，如图 11—2—6 所示。其中，图 a、b 为整体式箱体，图 c 为剖分式箱体。

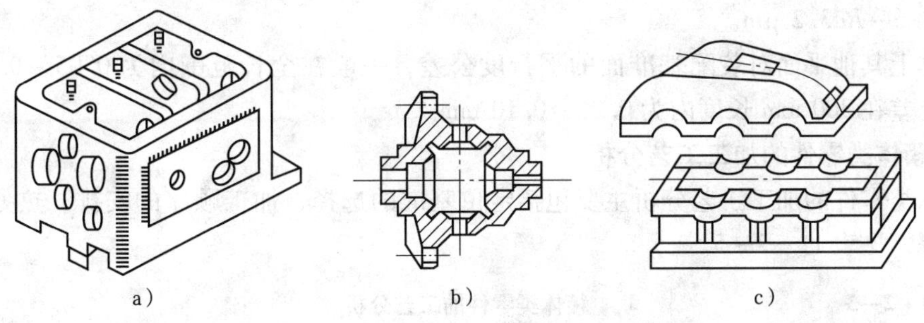

图 11—2—6　几种箱体零件的结构简图

a）车床主轴箱体　b）汽车后桥差速器箱体　c）剖分式减速器箱体

(2) 箱体类零件的材料和毛坯

1）箱体类零件的材料。箱体类零件大多采用铸铁（以 HT150 和 HT200 应用最多）制成。铸件具有容易成形、减振性好、耐磨性好、切削加工性好以及成本低廉等特点。一些负荷较大的减速器箱体常采用铸钢件。航空发动机上的箱体零件则常采用铸铝合金、铸铝镁合金材料制造，以减轻重量。

2）箱体类零件的毛坯。箱体的毛坯多采用铸件。当生产批量不大时，箱体铸铁毛坯采用木模手工造型，制作简单但毛坯精度较低，余量也较大；在大批量生产时则采用金属模机械造型，毛坯精度高，加工余量相应减小，且生产率较高。

在单件生产时，有时采用焊接件作箱体毛坯，以缩短生产周期。

2. 箱体类零件的主要技术要求

(1) 轴承孔的尺寸与形状精度

箱体零件上轴承孔的尺寸精度、形状精度和表面粗糙度直接影响与轴承的配合精度和轴的回转精度。

普通机床的主轴箱，主轴轴承孔的尺寸精度为IT6，形状误差应小于孔径公差的1/2，表面粗糙度值一般为$Ra1.6 \sim 0.8\ \mu m$；主轴箱的其他轴承孔，尺寸精度为IT7，形状误差小于孔径公差，表面粗糙度值一般为$Ra3.2 \sim 1.6\ \mu m$。

（2）轴承孔的几何精度（表11—2—4）

表11—2—4　　轴承孔的几何精度

项目	技术要求
轴承孔的中心距和轴线间的平行度	一般机床箱体轴承孔的中心距偏差为±（0.006～0.025）mm，轴线的平行度公差在300 mm长度内为0.03 mm
轴承孔的同轴度	机床主轴轴承孔的同轴度误差一般小于ϕ0.008 mm；其他轴承孔的同轴度误差应不超过最小孔的孔径公差的1/2
轴承孔轴线对装配基准面的平行度和对端面的垂直度	一般机床主轴轴线对装配基准面的平行度公差在650 mm长度内为0.03 mm，对端面的垂直度公差为0.015～0.02 mm

（3）箱体主要平面的精度

箱体的主要平面是指装配基准面（如主轴箱箱体的底面和导向面）和加工中的定位基准面。一般机床箱体的基准面和定位基准面的平面度公差为0.03～0.06 mm，表面粗糙度值为$Ra1.6 \sim Ra3.2\ \mu m$。

箱体上其他平面对装配基准面的平行度公差，一般在全长范围内为0.05～0.20 mm，垂直度公差在300 mm长度内为0.06～0.10 mm。

3. 箱体类零件的加工工艺分析

箱体类零件的加工工艺分析主要包括定位基准的选择、加工顺序的安排、热处理工序的安排等，见表11—2—5。

表11—2—5　　箱体类零件的工艺分析

项目	原则与要求
粗基准的选择	（1）考虑箱体上要求最高的轴承孔的加工余量应均匀，并要兼顾其余加工面均有适当的加工余量 （2）纠正箱体内壁非加工表面与加工表面的相对位置偏差，防止因内壁与轴承孔位置不正而引起干涉
精基准的选择	按照基准统一原则，通常选择装配基准为零件的主要基准，以保证箱体上诸多轴承孔和平面之间具有较高的相互位置精度
加工顺序的安排	（1）按照先粗后精、先主后次、基准面先行的原则加工 （2）按照先面后孔的顺序加工
热处理工序的安排	（1）一般毛坯铸后安排人工时效处理 （2）对于精度要求较高、结构形状复杂的箱体，在粗加工后需再安排人工时效处理，以消除粗加工产生的内应力

4. 减速器壳体的加工工艺

单级齿轮减速器壳体为剖分式结构，由箱盖和箱体组成，如图11—2—8所示。

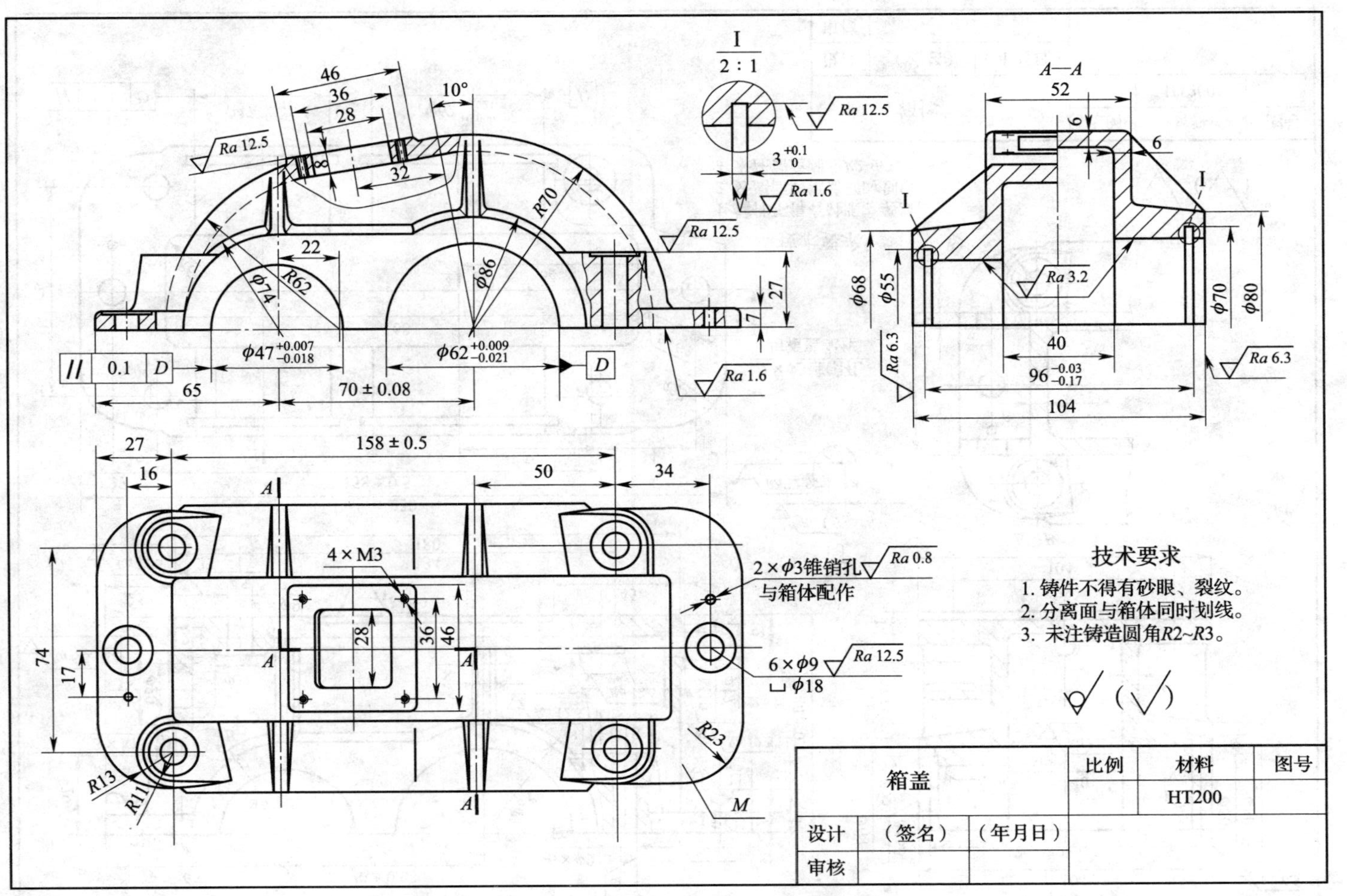
A—A
I
2 : 1
技术要求
1. 铸件不得有砂眼、裂纹。
2. 分离面与箱体同时划线。
3. 未注铸造圆角R2~R3。
2×φ3锥销孔
与箱体配作
6×φ9
⌴φ18
4×M3
箱盖
比例
材料
HT200
图号
设计
审核
（签名）
（年月日）
φ62$^{+0.009}_{-0.021}$
φ47$^{+0.007}_{-0.018}$
70±0.08
158±0.5
96$^{-0.03}_{-0.17}$
Ra 0.8
Ra 1.6
Ra 3.2
Ra 6.3
Ra 12.5

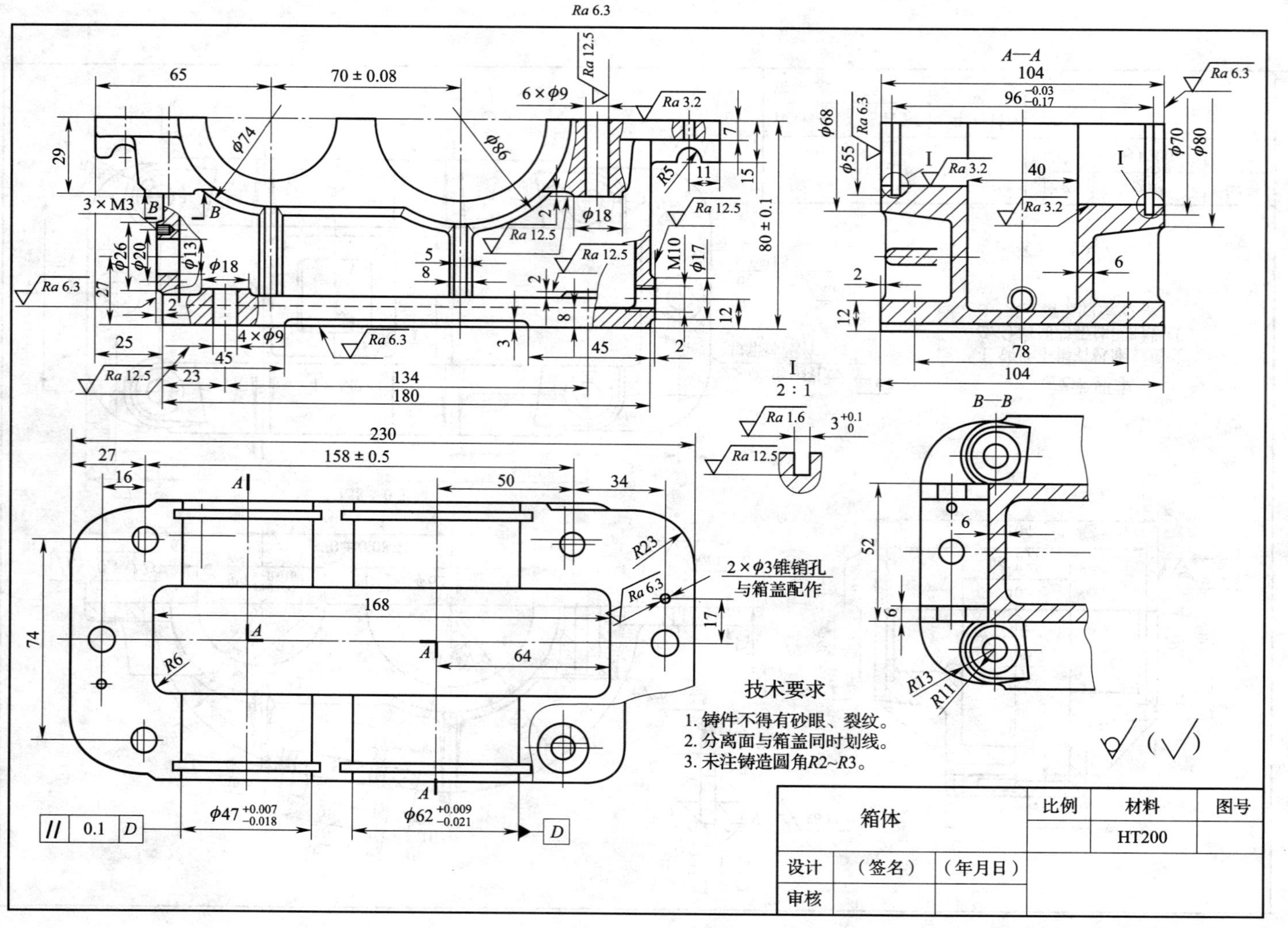

图 11—2—7 减速器箱盖与箱体

(1) 零件分析

单级齿轮减速器壳体的主要加工表面是两组平行轴承孔及上下箱盖、箱体平面。两组平行轴承孔加工在箱体合体后安排到镗床上进行，考虑壳体材料为HT200，选择钨钴类YG6镗刀作为粗镗刀具，选YG3镗刀作为精镗刀具；箱盖、箱体平面分别在铣床、磨床上加工。

因单级齿轮减速器的两对轴承孔的轴线在箱盖体的对合面上，故两对轴承孔及其端面必须在对合面加工后，装配成箱体再进行加工，整个加工过程分为四个阶段，见表11—2—6。

为保证箱体、箱盖加工的定位稳定、牢固，将箱体的两个对角螺栓加工成工艺孔，与底面组成典型的“两孔一面”定位。

表11—2—6　　单级齿轮减速器壳体加工过程（小批量生产）

加工阶段	加工步骤
加工箱盖	加工箱盖上的对合面、螺栓孔
加工箱体	加工箱体上的对合面、左侧透视孔、右侧放油孔、地脚螺栓孔，用箱盖上的螺栓孔配钻箱体上与箱盖连接的螺栓孔
整体装配	将箱盖和箱体用螺栓连接成一体，钻、铰锥销孔，用锥销定位并做好标记
整体加工	加工两轴承孔及其侧面端盖定位槽等

(2) 定位基准的选择

在加工箱盖时，以连接板的上表面*M*作为粗基准加工箱盖的对合面，然后以对合面为精基准加工螺栓孔及其平台；在加工箱体时，先以箱体的对合面为粗基准加工底平面，然后以底平面为精基准加工地脚螺栓孔、对合面等。在整体加工时，以底平面为基准加工两对轴承孔及两侧的端面、端盖定位槽等。

(3) 加工工艺过程

1）箱盖加工工艺过程，见表11—2—7。

表11—2—7　　箱盖加工工艺过程（小批量生产100件）

序号	工序名称	加工内容	定位基准	加工设备
1	铸造	铸造毛坯、清砂	—	—
2	热处理	人工时效	—	—
3	油漆	清理毛坯浇口及毛刺，涂红丹底漆	—	—
4	钳	在划线部位涂带胶石灰水，划各平面加工线	凸缘上表面	—
5	铣	铣对合面，留余量0.4～0.6 mm	按划线找正	铣床
6	铣	铣顶面至图样要求	对合面、一侧面	铣床
7	磨	磨底对合面，保证表面粗糙度值$Ra1.6\ \mu m$	顶面、一侧面	磨床
8	钻	钻$6\times\phi9$ mm孔，锪$6\times\phi18$ mm孔	对合面	钻床
9	钻	钻4×M3底孔并倒角，攻4×M3螺孔	对合面	钻床
10	检验	按图样要求逐项检查	—	—

2）箱体加工工艺过程，见表 11—2—8。

表 11—2—8　　箱体加工工艺过程（小批量生产 100 件）

序号	工序名称	加工内容	定位基准	加工设备
1	铸造	铸造毛坯，清砂	—	—
2	热处理	人工时效	—	—
3	油漆	清理毛坏浇口及毛刺，涂红丹底漆	—	—
4	钳	在划线部位涂带胶石灰水，划各平面加工线	凸缘下表面	—
5	钻	铣对合面，留余量 0.4 ~ 0.6 mm	按划线找正	铣床
6	铣	铣底平面至图样尺寸要求	对合面	铣床
7	铣	钻 4 × ϕ9 mm 孔，锪其中对角两孔至 $\phi9.5^{+0.015}_{0}$ mm（工艺孔），锪 4 × ϕ18 mm 孔	对合面	钻床
8	钻	钻 M16 × 1.5 底孔，锪 ϕ20 mm 平面，攻 M16 × 1.5 螺纹，钻攻 M3 × 8 螺纹	底面、两工艺孔	钻床
9	钻	钻 M10 底孔，锪 ϕ17 mm 平面，攻 M10 螺孔	底面、两工艺孔	钻床
10	磨	磨对合面，保证表面粗糙度值 Ra1.6 μm	底面	磨床
11	检验	按图样要求逐项检查	—	—

3）箱体整体加工工艺过程，见表 11—2—9。

表 11—2—9　　单级齿轮减速器箱体整体加工工艺过程（小批量生产 100 件）

序号	工序名称	加工内容	定位基准	加工设备
1	钳	将箱盖、箱体对准合拢并夹紧，钻、铰 2 × ϕ3 mm 锥销孔，打入锥销	—	钻床
2	钻	配钻箱体上的 6 × ϕ9 mm 孔，锪 6 × ϕ18 mm 孔	底面、顶面	钻床
3	钳	拆箱，将箱盖与箱体分开，去对合面上的毛刺、切屑，然后再合拢箱体，打入锥销，拧紧 M8 螺栓	—	—
4	铣	铣轴承孔两端面至尺寸 104 mm	底面、两工艺孔	铣床
5	镗	粗镗两对轴承孔，留精镗余量 1 ~ 1.5 mm	底面、两工艺孔	镗床
6	镗	粗镗两对轴承孔至图样尺寸要求，镗 4 个槽 3H12 至图样尺寸要求	底面、两工艺孔	镗床
7	钳	拆箱，清除毛刺、切屑	—	—
8	检验	—	—	—

四、直齿圆柱齿轮类零件的加工工艺

1. 齿轮的功用和种类

（1）齿轮的功用

齿轮在机械中广泛用来传递运动和扭矩。由于齿轮传动具有瞬时传动比恒定、传递运动准确平稳、传递功率大、传动效率高、可实现较大的传动比、结构紧凑、工作可靠和使用寿命长等特点，所以齿轮运动是现代机械中应用最广泛的一种机械传动形式。

(2) 齿轮的种类

齿轮的种类很多，分类方法也很多。

1）按轮齿的齿廓曲线不同可分为渐开线齿轮、摆线齿轮、圆弧齿轮等。

2）按分度曲面形状不同可分为圆柱齿轮、锥齿轮等。

3）按齿线形状不同可分为直齿轮、斜齿轮等。

4）按齿顶曲面相对齿根曲面位置不同可分为外齿轮、内齿轮等。

在机械中应用最广、使用最多的是渐开线直齿圆柱齿轮。

2. 齿轮的材料和毛坯

(1) 齿轮的材料

传动齿轮，工作时条件复杂，有的传动速度高，有的传递扭矩大，传动时齿面间存在滑动摩擦，因此对齿轮所用材料有如下要求：

1）具有一定的接触疲劳强度和弯曲疲劳强度。

2）有足够的硬度和耐磨性。

3）具有一定的冲击韧性。

4）热处理变形要小，切削性能要好。

(2) 齿轮的毛坯

齿轮毛坯的选择决定于齿轮的材料、结构形状、尺寸规格、使用条件及生产批量等因素。常用的齿轮毛坯见表 11—2—10。

表 11—2—10　常用的齿轮毛坯

毛坯	用途
棒料	用于一些不重要、受力不大且尺寸较小、结构简单的齿轮
锻造毛坯	用于重要且受力较大的齿轮
铸钢毛坯	用于直径很大或结构形状复杂的齿轮
铸铁毛坯	用于受力小、无冲击、低速的齿轮

3. 直齿圆柱齿轮的工艺分析

加工圆柱齿轮时，要保证齿坯加工精度和齿面加工精度。

(1) 齿坯加工精度

齿坯表面加工主要包括带孔齿轮的孔与端面、连轴齿轮的中心孔及齿坯外圆和端面的加工。齿坯孔的加工方案主要有以下几种：

1）钻孔→扩孔→铰孔→插键槽。

2）钻孔→扩孔→拉键槽→磨孔。

3）车孔或镗孔→拉或插键槽→磨孔。

齿坯外圆和端面主要采用车削。加工时要特别注意内孔和基准面的精加工必须在一次安装内完成，并在基准端面上做好标记。

(2) 齿面加工精度

齿面加工是齿轮加工的核心，加工精度会直接影响齿轮啮合传动的准确性、平稳性等。齿面切削方法的选择主要取决于齿轮的精度等级、零件的结构、生产批量、生产条件和切齿时工件所处的热处理状态等，选择主要有以下几种方案：

1）7~8 级精度、不需淬硬的齿轮，可用铣齿、滚齿或插齿达到要求。

2）6~7 级精度、不需淬硬的齿轮，可用滚齿→剃齿达到要求。

3）6~7 级精度、需要淬硬的齿轮，生产批量较小时用滚齿（或插齿）→齿面热处理→磨齿；生产批量大时用滚齿→剃齿→齿面热处理→珩齿的加工方案。

（3）圆柱齿轮的加工模式

根据齿轮的材料、精度等级、生产批量及生产条件，可采用三种模式加工齿轮，见表 11—2—11。

表 11—2—11　　圆柱齿轮的工艺流程

齿轮要求	加工路线
需调质的整体齿轮	毛坯制造→毛坯热处理（正火）→齿坯粗加工→调质→齿坯精加工→齿面粗加工→齿面精加工
需淬火的整体齿轮	毛坯制造→正火→齿坯粗加工→调质→齿坯半精加工→齿面粗加工（半精加工）→齿面高频淬火→齿坯精加工→齿面精加工（珩齿或磨齿）
需渗碳或渗氮的齿轮	毛坯制造→正火→齿坯粗加工→正火或调质→齿坯半精加工→齿面粗加工（滚齿、插齿）→齿面半精加工（剃齿）→渗碳淬火或渗氮→齿坯精加工→齿面精加工（磨齿、研齿或珩齿）

4. 单级齿轮减速器齿轮加工工艺

单级齿轮减速器齿轮的零件图如图 11—2—8 所示，其单件小批量生产的加工工艺见表 11—2—12。

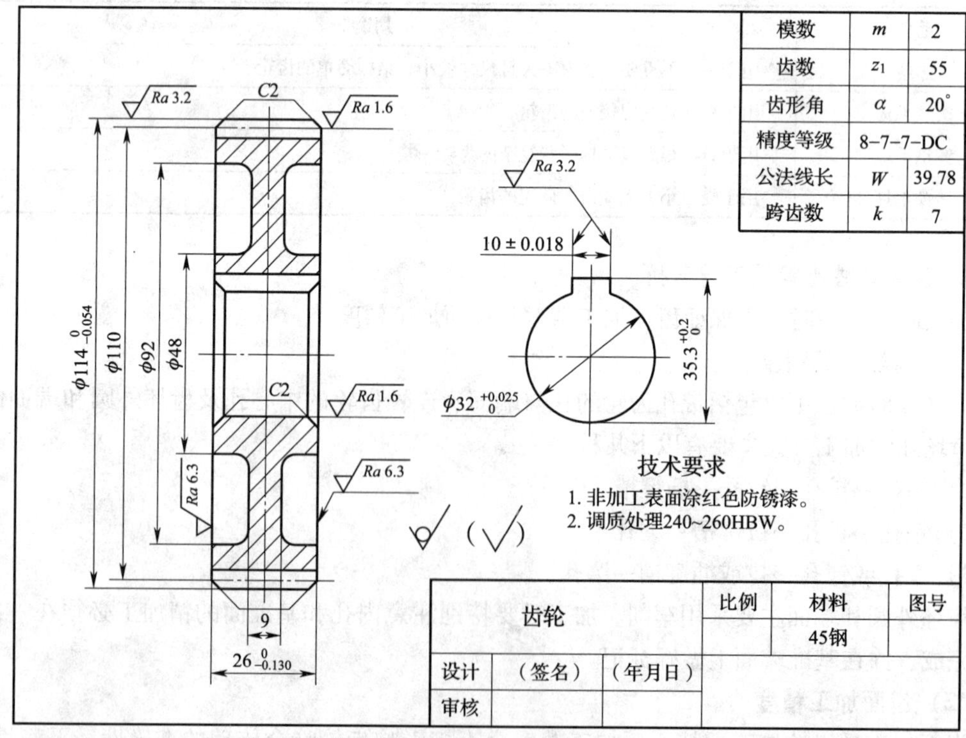

图 11—2—8　齿轮

表 11—2—12　　齿轮加工工艺过程（单件小批量生产）

序号	工序名称	加工内容	定位基准	加工设备
1	锻	自由锻，毛坯尺寸 $\phi120$ mm×30 mm	—	空气锤
2	热处理	正火	—	热处理设备
3	粗车	车外圆、两端面、内孔，各加工表面留余量 2 mm	外圆两端面	车床
4	热处理	调质 240～260HBW	—	热处理设备
5	车	车 $\phi92$ mm 孔和 $\phi48$ mm 外圆至图样要求	外圆	车床
6	车	车 $\phi32^{+0.025}_{0}$ mm 内孔至 $\phi31.8^{+0.033}_{0}$ mm，$\phi114^{0}_{-0.054}$ mm 外圆、26^{0}_{-0130} mm 厚度至图样尺寸要求	$\phi92$ mm 孔、端面	车床
7	滚齿	滚制齿面，留磨齿余量 0.2～0.3 mm，表面粗糙度 Ra 值达 3.2 μm	内孔、端面	滚齿机
8	钳	齿端面倒角、去毛刺	—	—
9	插	插键槽（10±0.018）mm 至图样尺寸要求	端面、内孔	插床
10	磨	找正内孔及端面（允许 0.02 mm），磨内孔 $\phi32^{+0.025}_{0}$ mm 至图样尺寸要求	内孔、端面	磨床
11	磨齿	磨齿达图样要求	内孔、端面	磨齿机
12	钳	去全部毛刺	—	—
13	检验	按图样要求检测	—	—

课后练习

1. 轴类工件是机械设备中最主要和最基本的工件，主要用于______和______，并保证装在轴上的工件具有一定的回转精度。

2. 轴类零件的分类方法很多，按轴的结构形状可分为______轴、______轴、空心轴和______轴四类；按轴的长度与直径的比值不同可分为______轴和______轴。

3. 根据套类零件的功用，可将其分为______类、______类和______类三种。

4. 箱体类零件的主要技术要求包括______精度、______精度和______精度。

5. 简述轴类零件的典型加工工艺。

6. 简述防止套类零件加工变形的措施。

7. 简述直齿圆柱齿轮的加工工艺。